生态学重点学科丛书

有机农业

Organic Agriculture

乔玉辉　曹志平　主编

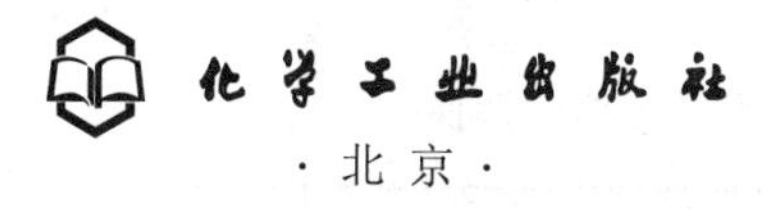

·北京·

本书共分十二章，按有机产品“从田间到餐桌”的顺序编写，分别介绍了有机农业的发展历史、现状与展望；有机农业生产的前期准备，包括有机农业对产地环境、有机农业生产投入物质的要求；有机农业的生产过程中土壤培肥和植物保护等方面的技术要求；几种代表性的粮食、蔬菜、水果和畜禽的有机生产技术；有机食品的收获后管理、食品安全，以及对加工、运输过程的特殊要求；国际有机农业的标准体系、有机食品的认证以及有机产品的贸易与市场；最后对有机农业课程的实习提出了一些方案与建议，并介绍了国内外知名有机农场的案例。

本书可作为高等学校生态工程、环境科学与工程、农业工程等专业本科生、研究生的教材或教学参考书，也可作为从事有机农业的工程技术人员、科研人员和管理人员的参考书。

图书在版编目（CIP）数据

有机农业/乔玉辉，曹志平主编．—2版．—北京：化学工业出版社，2015.10（2019.1重印）
（生态学重点学科丛书）
ISBN 978-7-122-25119-0

Ⅰ.①有… Ⅱ.①乔…②曹… Ⅲ.①有机农业 Ⅳ.①S34

中国版本图书馆CIP数据核字（2015）第212553号

责任编辑：刘兴春　　装帧设计：王晓宇
责任校对：宋　玮

出版发行：化学工业出版社（北京市东城区青年湖南街13号　邮政编码100011）
印　　刷：大厂聚鑫印刷有限责任公司
装　　订：三河市宇新装订厂
710mm×1000mm　1/16　印张 16¾　字数 317 千字　2019年1月北京第2版第5次印刷

购书咨询：010-64518888　　售后服务：010-64518899
网　　址：http://www.cip.com.cn
凡购买本书，如有缺损质量问题，本社销售中心负责调换。

定　　价：49.80元

《有机农业》编写人员

主　　编：乔玉辉　曹志平

副 主 编：田光明　王宏燕　张　辉

其他编写人员：李花粉　刘月仙　生吉萍　李显军　房玉双　刚存武
李圣男　何雪清　张　慧　刁品春　伊素芹　马　卓
刘志华　韩雪梅　申　琳　鲁　萍　王秀徽

前　言

随着人们对生态环境和食品安全的关注，国内外有机产业得到了飞速发展，全球性的有机市场前景十分广阔，越来越多的生产者、加工者、流通者转入有机生产、加工与销售，以满足市场对有机产品的需求。有机产业作为资源节约型、环境友好型的发展模式，以健康、生态、公平、关爱为发展理念，遵循自然生态系统原理，将可持续思想贯穿于有机产品生产的全过程，在保护生态环境的前提下，促进农业转型升级、提质增效。

有机农业自提出至今已有近百年历史。我国对有机农业的研究始于20世纪80年代。从1990年开始有机食品的生产和开发。2003年以后，有机农业进入规范化发展阶段。随着国内外有机产品市场的不断增长，社会对与有机农业相关的技术支撑与职业培训需求也不断增加。在我国的高等教育体系中，还没有“有机农业”的专业学位。2005年，欧盟资助的亚洲链接项目“全球背景下的有机农业”启动，由四所欧盟大学（意大利都灵大学，意大利图斯卡大学，德国波恩大学，荷兰瓦赫宁根大学）和四所中国大学（中国农业大学，浙江大学，青海大学畜牧与兽医学院，东北农业大学）共同执行。项目旨在借助欧洲有机农业领域的经验，帮助中国的大学建立有机农业领域的核心课程。

《生态农业》就是在这一背景下产生的，并在2009年出版了本书的第一版。国内外有机农业的发展和实践的二十多年间，中国有机农业经过从自由到自觉发展，从无序到有序发展的过程，已经由松散的民间行为转向为政府的鼓励和引导；有机标准等一系列法律法规和监管制度的实施，标志着有机农业开始进入规范化、法制化发展的轨道，许多信息需要进行及时更新，因此，从2014年下半年开始，本书编写组成员开始了本书的修订工作。本书编写成员除了来自执行“有机农业”项目的四所中方大学，还来自项目的合作伙伴——中绿华夏有机食品认证中心和其他机构。在本书的设计编写过程中，我们也得到了欧盟合作伙伴的大力支持和帮助，在此表示诚挚的谢意！

本书共分十二章，按有机产品“从田间到餐桌”的顺序编写。第一章（绪论）介绍了有机农业的发展历史，现状与展望；第二、三章的内容着重讨论有机农业生产的前期准备，包括有机农业对产地环境、有机农业生产投入物质的要求；第四、五章介绍了有机农业的生产过程中土壤培肥和植物保护等方面的技术要求；第六、七章重点介绍了几种代表性的粮食、蔬菜、水果和畜禽的有机生产技术；

第八、九章分别介绍了有机食品的收获后管理、食品安全，以及对加工、运输过程的特殊要求；第十、十一章介绍了国际有机农业的标准体系、有机食品的认证以及有机产品的贸易与市场；最后（第十二章），对有机农业课程的实习提出了一些方案与建议，并介绍了国内外知名有机农场的案例。

本书采取文责自负的方式，由各单位的教师和专家共同完成。本书编写具体分工如下：

第一章由乔玉辉（中国农业大学）、田光明（浙江大学）编写；第二章由李花粉（中国农业大学）编写；第三章由李显军、张慧、刁品春、伊素芹、马卓（中绿华夏有机食品认证中心）编写；第四章由王宏燕、刘志华（东北农业大学）编写；第五章由刘月仙（中国科学院大学）编写；第六章由曹志平、李花粉、韩雪梅（中国农业大学）编写；第七章由房玉双、张辉、刚存武（青海大学）编写；第八章由生吉萍（中国人民大学）、申琳（中国农业大学）编写；第九章由生吉萍（中国人民大学）编写；第十章由乔玉辉、何雪清（中国农业大学）编写；第十一章由乔玉辉、李圣男（中国农业大学）编写；第十二章由王宏燕、鲁萍（东北农业大学）编写。

限于编者水平与时间，书中不妥和疏漏之处在所难免，敬请读者提出批评和修改建议。

《有机农业》编写组

2015 年 7 月于北京

第一版前言

现代集约化农业在造成一系列环境问题的同时，也使得农产品质量严重下降，食品安全受到威胁。在环境保护与食品安全这两大主题的双重驱动下，有机农业正在成为一个明智的选择。

有机农业是遵照一定的农业生产标准，在生产中不采用基因工程获得的生物及其产物，不使用化学合成的农药、肥料、生长调节剂、饲料添加剂等物质，遵循自然规律和生态学原理，协调种植业和养殖业的平衡，采用一系列可持续发展的农业技术以维持持续稳定的农业生产体系的一种农业生产方式。

有机农业自提出至今已有近百年历史。我国对有机农业的研究始于20世纪80年代。从1990年开始有机食品的生产和开发。2003年以后，有机农业进入规范化发展阶段。随着国内外有机产品市场的不断增长，社会对与有机农业相关的技术支撑与职业培训需求也不断增加。

在我国的高等教育体系中，还没有“有机农业”的专业学位。2005年，欧盟资助的亚洲链接项目“全球背景下的有机农业”启动，由四所欧盟大学（意大利都灵大学，意大利图斯卡大学，德国波恩大学，荷兰瓦赫宁根大学）和四所中国大学（中国农业大学，浙江大学，青海畜牧与兽医学院，东北农业大学）共同执行。项目旨在借助欧洲有机农业领域的经验，帮助中国的大学建立有机农业领域的核心课程。本书就是在这一背景下产生的。本书编写成员除了来自执行“有机农业”项目的四所中方大学，还有来自项目的合作伙伴——中绿华夏有机食品认证中心。在本书的设计编写过程中，我们得到了欧盟合作伙伴的大力支持和帮助，在此表示诚挚的谢意！

本书共分十二章，按有机农产品“从田间到餐桌”的顺序编写。第一章（绪论）介绍了有机农业的发展历史、现状与展望；第二章至第五章的内容着重讨论有机农业生产的前期准备，分别介绍了有机农业对产地环境、生产资料、土壤培肥和植物保护等方面的技术要求；第六章、第七章介绍了有机农业的生产过程，重点介绍了几种代表性的粮食、蔬菜、水果和畜禽的有机生产技术；第八章、第九章分别介绍了有机食品的收获后管理、食品安全，以及对加工、运输过程的特殊要求；第十章、第十一章介绍了国际有机农业的标准体系，有机食品的认证，以及有机产品的贸易与市场；最后（第十二章），对有机农业课程的实习提出了一些方案与建议。

本书采取文责自负的方式，由五个单位的教师和专家共同完成。教材的写作大纲由曹志平设计，全书由曹志平、乔玉辉统稿。本书各章的作者如下：

第一章　田光明（浙江大学）

第二章　田光明（浙江大学）

第三章　高秀文　栾治华　伊素芹　李显军（中绿华夏有机食品认证中心）

第四章　王宏燕　刘志华（东北农业大学）

第五章　曹志平　韩雪梅（中国农业大学）

第六章　曹志平　韩雪梅（中国农业大学）

第七章　张辉　刚存武　陈刚（青海畜牧与兽医学院）

第八章　生吉萍　申琳（中国农业大学）

第九章　生吉萍（中国农业大学）

第十章　乔玉辉　罗燕（中国农业大学）

第十一章　乔玉辉　罗燕（中国农业大学）

第十二章　王宏燕　鲁萍（东北农业大学）

此外，东北农业大学的鲁萍老师参与了第五章的部分编写工作，北京市农科院的王秀徽博士编辑了第五、六章的所有插图，在此表示感谢！

限于编写时间与水平，书中不妥之处在所难免，敬请读者提出批评和修改建议。

曹志平

2009 年 8 月于北京

Forewords

It is a great pleasure for me to introduce to Chinese researchers and students this book on Organic farming. The book originates from an European project, carried out under the ASIA-LINK Programme, coordinated by the Centre of Competence AGROINNOVA of the University of Torino (Italy) and implemented in collaboration with the University of Tuscia (Italy), the University of Bonn (Germany), the University of Wageningen (The Netherlands), the China Agricultural University (P. R. China), the Zhejiang University (P. R. China), the Qinghai College of Animal Husbandry and Veterinary Medicine (P. R. China), and the Northeast Agricultural University (P. R. China).

Decades of intensive agriculture aimed at guarantee food security for a growing population have led in China to extremely negative impact on the environment, due to the overexploitation of natural resources and the excessive us of chemical fertilizers and pesticides. The project started in December 2005 with the aim to promote the culture of organic farming as a mean to protect the environment and human health among Chinese stakeholders, with particular attention to higher education institutions.

The project aimed to implement appropriate educational activities to develop human resources and curriculum on organic farming suitable to the Chinese educational context by promoting a network of higher education institutions from both China and Europe. The project addressed the need to build positive synergies between knowledge acquired by training and education, with policies and practices to be oriented towards a local sustainable development of the agricultural sector. Direct target groups were professors and associate professors, postgraduate and graduate students. The project indirectly addressed private and public industries, non-governmental and governmental organisations, playing a key role in raising awareness on organic farming. Project activities promoted sharing of technical, social, economical and ethical knowledge on organic farming based on the European advanced experience in the sector, with the aim to networking and strengthening the scientific collaborations in an innovative sector like organic farming.

Specific objectives were upgrading scientific and technical capacity of existing and future teaching staff from Chinese higher education institutions, and to develop relevant learning and teaching tools supporting the implementation of organic farming-oriented curricula within the Chinese partners' Institutions.

Although developing common curricula is always a very difficult task even at a regional level, a core programme in organic farming, to be shared among the different Universities, has been established throughout the project.

Moreover, a network of young researchers working in Europe and China in the field of organic farming has been established. These people will be able to interact in the future, generating more common activities.

The publication of this book is the demonstration that the final goal of the project, to enhance capacity of handling interdisciplinary complex issues in organic farming, has been achieved.

I hope that all readers will appreciate this effort and wish to thank the many Chinese and European colleagues and students who did partecipate into the project.

M. Lodovica Gullino
President, International Society for Plant Pathology
Vice Rector for International Affairs, University of Torino

目　录

第一章 绪论

食品是人类生存最基本的必需物质。然而，现代科学技术的快速发展，在大规模开发利用资源的同时也导致了严重的环境污染，使食品安全问题日益突出。为了保障人们的食品安全和生命健康，有识之士开始对农业生产模式和农业生产技术体系进行反思。有机农业就是在这一背景下出现的一种选择，一种能够生产安全食品的农业生产模式。

第一节 有机农业的起源和发展意义

一、有机农业发展的背景

20 世纪 70 年代以来，越来越多的人注意到，现代常规农业在提高劳动生产率、提高粮食产量的同时，由于大量使用化肥、农药等农用化学品，使环境和食品受到不同程度的污染，自然生态系统遭到破坏，土地生产能力持续下降。

为探索农业发展的新途径，各种形式的替代农业，如有机农业、生物动力学农业、生态农业、持久农业、再生农业及综合农业等概念应运而生。它们虽然名称不同，但其基本原理与思想都是相同或相近的，都是将农业生产建立在生态学基础上而不是化学基础上，也可以说它们是替代农业的不同流派。有机农业就是在常规农业出现一系列危机的情况下，诞生的一种替代农业模式。

二、有机农业的起源

1909 年，美国农业部土地管理局局长金（F. H. King）途经日本来到中国，他考察了中国农业数千年兴盛不衰的经验，并于 1911 年写成《四千年的农民》一书。书中指出中国传统农业长盛不衰的秘密在于中国农民勤劳、智慧、节俭，善于利用时间和空间提高土地利用率，并以人畜粪便和一切废弃物、塘泥等还田培养地力。该书对英国植物病理学家霍华德（Albert Howard）影响很大，他在金的基础上进一步深入总结和研究中国传统农业的经验，于20世纪30年代初倡导提出了有机农业，并由Eve Balfaur夫人和英国土壤学会首先实验和推广，并编著了《农业圣典》一书，推崇中国及其他东方各国重视有机肥的经验，此书成为当今指导国际有机农业运动的经典作之一。

1940年，美国的罗代尔（J. I. Rodale）受霍华德的影响，开始了有机园艺的研究和实践，1942年罗代尔出版了《有机园艺》一书。英国的伊夫·鲍尔费夫人（Lady Eve Balfour）第一个开展了常规农业与自然农业方法比较的长期试验。在她的推动下，1946年英国成立了“土壤协会”。日本的冈田茂吉（Mokichi Okada）于1935年创立了自然农业（natural agriculture），提出在农业生产中尊重自然，重视土壤，协调人与自然关系的思想，主张通过增加土壤有机质，不施用化肥和农药获得产量（马世铭，J. Sauerborn，2004）。

由于现代石油农业的各种弊端逐渐显露，进入20世纪70年代后，有机农业越来越受到发达国家的农民和科学家的重视，许多有关有机农业的组织和研究机构纷纷成立，如1972年国际有机农业运动联盟（IFOAM）由美国、英国、法国、瑞典、南非五个国家的五个组织倡导在法国成立，1975年，英国成立了有机农业研究会，且早在1958年日本就成立了自然农法国际研究中心。进入20世纪90年代后，随着有机食品贸易在世界范围内迅速扩展，世界上大多数国家都成立了相关的有机农业组织，如有机农民协会、有机食品检查认证和咨询机构，成立了众多的有机食品贸易公司，形成了有机农业研究、咨询、生产、加工、贸易、认证一体化的局势，推动着有机农业和有机食品业迅速向前发展。

三、有机农业的哲学思想

有机农业以拒绝使用人工合成的农用化学品和对环境有益作为主要的发展理念，但20世纪20年代最初提出有机农业概念时还没有大量出现农用化学品，也没有严重的环境问题。那么，有机农业的先驱者们最初究竟是从什么角度提倡发展有机农业的呢？现在看来，他们还是主要从生态健康的角度，从环境的角度提倡用有机的方式进行农业生产，强调在相对封闭的系统内循环使用养分来培育土壤肥力和生命活力，使作物能够健康生长，生产健康的产品。这些先驱者们不是简单地看待疾病和导致疾病的原因，而是努力从整体观念探索健康的根源。英国的伊夫·鲍尔费夫人（Lady Eve Balfour）作为人类营养学先驱Robert Mc Carrison的学生，发表了对健康的著名论述，即土壤、植物、动物和人类的健康是息息相关不可分割的整体。Mc Carrison先生在系统地观察许多人及其饮食习惯后，发现最健康的人的饮食多为来源新鲜、少加工、营养保持完整的食物，农业生产的食品则来自于没有受到化学物质的干扰的自然循环完整的系统。

除健康之外，有机农业的另一思想是可持续发展。IFOAM 1977年召开的第一次科学大会的主题就是“迈向可持续农业”。英国的伊夫·鲍尔费夫人（Lady Eve Balfour）在其报告中指出可持续农业的本质就是永久性，意味着要采用保持土壤永久肥力的技术，尽可能使用可再生资源，不污染环境，促进土壤和整个食物链中的生命活力。E. F. Schumacher 在他的“小的就是美丽”一书中提出了人们应通过发展一种带有新型生产方法和消费模式的可持续性生活方式来代替建立在增长与消费基础上的经济。这种生活方式必须建立在有限制的消费的基础上，“因为我们生存的世界是有限的”。有机农业就是实现这一目标的方式之一。

四、有机农业的目标和原则

有机农业的目标是稳定、持续地生产优质安全的农产品。要实现此目标，就必须保证生产所依赖的土壤生态系统的健康与稳定，要维持土壤质量的持续优良。土壤质量包含土壤健康质量、土壤肥力质量和土壤环境质量三个方面。土壤健康质量主要强调土壤生态系统内部各要素之间相互作用的平衡状态；土壤肥力质量则强调土壤作为植物的养料库，给作物提供养料的能力；而土壤环境质量强调的是土壤作为生物的环境要素，必须要符合一定的质量标准，不能因为土壤质量的原因导致所生产的产品质量下降或对其他环境要素带来不良影响。

有机农业在发挥其生产功能即提供有机产品的同时，关注人与生态系统的相互作用以及环境、自然资源的可持续管理。有机农业基于健康的原则、生态学的原则、公平的原则和关爱的原则。具体而言，有机农业的基本原则包括以下几点。

① 在生产、加工、流通和消费领域，维持促进生态系统和生物的健康，包括土壤、植物、动物、微生物、人类和地球的健康。有机农业尤其致力于生产高品质、富营养的食物，以服务于预防性的健康和福利保护。因此，有机农业尽量避免使用化学合成的肥料、植物保护产品、兽药和食品添加剂。

② 基于活的生态系统和物质能量循环，与自然和谐共处，效仿自然并维护自然。有机农业采取适应当地条件、生态、文化和规模的生产方式。通过回收、循环使用和有效的资源和能源管理，降低外部投入品的使用，以维持和改善环境质量，保护自然资源。

③ 通过设计耕作系统、建立生物栖息地，保护基因多样性和农业多样性，以维持生态平衡。在生产、加工、流通和消费环节保护和改善我们共同的环境，包括景观、气候、生物栖息地、生物多样性、空气、土壤和水。

④ 在所有层次上，对所有团体——农民、工人、加工者、销售商、贸易商和消费者，以公平的方式处理相互关系。有机农业致力于生产和供应充足的、高品质的食品和其他产品，为每个人提供良好的生活质量，并为保障食品安全、消除贫困做出贡献。

⑤ 以符合社会公正和生态公正的方式管理自然和环境资源，并托付给子孙后代。有机农业倡导建立开放、机会均等的生产、流通和贸易体系，并考虑环境和

社会成本。

⑥ 为动物提供符合其生理需求、天然习性和福利的生活条件。

⑦ 在提高效率、增加生产率的同时，避免对人体健康和动物福利的风险。因为对生态系统和农业理解的局限性，对新技术和已经存在的技术方法应采取谨慎的态度进行评估。有机农业在选择技术时，强调预防和责任，确保有机农业是健康、安全的以及在生态学上是合理的。有机农业拒绝不可预测的技术，例如基因工程和电离辐射，避免带来健康和生态风险。

五、发展有机农业的意义

从有机农业的目标和原则我们不难看出，所提倡的质量全过程控制和可持续发展观对人类生态环境的持续改善和农产品质和量的保证都具有非常深远的重要意义。具体主要表现在以下一些方面。

1. 有机农业有利于生态环境的恢复、保持和改善

现代农业主要依靠化肥、农药的大量投入，使生态系统原有的平衡被打破，农药在杀死害虫的同时也伤害有益生物特别是鸟类及天敌昆虫，进而危及整个生态系统，使生物多样性减少。大量化学肥料的投入是使江河湖泊富营养化的主要因素之一，也是地下水硝酸盐含量增加的原因。同时由于农家肥用量的减少，使土壤有机质耗竭，土壤板结，团粒结构丧失，土壤保水、保肥能力大大下降，水土流失严重，生产力下降。有机农业强调农业废弃物如作物秸秆、畜禽粪便的综合利用，减少了外部物质的投入，既利用了农村的废弃物，也减轻了农村废弃物不合理利用所带来的环境污染。

化肥和合成农药的生产通常均需要消耗石油、煤炭等不可再生能源，发展有机农业可以减少化肥、农药的用量和生产量，从而降低人类对不可再生能源的消耗，同时也减轻化肥农药在生产过程中所产生的工业污染。

在生态敏感和脆弱地区发展有机农业可以加快这些地区的生态治理和恢复，特别是水土流失的防治和生物多样性的保护。实践表明，在常规农业生产地区开展有机农业转换，可以使农业环境污染得到有效控制，天敌数量和生物多样性也能迅速增加，农业生产环境能够有效地恢复和改善，土地、水资源、植被和动物界所受到的破坏与损害的程度将减轻。

2. 有机农业有利于食品安全和改善饮食健康

现代常规农业的特点是集约化程度很高，作物生长快、产量高，但农产品品质下降，而且高农药残留、高硝酸盐含量是对人类健康的最直接威胁。而有机食品质优味好，营养丰富，无污染。尤其是近年来食品安全事件不断曝光，使食品安全问题受到管理者和民众的高度重视，随着人们生活水平的提高，消费高质量的安全食品是一种必然趋势。

3. 有机农业有利于促进经济发展

我国加入世贸组织后，农业出口贸易受到各种绿色壁垒的严重冲击，但生产与出口的有机食品，经过专门的有机食品认证机构的检查认证，可以有效地克服国外各种非关税壁垒，更容易参与农产品的国际贸易和市场竞争。而且产品价格一般比同类的常规产品高20%～300%，因此有机农业对经济的持续稳定发展更加有利。

此外，有机农业提供了更多的就业机会，减轻了社会和农民的经济负担，避免或减少了增产不增收的现象。有机农业是一种劳动、管理和技术集约的农业，需要的劳动力比较多，农民可以利用较多的时间从事有机农业生产，解决农民就业难的问题。

第二节 有机农业的概念及特征

从有机农业的起源可以大致了解到有机农业的一些特征。事实上，有机农业可以说是各种替代农业流派主要精神的集中体现，它包含了生态和谐、食品安全和可持续发展的思想，要求在生产过程中禁止使用化肥、农药、生长调节剂和饲料添加剂等化学物质，而且明确规定生产中不采用基因工程获得的生物及其产品，强调遵循自然规律和生态学原理，协调种植业和养殖业的平衡。

一、有机农业的概念

人们通常将不使用农药、化肥的农业理解为有机农业，但这只是有机农业的必要条件，并不能体现有机农业的实际内涵和有机农业的精华，而且会给初次接触有机农业概念的人带来一些误解。自霍华德提出有机农业以来，有机农业有很多定义，虽然它们的描述有所不同，但意义相近。有机农业的产生和发展是基于不同国家的政治、经济和文化背景，因而，在阐述有机农业概念时其侧重点各不相同。

欧洲把有机农业描述为，一种通过使用有机肥料和适当的耕作措施，以达到提高土壤长效肥力的系统。有机农业生产中仍然可以使用有限的矿物质，但不允许使用化学肥料。通过自然的方法而不是通过化学物质控制杂草和病虫害。

美国农业部的官员在全面考察了有机农业之后，1980年给有机农业下的定义是：“一种完全不用或基本不用人工合成的肥料、农药、生长调节剂和畜禽饲料添加剂的生产体系。在这一体系中，在最大的可行范围内尽可能地采用作物轮作、作物秸秆、畜禽粪肥、豆科作物、绿肥、农场以外的有机废弃物和生物防治病虫害的方法来保持土壤生产力和适耕性，供给作物营养并防止病虫草害。”尽管该定义还不够全面，但它描述了有机农业的主要特征，规定了有机农业不能做什么和应该怎么做。

国际有机农业运动联合会（International Federation of Organic Agriculture Movements，简称IFOAM）给有机农业下的定义为：有机农业包括所有能促进环境、社会和经济良性发展的农业生产系统。这些系统将当地土壤肥力作为成功生产的关键。通过尊重植物、动物和景观的自然能力，达到使农业和环境各方面质量都最完善的目标。有机农业通过禁止使用化学合成的肥料、农药和药品而极大地减少外部物质投入，而强调利用强有力的自然规律来增加农业产量和抗病能力。有机农业坚持世界普遍可接受的原则，并据当地的社会经济、地理气候和文化背景具体实施。因此，IFOAM提倡和支持发展当地和地区水平的自我支持系统。从这个定义可以看出有机农业的目的是达到环境效益、社会效益和经济效益三大效益的协调发展。有机农业非常注重当地土壤的质量，注重系统内营养物质的循环，注重农业生产要遵循自然规律，并强调因地制宜的原则。

联合国粮农组织（FAO）和世界卫生组织（WHO）食品法典委员会（CAC）对有机农业提出的定义是：它是依靠生态系统管理而不是依靠外来农业投入的系统。这个系统通过取消使用化学合成物，如合成肥料、农药、兽药、转基因品种和种子、防腐剂、添加剂和辐射，代之以针对长期保持和提高土壤肥力，防止病虫害的管理方法，注意对环境和社会的潜在不利影响。有机农业是整体生产管理体系，以促进和加强农业生态系统的保护为出发点，重视利用管理方法，而不是外部物质投入，并考虑当地具体条件，尽可能地使用农艺、生物和物理方法，而不是化学合成材料。从这个定义可以看出有机农业更强调对生态环境的保护，其目的是达到环境效益、社会效益和经济效益三大效益的协调发展。

我国国家质量监督检验检疫总局和中国国家标准化管理委员会于2012年3月实施的《有机产品》标准对有机农业的定义是：遵照特定的农业生产原则，在生产中不采用基因工程获得的生物及其产物，不使用化学合成的农药、化肥、生长调节剂、饲料添加剂等物质，遵循自然规律和生态学原理，协调种植业和养殖业的平衡，采用一系列可持续的农业技术以维持持续稳定的农业生产体系的一种农业生产方式。

以上对有机农业定义的表述虽然各有差异，但主要的内容是相同的。即有机农业是遵循可持续发展的原则，在农业生产中采用符合标准要求的生产投入品与技术，保护生态环境，保障农产品质量安全，保护人类身体健康。

综上所述，有机农业的概念可以概括为：是按照有机农业生产标准，选择优良生态环境的基地，在生产过程中不使用或基本不使用化学合成的肥料、农药、生长调节剂、畜禽饲料添加剂等物质，不采用基因工程的方法获得的生物及其产物，防治工业“三废”的污染，实施一系列可持续发展技术的农业生产体系。在这个体系中，作物秸秆、畜禽粪便、豆科作物、绿肥和有机废弃物是土壤肥力的主要来源；作物轮作等各种农业、物理、生物和生态措施是控制病虫草害的主要手段；充分利用系统内的微生物、植物和动物的作用促进系统内物质循环与能量流动，保持和提高土壤的长效肥力。充分满足畜禽本能生活中所需要的自然环境条件，协调种植业和养殖业的平衡发展；采用合理的耕作措施，保护生态环境，防止水土流失，保持生产体系和周围环境的生物多样化，最大限度地实现人与自然的和谐发展。

二、有机农业的特征

纵观以上几种对有机农业定义的描述，可以认为有机农业生产是一种强调以生物学和生态学为理论基础并拒绝使用农用化学品的农业生产模式。它有以下主要特征。

（1）遵循自然规律和生态学原理　有机农业的一个重要原则就是充分发挥农业生态系统内部的自然调节机制。在有机农业生态系统中，采取的生产措施均以实现系统内养分循环，最大限度地利用系统内物质为目的，包括利用系统内有机废弃物、种植绿肥、选用抗性品种、合理耕作、轮作、多样化种植、采用生物和物理方法防治病虫草害技术等。有机农业通过建立合理的作物布局，满足作物自然生长的条件，创建作物健康生长的环境条件，提高系统内部的自我调控能力，以抑制害虫的暴发。

（2）采取与自然相融合的耕作方式　有机耕作不用化肥氮源来施肥，而是利用豆科作物固氮的能力来满足植物生长的需要。种植的豆科作物用作饲料，由牲畜养殖积累的圈肥再被施到地里，培肥土壤和植物。尽最大可能获取饲料及充分利用农家肥料来保持土壤氮肥的平衡。利用土壤生物（微生物、昆虫、蚯蚓等）使土地固有的肥力得以充分释放。植物残渣，有机肥料还田以及种植间作作物有助于土壤活性的增强和进一步的发展。土地通过多年轮作的饲料种植得到休养，农家牲畜的粪便被充分分解并释放出来。这样，自我生成的土壤肥力并不依赖于代价昂贵且耗费能源生产出来的化肥，有机耕作的目的在于促进、激发并利用这种自我调节，以期能持续生产出健康的高营养价值的食品。在种植中通过用符合当地情况的方式进行轮作，适时进行土壤耕作，机械除草及使用生物防治等方法（例如种植灌木丛或保护群落生态环境）来预先避免因病害或过度的虫害对作物造成的危害。

（3）协调种植业和养殖业的平衡　根据土地能承载能力确定养殖的牲畜量。通常来说牲畜承载量是每公顷一个成熟牲畜单位，因为有机生产标准只允许从外界购买少量饲料。这种松散的牲畜养殖保护环境不受太多牲畜或人类粪便的硝酸盐污染，它帮助一个农场的形成并使人们可以采取符合牲畜需要的养殖方式。以上述标准进行的牲畜养殖通常情况下只产生土地能接受的粪便量。饲料和作物的种植处于一种相互平衡且经济的关系。

(4) 禁止基因工程获得的生物及其产物　基因工程是指人工将一种物种的基因转入到另一物种基因中。因基因工程不是自然发生的过程，故违背了有机农业与自然秩序相和谐的原则，且基因工程产品存在着潜在的、不可预见的风险，而基因工程品种对其他生物、对环境和对人身体健康造成的影响也没有科学结论。因此，有机农业没有将基因工程技术纳入标准所允许的范围内。

(5) 禁止使用人工合成的化学农药、化肥、生长调节剂和饲料添加剂等物质。

总之，是要建立循环再生的农业生产体系，保持土壤的长期生产力；把系统内土壤、植物、动物和人类看成是相互关联的有机整体，同等地加以关心和尊重；采用土地与生态环境可以承受的方法进行耕作，按照自然规律从事农业生产。

三、有机农业与传统农业和生态农业的关系

1. 有机农业与常规农业

所谓常规农业，是以集约化、机械化、化学化、商品化为特点的农业生产体系。第一，是农用化学物质在水体和土壤残留，造成农畜产品的污染，影响了食品的安全性，最终损害人体健康。第二，农业生产中过量依赖化肥增产，忽视或减少了有机肥的应用，使耕地土壤理化性质恶化，致使农产品产量和质量下降。第三，由于人口不断增长、粮食短缺引发滥垦滥伐和生态环境恶化。第四，随着工业的迅速发展，工业“三废”的大量排放，致使农业环境污染加重，生物和人类食品的安全性进一步受到污染威胁。为了解决这些问题，人们不断地探索选择人与自然、经济与环境协调发展的农业生产新方式。因此，有机农业是为了解决或避免常规农业的问题而发展的一种替代农业方式。

2. 有机农业与传统农业

中国是世界传统农业起源地之一，有着数千年悠久的农业发展基础，中国经过时间考验的耕作制度包含着深刻的生态学原理。我们的祖先从事农业生产都不依靠农用化学品，而且积累了丰富的农业生产经验，其中就包括当今人们还在大量采用的病虫草害的物理与生物防治措施，把有机废弃物大量地再循环使之变为肥料并通过种植豆科作物和豆谷轮作保持地力的方式。国外的有机农业就是受我国传统农业的启发并吸取经验的基础上发展起来的。中国农业的这些优良传统沿袭了数千年，除不断充实完善外，到 20 世纪 50 年代基本没有改变。但中国的传统农业并不等于有机农业，其主要区别有以下三点。

第一，它们所处的发展阶段不同。传统农业是在常规农业之前，科技不发达生产力水平低下的条件下进行的农业生产模式。而有机农业是在常规农业或集约化农业发展之后发展起来的，常规农业在提高劳动生产率，增加农畜产品产量的同时，带来自然资源衰竭，环境污染，生态系统破坏等严重问题，导致农业生态系统自我维持能力降低，有机农业是人们在追寻保持和持续利用农业生产资源的

情况下诞生和发展的，是在科学技术进步和工业水平提高的发展阶段进行的农业生产模式。

第二，它们的科学基础有所不同。有机农业是在吸收传统农业经验的基础上，以现代科学技术理论，不断总结发展的一种农业生产模式。

第三，它们所处的生产条件不同。有机农业有先进的劳动生产工具和科学技术，特别是现代管理技术的参与，劳动生产率比传统农业高得多。

所以传统农业是有机农业发展的基础，而有机农业是现代生产技术和管理技术以及新理论支持下的传统农业升级。

3. 有机农业与生态农业

为了克服常规农业（石油农业）带来的一系列弊端，20 世纪世界各地的生态学家、农学家先后提出了有机农业、生态农业、生物农业、生物动力农业、持久农业、综合农业、自然农业等农业生产体系的理论，并积极开展试验、示范和推广，以求替代常规农业，达到保护生态环境、保障食品质量安全，保护人类身体健康，促进农业可持续发展的目的。后来人们把这些农业生产体系统称为替代农业。这些替代农业模式都与有机农业有很多相似的内涵，美国土壤学家 William Albreche 1971 年提出“生态农业（ecological agriculture）”以区别于石油农业，主张在尽量减少人工管理的条件下进行农业生产，保护土壤肥力和生物种群的多样化，控制土壤侵蚀，完全不用或基本不用化学肥料、化学农药，减轻环境压力，实现持久发展。这种生态农业的理论与模式很接近于有机农业，早期的生态农业主要在美国、英国等西方国家中进行试验、示范和推广应用。他们的生态农业几乎可以说与有机农业只是名称的不同，而无实质的差异。

但 20 世纪 80 年代，中国等一批发展中国家开始进行生态农业的试点、示范和推广工作，但与国外的生态农业从内涵和外延有很大的差异，其理论与实践也有很大的不同。中国生态农业的定义是：“所谓生态农业是运用生态学、生态经济学原理和系统工程的方法，采用现代科学技术和传统农业的有效经验，进行经营和管理的良性循环，可持续发展的现代农业发展模式。”国外生态农业的定义是：“建立和管理一个生态上自我维持的、低输入的、经济上可行的小型农业系统，使其在长时期不能对其环境造成明显改变的情况下具有最大的生产力……”。

从定义中可以看出国外生态农业和我国的生态农业有相同之处，但也有很大的区别。相同之处是保护生态环境，争取最大的生产力，保障农产品质量安全；不同之处：一是在控制上不同，国外强调低投入，例如，尽量控制不用或少用化学肥料、化学农药，而中国强调在保护环境的前提下，进行适量的无公害的农药和化肥的投入；二是在规模上国外强调小型化，而中国的生态农业强调以县为单位或更大规模的生态农业，以便对生态农业建设实施整体调控，提高综合效益；三是国外强调生态环境的稳定不变，中国则重视推行在更高层次的新的生态平衡，通过保护和改善生态环境，促进生态系统的良性循环。

由此可见，我国的生态农业不等于有机农业，更不等于传统农业；既不是对“石油农业”的全盘否定，也不是传统农业的完全复归，而是传统农业精华与现代农业科学技术的有机结合。

4. 有机农业与其他替代农业

其他替代农业模式都不同程度地补充了早期有机农业的理论和技术体系。如再生农业（regenerative agriculture）认为自然界的再生能力来自某种“自我治疗恢复力”，只要找到这种恢复力并将其“释放”出来，就能够使农业得到再生。可持续农业（sustainable agriculture）则是通过利用可更新资源来获得农业生产的动态持久性，强调通过技术达到理想的生产，同时通过限制人口等措施，对输出要求进行控制，保护可更新资源的持久性。而综合农业（integrated agriculture）在强调尽可能通过生物方法（如有机质的再循环）来维持土壤肥力、控制病虫草害的同时，为了获得更高产量，允许适量施用化肥，必要时也可杀虫剂和除草剂。

M. C. Merrill 认为，替代农业中各派的分歧不是在于赞成使用哪个名字，而是在于“纯粹派”和“现实派”之间的差异。纯粹派要求禁止使用化肥和杀虫剂，而现实派尽管同意纯粹派的原则，却认为出于经济利益考虑，适当地使用化肥和杀虫剂是可以的。他们认为这一点对正在从常规系统转向生态适应系统的农民来说尤为重要。纯粹派似乎更喜欢“有机”这个名字，而现实派似乎喜欢“生态”或“生物”这个名字。

有机农业、生态农业、生物农业、生物动力农业、再生农业、持久农业、综合农业和自然农业等农业生产体系，它们的定义、内容方面存在着许多差异，但从本质上来看，其相同点很多：一是这些农业生产体系的出发点是替代常规（石油）农业，克服常规农业的一系列弊端；二是这些农业生产体系都力求保护生态环境，善待自然和动植物；三是这些农业生产体系都主张合理使用农业化学物质，少用或不用农业化学物质，以防止对生态环境和农产品的污染，保障食品质量安全；四是这些农业生产体系鼓励采用绿肥、农家肥来培肥地力，不断增强农业发展后劲，促进农业可持续发展。这些众多的替代农业生产模式中。有机农业的技术和标准体系以及不断改进的机制发展得最为完善，因此，越来越多国家和民众致力于有机农业的生产。有机农业的示范推广面积越来越广，有机食品越来越受到人们的欢迎。

5. 有机食品与绿色食品及无公害食品

绿色食品是我国在农业生态环境污染日趋严重的形势下，从保证食品的“安全和营养”双重质量的角度提出来的概念，它强调“优质和安全”以及“环境与经济”的协调发展。其基本特征是：原料产地必须具有良好的生态环境，即各种有害物的残留水平符合允许标准；原料作物的栽培管理，必须遵循一定的技术操作规程，化肥、农药、植物生长调节剂等的使用，必须严格遵循国家安全使用标准；为家畜、家禽提供的饲料必须符合规定的饲料标准。实行的是从土地到餐桌的全程质量控制。

我国的无公害食品是专指产地环境、生产过程和最终产品符合无公害食品标准和规范，经专门机构认定，许可使用无公害农产品标识的食品。这类产品生产过程中允许限量、限品种、限时间地使用人工合成的安全的化学农药、兽药、鱼药、肥料、饲料添加剂等。这类食品标准比绿色食品宽，但符合中华人民共和国国家食品卫生标准。

有机食品与绿色食品有相近的内涵，有机食品、绿色食品和无公害农产品都要求产地环境及其周边环境中不能存在污染源，确保产地环境中的空气、水和土壤的洁净；都必须采用安全可靠的生产、储运技术以及实行从土地到餐桌的全程质量控制；都要求不用或少用化肥、农药等人工合成的化学物质，有效地防止生产对环境的污染。但有机食品在其生产过程有更高的要求，它严格禁止农用化学品和转基因品种的使用，要求必须是独立的第三方有机认证机构组织检查认证，同时有严格的标识使用规定。有机食品除强调食品的安全风险外，更重视生产体系的可持续生产。

四、对有机农业可能产生的误解

1. 有机农业就是指不用化学合成物质的天然生产系统

不施用任何农用化学物资，也不进行任何人工管理的农业生产系统往往被视为有机生产系统，这种理解是不对的。有机农业不施用人工合成的化学品，但并不是不进行人工管理，相反，却强调建立平衡稳定的农业生产系统，保护土壤健康，防止水土流失，实现农业的可持续发展，否则不能称为有机农业生产。有些地方，尽管生产体系本身没有施用过农药、化肥，处于荒废与半荒废的状态，但水土流失现象严重，产量低，品质差，则不能被认证为有机生产。

也有人认为有机农业生产就是对农药、化肥的替代。其实不然，为了替代化肥，在有机生产中需要使用大量的有机肥。如果不注意有机肥的科学施用方法和用量，例如过量使用或使用时间不恰当，其后果不仅要影响作物生长，还会影响作物的品质，使作物易受病虫害的危害，也会造成环境污染。另外，有机农业的土壤培肥首先在于充分循环使用系统内的营养物质，并通过激活土壤生命活力使土壤库存的养分能被作物所利用，其次是要采取各种措施尽量减少土壤养分的流失。因此，有机生产并不是简单地用有机肥替代化肥。同样，有机生产强调通过健康种植来预防病虫害的发生，生物、物理防治只是一种辅助手段，超强度的干预也会影响生物自然的平衡调节体系。

2. 有机农业就是传统农业，发展有机农业是在走回头路

这是绝大多数人初次接触有机农业概念时最易产生的误解，也是必须澄清的事实。有机农业是由一些科学家、哲学家为了保护我们赖以生存的土壤，生产健康的作物和食品的背景下提出来的，并得到大量实践证明可行的一种农业生产方

式，它只有在生物学、生态学发展到一定程度，人们已认识到只有与自然和谐合作才能促进人类的进步与发展的背景下得到认同和推广。因此有机农业是人们在高度发达的科学技术基础上重新审视人与自然关系的结果，而不是复古和倒退。有机农业拒绝使用农用化学品，但绝不是拒绝科学。相反，它是建立在应用现代生物学、土壤学和生态学知识基础上，应用现代农业机械，作物品种和良好的农业生产管理方法、水土保持技术和有机废弃物的资源化处理技术以及生物防治技术等而实现的。现代常规农业的人们听到作物生产不用农药、化肥就觉得不可思议，正是现代农业过分依赖化学工业技术，忽略了环境和生态保护的体现。我国传统农业生产技术可以用于有机农业中，但有机农业不等于传统农业，它有许多现代农业技术的支持。

3. 有机生产的作物产量肯定比常规农业的产量低

产量问题是人们最关心的问题之一，也是人们对有机农业质疑之处。这种担心主要源于上一条所述的人们对有机农业的误解。应该承认有机农业生产体系建立期间（有机转换期间），其产量通常会低于常规生产，但从长远来看，一旦建立良性的有机农业生产体系，有机生产的作物产量并不一定会比常规作物产量低，整个有机体系的生产力一定高于常规体系。据国内草莓与蔬菜的有机栽培与完全使用化肥的常规栽培比较试验结果，只要施入足够量的有机肥，有机生产的产量比完全使用化肥的常规生产的产量要高出10%～30%，甚至更高。另外，产量高低也是一相对的概念，通过超过系统可承受的外部物质的投入来获得过高的产量并不是有机农业追求的目标，有机农业追求的是可持续的产量与最佳的质量。

4. 有机食品就是无污染食品

不少人认为，不含任何化学残留物质，绝对无污染的食品就是有机食品。事实上食品是否有污染物质是一个相对的概念，自然界中不存在绝对不含任何污染物质的食品。随着高精密分析仪器的检测限的提高，自然界中即使再优质的食品，也或多或少地含有一些污染物质。应该说，有机食品因其生产过程中的严格控制残留农药等污染物质的含量比普通食品低，但并非绝对无污染。过分强调无污染特性，会导致人们过分重视对环境和最终产品的污染状况的分析，而忽视有机农业对整个生产过程的全程质量控制和对恢复与改善农业生态环境的意义，并造成只有在边远的山区才能从事有机生产的误区。这也是许多生产者或贸易者认为只要检测他们的产品没有污染就可以获得有机认证的原因。

5. 有机农业劳动力投入多，成本高，效益低

这种观点也是片面的。应该承认，有机农业所需的劳动力投入要比常规农业投入多，特别表现在循环利用农业废弃物（制作堆肥，施用有机肥等）和除草时的劳动力投入。然而，有机农业生产充分利用了农业系统的废弃物，避免了合成的农药、化肥和除草剂等农用物资的投入及其对环境的污染，从而减小了社会用

于治理环境污染的投入，减轻了由于环境污染对人体健康和社会造成的直接和间接经济损失。而且，有机农业产品的价值通常包括了环境价值和社会价值，其价格也比常规产品高30%～200%，甚至更高。因此，有机生产的最终效益要高于常规生产。

正确地理解有机农业，消除对有机农业的误解，是发展有机农业的首要条件，只有这样才能将这种新型的、健康的可持续农业生产方式变成一种自觉的行为并实现预期的目标。

第三节　世界有机农业发展的现状与趋势

一、世界有机农业的几个发展阶段

在2014年初的德国纽伦堡Biofach博览会上，国际有机农业运动联盟（IFOAM）向全球同行提出了ORGANIC3.0，即有机3.0时代的概念。有机3.0时代是基于经历有机1.0和2.0时代的有机产业发展现状而提出的，借此引导有机产业进入全新的发展阶段，引导有机生产者、消费者以及相关团体深层次掌握有机农业的核心思想，促进贯彻有机农业四大原则，从而最大程度发挥有机农业在环境、社会和文化方面的积极作用，实现农业可持续发展。

第一阶段　有机1.0时代——启蒙阶段（1900～1980年）

有机1.0时代（20世纪初期至20世纪70年代）是有机农业萌芽期，也是认知有机的阶段。在有机1.0时代，有机农业先驱们从各自不同的专业背景对现代石油农业进行反思，探索提出自己的观点并参与实践，掀起了一阵头脑风暴，因此有机1.0时代是一个百花齐放、百家争鸣的时代，相当于有机农业界的文艺复兴时代，也是为世界有机农业发展打下基础的时代。

由于现代石油农业的各种弊端逐渐暴露，进入20世纪70年代后，有机农业越来越受到发达国家农民和科学家的重视，许多有关有机农业的组织和研究所纷纷成立，如1972年国际有机农业运动联合会（IFOAM）由美、英、法、瑞典、南非五个国家的五个组织倡导在法国成立，1975年英国成立了有机农业研究会，且早在1958年日本就成立了自然农法国际研究中心。进入20世纪90年代后，随着有机食品贸易在世界范围内迅速扩展，如每年一度在德国纽伦堡举办的有机食品贸易博览会（Biofach）就有来自世界各国的2000多个贸易商参展，世界上大多数国家都成立了相关的有机农业组织，如有机农民协会、有机食品检查认证和咨询机构，成立了众多的有机食品贸易公司，形成了有机农业研究、咨询、生产、加工、贸易、认证一体化的局势，推动着有机农业、有机食品事业迅速向前发展。

该时期有机农业发展的主要特点包括：一是通过发展组织会员，扩大有机农业在全球的影响和规模；二是通过制定标准，规范有机农业生产技术；三是通过制定认证方案，提高有机农业的信誉。也就是说该阶段的有机农业已经有了正式的组织并已经在建立自己的标准和规范，虽然是民间组织行为，但已在有机农业研究、实践和推广方面开展了大量的实际工作，标志着有机农业的行动已正式启动。但由于有机农业运动是各国民间组织或个人自发开展的，加上自身具有分散性和不稳定性的缺点，因而这一时期有机农业的发展仍然比较缓慢，其影响也没有得到大多数国家政府的足够重视和支持。在此期间，德国、英国、法国、瑞典以及美国等国家的农民自发地开展了许多有机农业活动，积累了一定的实践经验。

第二阶段　有机 2.0 时代——发展阶段（1980～2000 年）

20 世纪 80 年代后，各国政府或机构纷纷颁布有机农业法规或标准，政府与民间机构共同推动了有机农业的发展。使世界有机农业进入快速发展期，并成为一种全球性的运动。1990 年美国联邦政府颁布了“有机食品生产条例”。欧盟委员会于 1991 年通过了欧盟有机农业法案（EU2092/91），1993 年成为欧盟法律，在欧盟 15 个国家统一实施。北美、澳大利亚、日本等主要有机产品生产国，相继颁布和实施了有机农业法规。1999 年，国际有机农业运动联盟（IFOAM）与联合国粮农组织（FAO）共同制定了“有机农业产品生产、加工、标识和销售准则”，对促进有机农业的国际标准化生产有着十分积极的意义。

目前，世界上许多国家都有有机食品生产组织、加工企业、贸易团体以及研究、培训、认证机构。在上述机构和组织的推动下，有机农业生产运动正在日益扩大，并得到一些国家政府的认可和支持。从区域上看，欧洲、北美、日本、澳洲起步较早，发展也较快。东南亚地区虽然起步较晚，但近几年发展也较为迅速。有机 2.0 时代是有机产品认证制度建立和完善的阶段，民间标准和国家标准不断出现，有机产品逐渐进入各国规模化运作阶段，有机产品市场逐渐形成，民众对有机产品的认可度也越来越高，最终促进有机产业的形成。

第三阶段　有机 3.0 时代——平稳推进发展阶段（2000 年至今）

从 21 世纪开始，发达国家自身的有机农业虽然还在继续明显发展，但已经开始呈现出逐渐平稳的趋势，而有机产品，特别是有机食品的需求却仍在不断增长。在这样的形势下，发达国家对发展中国家有机产品的需求持续增加，从而加大了从发展中国家进口有机产品的力度。与此同时，一些发展比较快的发展中国家，也出现了一批对有机产品有着相当强烈需求的群体，促进了发展中国家国内有机产品市场，特别是有机食品市场的起步和发展。在这样的形势下，中国等一些发展中国家的有机农业和有机产品事业出现了快速发展的势头。从 2005 年中国的 IFOAM 会员数已经仅次于德国和意大利而名列全球第三，从这一现象即可看出以中国为代表的发展中国家有机事业的发展趋势。

目前世界上已有约 80 个国家制定了有机农业标准或法规。各国政府通过立法来规范有机农业生产，使公众生态、环境和健康意识得到了增强，扩大了对有机产品的需求规模，有机农业在研究、生产和贸易上都获得了前所未有的发展。部分发展中国家的国内有机产品市场的兴起和发展，标志着全球有机事业的全面展开，有着极其深远的历史意义。但与发达国家的市场份额相比，发展中国家的国内市场占全球有机市场的份额还是相当低的，因此对全球有机产品市场尚未产生显著影响。可以说，世界的有机事业已经进入了一个全面展开，又相对平稳发展的阶段。而且由于发达国家与发展中国家在认证、市场准入等方面还需要有一个适应和协调的过程，而发展中国家在开拓有机农业和有机产品市场中也需要有一个逐渐规范和与国际进一步接轨的过程，因此，当前的这一阶段将会持续相当长一段时间。

二、世界有机农业的发展现状

据 IFOAM 与瑞士有机农业研究所德国有机农业基金会（SOEL）2015 年初公布的统计数字表明，全球目前有 170 多个国家从事有机食品和饮料的生产，认证的土地面积达 4310 万公顷如图 1-1 所示，是 1999 年的 4 倍。有机农场面积排在前十的国家有澳大利亚、阿根廷、美国、中国、西班牙、意大利、法国、德国、乌拉圭和加拿大。有些国家如瑞典、奥地利、瑞士、芬兰和意大利的有机土地面积超过 10%的耕地面积。目前，有机食品贸易的主要市场在欧洲（欧盟国家以及瑞士）、美国和日本。图 1-2 中列出目前全球有机农业生产面积及分布区域。

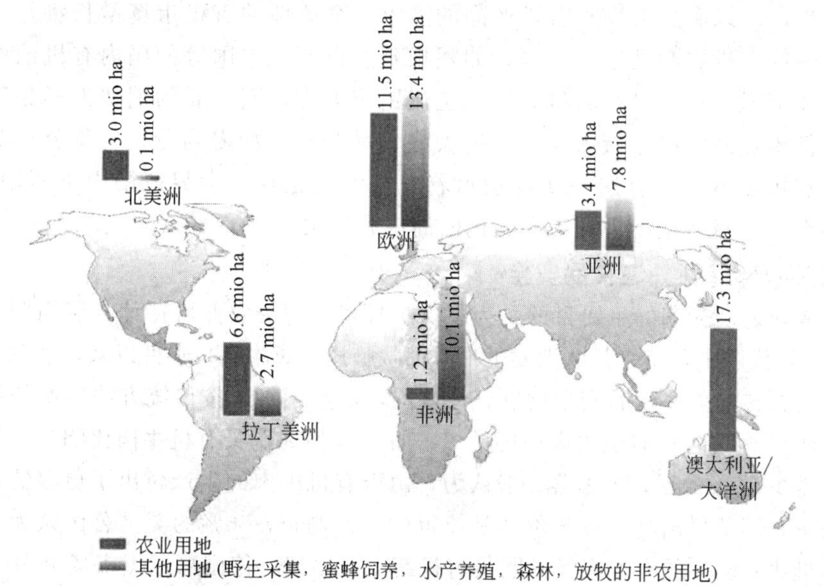

图 1-1　全球有机认证土地及面积

［资料来源：FiBL 的调查（2008）］

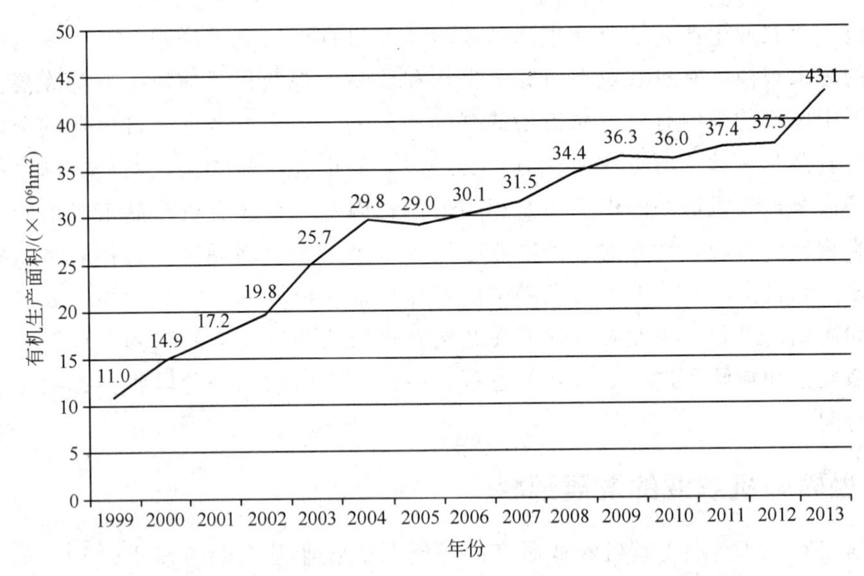

图 1-2 全球 1999～2013 年有机农业生产面积及分布区域

（资料来源：英国阿伯里斯特维斯大学农业科学研究所）

三、世界有机农业发展趋势

全球有机农业发展可谓是朝气蓬勃，其主要的发展趋势表现在以下几方面。

1. 全球有机生产和市场需求将继续增长

随着各国对有机农业的认知和接受程度的日益增加，将会有越来越多的农民转入有机生产，以满足市场对有机产品的需求。全球性的有机市场增长将是一个大趋势。一些有机农产品生产大国，如阿根廷、巴西、中国等的国内有机消费市场也正在逐渐形成，有机产品将会进军主流销售渠道，而主要的消费人群是追求高质量和健康食品的中上层人士。一些大型食品公司，如麦当劳、雀巢公司等也已经进入有机领域。所有这一切都预示着有机农业正在全世界范围内不断增长，有机产品会越来越多地出现在世界各地的商店和餐桌上。

2. 从关心环保到关注食品安全

有机农业发展初期的主要目的是为了保护环境，解决农业可持续发展问题。自 20 世纪 90 年代以来，特别是欧洲发生牛海绵状脑病（疯牛病）事件以来，消费者由关心环境问题转向关注食品安全问题。在德国，虽然近年来按传统方法生产的牛肉销售量下降了 50%，但有机牛肉销售量却增加了 30%。购买有机牛肉比购买常规牛肉要多付至少 30%的钱，但顾客一般认为，由于有机牛肉的生产付出了更多的环境和安全成本，因此付出高一点的价钱是值得的。据调查，56%的美国公民认为有机食品更为健康；60%的丹麦人经常购买有机蔬菜、牛奶；德国慕尼黑市场上 30%的面包是有机的。随着消费者对高质量的有机食品特别是市场份额较高的有机食品如水果和蔬菜、婴幼儿食品、粮食类、奶制品等的需求将稳步增长。

3. 全球贸易壁垒的出现和协调

目前全球80多个国家制定了各自不尽相同的认证和认可体系，不同的体系影响了各国有机产品的贸易过程，违背了有机法规制定的初衷，即增加贸易、发展市场及培育消费者信心。现存的不同的标准和法规产生了贸易技术壁垒，迫使许多有机生产者必须获得多种有机认证才能进入不同的市场。因此UNCTAD（联合国贸易与发展会议）、FAO（联合国粮农组织）以及IFOAM（国际有机农业运动联盟）等国际性机构和组织正在积极朝着协调各国及各机构有机法规的方向努力，以避免潜在贸易壁垒，促进全球有机产品自由贸易。

4. 统计工作的完善

全球有机农业生产及有机产品份额将持续增长，为了使决策者得到更为准确的统计数据，以便于政策的制订，欧洲各国政府及相关机构将投入更多精力来进一步改进和完善有机农业各方面的数据统计工作。

目前有不少机构一直在努力进行着有机农业的数据统计工作，包括德国的“中央市场和价格报告局（ZMP）”、英国的“农村科学研究所（IRS）”、瑞士的“有机农业研究所（FiBL）”等。目前这三家机构正在努力构建一个公共的数据库，并将在互联网等媒介上向公众发布有机农业的相关数据。有机市场数据的收集和处理更为困难，目前欧盟信息系统正在开展一个关于有机市场的项目（www. eisfom. org），致力于提供更有效的工具来提高数据分析的可靠性，以便为决策者及贸易商提供准确的市场信息。

5. 政策支持的加强

由于有机农业对健康和环境的积极意义，有机农业已经获得了全球范围的普遍认可。特别在欧洲，在短短的20多年时间内，有机农业已经从以前的次要农业形式转变成为备受瞩目的农业形式。为了确保有机农业持续稳定的发展，欧洲的各政府及私营机构将更为紧密的合作，以稳步推进欧洲的有机农业行动计划和其他与有机农业相关的政策。英国把有机农田比例扩大目标提高到30%，市场占有率则定为20%。虽然有一些不可预见的因素制约这些目标，但只要定下明确方向，对有机农业的持续发展必然有利，并且这种明确指标的提出更可以提高社会关注度。根据各国目前的发展水平，预计整个欧盟的有机农田比例可在2030年达到25%。

第四节 中国有机农业发展的现状与趋势

一、中国有机农业发展阶段

有机农业在中国的发展既可以说有非常悠久的历史，也可以说只有短短的几十年。真正把有机农业的概念引进、消化和推广的历史却是在我国改革开放以后。总体上，我国有机农业的发展大致可分为 3 个阶段。

1. 初步发展阶段（1978～2003 年）

20 世纪 80 年代，在探寻中国农业现代化的道路上，许多学者已经注意到有机农业与中国传统农业的联系与继承，开始了我国有机农业发展的理论探讨。西方有许多学者也从研究中国的传统农业中寻求有机农业或生态农业的线索。我国有机农业的实践探索始于 20 世纪 90 年代初期，1990 年，根据浙江省茶叶进出口公司和荷兰阿姆斯特丹茶叶贸易公司的申请，检查员受荷兰有机认证机构 KAL 的委托，对位于浙江省和安徽省的茶园和加工厂实施了有机认证检查。这是在中国大陆开展的第一次有中国专业人员参加的有机认证检查活动，也是中国大陆的农场和加工厂第一次获得有机认证。也标志着有机产业在中国的正式启动。

国家有机产品市场的需求，推动着有机农业在我国的发展，为使我国有机产品能顺利地出口到国外，必须要经过认证，而在这一时期，我国还刚刚引入有机农业和有机食品的概念，还没有相关的法律法规和检查认证体系。20 世纪 90 年代末，国外的认证机构纷纷在中国设立办事处或发展独立检查员进行有机产品的认证工作，如美国的 OCIA、法国的 ECOCERT、德国 BCS、瑞士 IMO、日本 JONA 等在中国开展有机产品的检查和认证业务，直到 2003 年。在这一时期的十多年来，这些境外机构的检查、认证和培训活动，为我国的有机农业的推广和有机产品的出口做出了一定的贡献。

除了中外有机认证机构对有机产品的认证和出口活动推动了我国有机产业的发展外，在这一时期，还开展了一些有机农业研究和发展项目，比如，成立于 1994 年的国家环保局有机食品发展中心（OFDC）在 1998 年开始与国际专家共同执行的中德合作 GTZ 项目中国贫困地区有机农业的发展，项目历时 5 年，成立了专门从事有机食品的研究咨询机构——南京环球有机食品研究咨询中心，这标志着我国有机产业生产、咨询、认证的完整体系已基本建立，为促进我国有机农业的健康、规范发展打下了基础。随后，中国农业大学、南京农业大学、华南农业大学、中国农业科学院茶叶研究所等建立了相应的研究、咨询与认证机构，其他一些农业研究所也开展了相应的有机农业生产技术的研究工作。

中国有机农业的管理是从国家环境保护总局（SEPA）开始的，2001 年 6 月，国家环境保护总局正式颁布了《有机食品认证管理办法》，该办法适用于在中国境内从事有机认证的所有中国和外国有机认证机构和所有从事有机生产、加工和贸易的单位和个人。从 1999 年开始，国家环境保护总局就邀请了农业、环境、林业和水产等多领域专家讨论和制定了《有机食品生产和加工技术规范》（部级标准），并于 2001 年底颁布实施。这些管理办法和规范的实施，较好地规范和管理了包括有机认证机构及有机生产、加工和贸易者在内的中国有机食品行业，使之较健康有序地向前发展。

2. 发展阶段（2003～2012年）

2003年以前，我国还没有制定和实施有机产品认证的国家标准，因而，在国内销售的有机产品基本上认同各个认证机构执行的认证标准，OFDC执行的是根据IFOAM基本标准制定的OFDC有机产品认证标准，有机茶认证中心执行的是自行制定的有机茶标准，中绿华夏最初执行的则是AA级绿色食品标准。国外有机认证机构在中国开展的认证工作，大多是由于中国产品要出口到认证机构所在的国家或地区，因此，基本上各自执行各国或各地区的标准。欧盟批准的认证机构执行的是欧盟EEC2092/91法规（2009年开始执行EU834—2007和EU889—2008），美国批准的认证机构执行的是美国国家有机标准（NOP），而日本批准的认证机构执行的则是日本有机农业标准（JAS）。这些标准在大的原则要求方面是基本一致的，但在具体的条款要求上各标准有明显的差异，而这些差异就导致了认证活动的一些不协调的现象。

为了更好地推动有机产业的健康发展，国家各相关职能部门都积极制定相关的规定，如2003年5月，国家环境保护总局《国家有机生产基地考核管理规定（试行）》，2004年6月，商务部、科技部等11部委《关于积极推进有机食品产业发展的若干意见》等。2003年9月由温家宝总理签署发布，并于2003年11月1日起实施的《中华人民共和国认证认可条例》共有7章78条。对认证认可做了定义，明确了我国认证认可活动的监管部门，规定了认证认可工作必须遵循的原则。对设立认证机构（包括外商投资机构）提出了必须达到的要求，规定了设立认证机构的申请和批准程序，也对回避利益冲突做出了规定。

2003年中国将有机产品认证管理工作移交到国家认证认可监督管理委员会（以下简称国家认监委，CNCA）。国家认监委在接管有机产品认证的监管权后，授权中国认证机构国家认可委员会（CNAB）发布的《有机产品生产与加工认证规范》，为有机认证机构的认可和规范化管理奠定了基础。2004年11月5日，国家质检总局局长签发的国家质检总局第67号令，宣布《有机产品认证管理办法》也自2005年4月1日起施行。国家认监委从2003年底组织环保、农业、质检、食品等行业的专家开始了《有机产品国家标准》的起草工作。

标准在充分考虑中国的实际情况，合理地借鉴了IFOAM基本标准、联合国食品法典CODEX标准、欧盟的EU2092/91法规（标准）以及美国的NOP标准等国际标准的基础上，最终形成了标准草案，并通过了专家组的评审。标准草案在经过认真修改后，由国家质量监督检验检疫总局和国家标准化管理委员会共同于2005年1月19日正式颁布，并于2005年4月1日起正式实施。该国家标准分为生产、加工、标志与销售和管理体系四个部分，国家标准的颁布和实施是中国有机产业的一个里程碑式事件，标志着中国有机产业又走上了规范化的新台阶。

2005年6月1日，《有机产品认证实施规则》以国家认证认可监督管理委员会2005年第11号公告发布实施。至此，我国有机产品认证的主要文件体系已经全部颁布，标志着统一的有机产品认证制度体系的正式建立。从此，在国内销售的有机产品必须按照中国的有机产品标准进行认证，自此中国的有机产业进入了快速发展时期（郭春敏等，2007；杜相革，董民，2007）。

3. 继续提升阶段（2012 年至今）

我国统一的有机产品认证制度建立于 2005 年，自 2004 年 11 月 5 日，国家质检总局和国家认监委陆续制定发布了《有机产品认证管理办法》（国家质检总局第 67 号令，简称原《办法》）、《有机产品》国家标准和《有机产品认证实施规则》。这一些列的法律法规实施 9 年来，对我国统一有机产品生产、认证和贸易发挥了重大作用，推进了有机农业生产模式和产业技术的研究和发展，促进了有机产业从业者素质的不断提高，为资源节约和生态环境保护做出了贡献，也维护着有机产业的健康发展。

随着人民生活水平的提高，和公众对食品安全的关注，有机产品价值逐渐得到市场认可，有机产品成为部分人群消费热点，开展、扩大有机产品生产也成为一些企业经济效益增长的重要途径。发展有机农业，充分利用有机产品认证手段，在我国食品和农产品出口中为保障食品安全、破除国际贸易壁垒、增加产品附加值、提高农民收入等方面发挥了基础作用。

然而，随着我国有机产业的发展，由于商业竞争激烈、少数企业缺乏诚信等原因，一些问题也开始凸显，主要表现为：有机产品假冒成本低，消费者识别困难，作为有机产品身份识别重要依据的有机产品标志防伪、追溯性差，消费者又难以辨别真伪，且加施数量及对象难于控制，成为媒体和公众关注热点；有机产品认证制度和标准有待完善，对一些条款不够严格、具体，给一些不法分子可乘之机；有机产品生产者诚信水平亟待提高，持续符合认证要求面临考验，由于我国诚信水平普遍偏低，一些企业仅将获得认证作为市场营销的手段，而忽视了应当持续符合认证要求的责任；夸大、虚假宣传行为一定程度的存在，少数企业和商家缺失诚信，将“有机”作为营销噱头，进行不实的宣传推销；流通领域监管还需加强，部分销售供应商擅自加贴有机产品标志、二次分装，致使在市场上一定程度上存在假冒有机产品（王茂华和吕艳，2012）。

但是近几年来，随着人民生活水平的提高和公众对食品安全的关注，有机产品成为部分人群消费热点，由于商业竞争激烈、少数企业缺乏诚信等原因，一些问题也开始凸显。为了保护消费者利益，维护有机产品认证市场秩序，切实加强对有机产品认证活动的规范管理，自 2011 年起，我国陆续修订和完善了《有机产品》国家标准和《有机产品认证实施规则》，并于 2012 年 1 月发布《有机产品认证目录》。

原来的法律法规和标准在转换期判定、投入物质使用、环境产品检测及认证程序、监督管理职责范围、违规行为判定和处罚等方面规定较宽泛，很多认证机构理解不一致。修订和完善有机产品认证管理制度，对原先由认证机构自由裁量的内容进行统一要求，如统一认证产品目录，统一转换期判定、现场检查范围和频次、产品和环境检测要求，细化证书撤销、暂停、注销条件，明确证书暂停时间，规定撤销和注销的证书不得以任何理由恢复等，可操作性大大增强。新规制订的原则重点强调了一个“严”字，对有机产品的生产、认证要求都更加严格。有机产品的生产、加工、销售更加严格，认证程序更加严格规范，监管更加严格，建立了标志使用追溯体系，增加了对投入品的要求，规定了《有机产品认证目录》。

国家质检总局发布《有机产品认证管理办法》（国家质检总局第155号令，简称新《办法》）自2014年4月1日起施行。新《办法》是对原《办法》进行的修订和完善，共分7章63条，明确了有机产品认证的基本定义和管理体制，对认证机构管理、有机产品进口、证书和标志等方面予以规范，还规定了具体的监督管理和罚则等。新《办法》的发布，确立了我国四位一体的统一的有机产品认证制度的建立，即实行统一的认证目录、统一的标准、统一的认证实施规则、统一的认证标志。同时，新《办法》的发布标志着我国统一的有机产品认证制度完成了升级换代，将对规范有机产品认证活动，提高有机产品质量，保护消费者合法权益，促进生态环境保护和可持续发展发挥积极作用。

二、中国有机农业的发展现状

截至2013年12月31日，我国34个省级行政区中，除香港和澳门外我国32个省、直辖市、自治区均有一定数量的有机农业生产和加工的活动，我国有机产品有效认证证书为9957张。获证企业数为6051家。从获得有机证书的区域分布来看，位列前10位的省份分别是黑龙江、山东、四川、浙江、贵州、江苏、吉林、内蒙古、辽宁和新疆。

1. 植物类有机产品生产

按照中国《有机产品》标准进行生产的有机植物类产品生产面积272.2万公顷，总产量为766.5万吨，其中，有机种植的面积为128.7万公顷，野生采集总生产面积为143.5万公顷。我国有机种植总面积在全球有机生产中位列第五，占全国农业耕地面积的0.95%，12个省份的比例超过全国平均值。按照不同作物分类的种植面积从大到小依次为谷物（58.8万公顷）、豆类及油料作物（23.5万公顷）、水果及坚果（22.1万公顷）、青储饲料（12.9万公顷）、茶叶（5.3万公顷）、蔬菜（5.1万公顷）和其他植物（2.2万公顷）。我国有机农作物种植面积排在前十位的省份是黑龙江、辽宁、贵州、新疆、内蒙古、吉林、河北、江西、四川和山东。

2. 动物类有机产品生产

2013年，我国有机家畜生产中有机猪19.8万头，有机牛83万头，有机绵羊651万头。从产量上来看，有机家畜的总产量为22.68万吨，其中有机猪的产量为

2.2 万吨，牛的产量达 10.4 万吨；羊为 5.3 万吨，还有马、驴和鹿等动物的生产，但所占的比例较小。在家禽养殖生产中，2013 年我国共饲养有机鸡 146.2 万羽（包括肉鸡和蛋鸡），在有机家禽生产中占有优势地位；另外有机鸭的生产占到第二位，总量达近 11 万羽，有机鹅为 6.5 万羽。在动物产品中，2013 年的生产总量为 56.0 万吨，其中，有机牛乳是主要的动物产品，为 42.1 万吨，占有机动物产品总产量的 75.3%；有机禽蛋的产量为 13.6 万吨，占有机动物产品总产量的 24.4%。

2013 年生产的有机水生植物产品（主要是指海水生产的海带和紫菜等）有 19.5 万吨，占认证水产品总产量的 61%；其次是鲜活鱼类 8.8 万吨，占 27.4%；甲壳与无脊椎动物类产品有 2.8 万吨（无脊椎动物 2.2 万吨；虾蟹类 4500t），占 8.64%。从转换期产品和有机产品的比例来看，水生植物产品、鲜活鱼类以及甲壳与无脊椎动物三类水产品中，转换期产品只占 4%～7%。

3. 加工类有机产品生产

2013 年认证的有机加工产品中，除纺纱与其他天然纤维和啤酒没有认证外，其他 18 类有机加工产品种类均有生产和认证。有机加工产品总产量为 286.4 万吨，包括 266.9 万吨的有机和 19.5 万吨有机转换加工产品。在加工产品中，谷物磨制产量最高达 85.5 万吨，占总有机加工产品总量的 29.9%，以大米（粉）和小麦粉为主，果汁和蔬菜汁位列第二，有 78.71 多万吨，占 27.5%，这主要是加工的有机芦荟汁；经处理的液体奶或奶油的加工排在第三位，达 38.47 万吨，占 13.4%。上述三类产品占加工产品产量的 70.8%。

4. 有机产品贸易发展概况

截至 2013 年底，有机产品产值 816.8 亿元，经初步估算，经认证的有机产品的销售额约为 200 亿～300 亿元，占我国食品消费市场的 0.29%～0.44%。据不完全统计，2011 年我国出口的有机产品总贸易额至少为 2.5 亿美元。我国出口的豆类及其他油料作物产品数量最多，欧盟和美国是我国的主要出口贸易市场。目前我国有机农产品销售渠道基本形成 3 种发展模式：①以连锁超市为供应终端的有机农产品销售渠道；②以专卖店为供应终端的有机农产品销售渠道；③以互联网（包括电话等方式）进行有机农产品销售、配送的渠道；这三大销售渠道各有优劣势，互为补充。另外还有有机农场生态旅游市场与农场直销、以团购、酒店等进行有机农产品直销渠道、大型赛事或活动中的有机产品销售渠道和有机产品博览会等新型贸易形式。

三、中国有机农业的发展趋势及存在的问题

1. 中国有机农业的发展趋势

（1）中国有机农业为现代农业探索新技术和新型发展模式

随着科学和技术的快速发展，新兴科学技术如生物技术、新材料技术、信息技术在快速改善人们生活质量同时改变着人们的生活方式，同时也对农业产业的发展产生极大影响。有机农业的发展是以这些新型生物肥料、农药和装备为技术支撑，为现代农业的发展储备和实践新型技术。而随着经济的发展，人们在关注农业生产功能的同时更加关注农业的生态和社会功能，有机农业是在传统农业、常规农业的基础上经过改良建立的一种兼顾生态效益、环境效益、经济效益和社会效益，通过有机产品标志把生产、经营、流通和消费一体化的新型生态农业产业化发展模式或体系，因此，可以对常规现代农业的生态化或环保化起到引领作用。

(2) 中国有机产业发展区域将不断拓展

目前，我国绝大多数有机产品生产基地分布在东部沿海地区和东北部各省区，近两三年来，西部地区利用西部大开发的优势，发展有机畜牧业，也已呈现良好的发展势头。从数量和面积来看，东北三省最大；从产品加工程度和质量控制方面来看，上海、浙江、山东、江苏等东部省份及北京较占优势，这是与当地的消费水平、市场需求以及企业的超前和开拓意识相关，也与地方政府的支持政策有关。有机农业产业的发展也与生产的环境条件有关，云南、贵州、新疆、青海、宁夏、甘肃等西部地区的有机农业有望凭借环境和资源优势，以及当地政府逐步出台的优惠产业扶植政策获得快速的发展。其中，天然采集产品、特色区域产品、土地密集型产品等，相比东部省份有明显的比较优势，近几年贵州有机产业的兴起就是这种发展趋势的很好的代表。而东部省份则将继续发挥产品链和市场优势，在有机加工产品和拓展国际国内市场方面，保持优势。

(3) 中国有机产品的市场规模将不断扩大

2000年之前，我国的有机产品主要是根据国际市场的需求生产的，有机产品基本上都是出口到国外。根据国家认监委统计数据，到2004年中国有机产品产业的生产总值为22.2亿元，其中，出口总值12.4亿元，国内出口产品主要包括大豆、茶叶、蔬菜、杂粮等，出口对象主要为美国、欧盟、日本和东南亚国家等。其余的将近10亿元的认证有机产品进入了国内市场，品种涉及蔬菜、茶叶、大米、杂粮、水果、蜂蜜、中药材、水产品、畜禽产品等。到2013年，我国有机产品的出口额已经增加到5亿美元左右，而国内市场的有机产品销售额则已经增长到200亿～300亿元左右。鉴于国内外市场对有机产品的需求仍在不断增长，加之国家对有机产业的监管和支持力度的持续强化，可以预计我国的有机产品国内和国际市场销售额在今后相当长的一段时间内仍将呈逐年增加的态势。

(4) 中国有机产业监管力度将不断加强

有机产业监管体系包括标准体系和管理体系。有机产品国家标准是规范和制约有机产品生产、加工、经营和认证的总纲领，是发展有机产业的根本准则。国家质量监督检验检疫总局于2005年颁布实施了中国国家有机标准《有机产品》(GB/T 19630—2005)，2012年对标准进行了修订。国家认监委以《中华人民共和国认证认可条例》、《有机产品》、《有机产品认证管理办法》和《有机产品认证实施规则》等法律法规为依据，对现行的有机产品生产、加工、经营、咨询和认证的管理体系进行了整合和优化，为中国有机产品的认证提供了统一的要求和方法，加强了对有机产业的日常监管和全面质量控制，从而为确保中国有机产品认证的有效性和健康有序发展提供了有力的法规保障。中国国内的消费者对有机产品的信任度就会不断提高，中国有机产品在国际上的声誉也将不断得到提升。

2. 中国有机农业面临的主要挑战

我国有机产业尚远未成熟，特别是加之我国食品安全追溯体系、诚信道德体系不健全，无论在技术、管理，还是在市场开发、政策制定方面都有着一些限制因素，还有待继续完善和调整。随着有机产业的发展，所面临的主要挑战主要表现在以下几个方面。

(1) 有机产业发展定位的认识不一致

目前，对我国有机农业产业的定位基本上存在以下两种截然不同的认识：一种观点认为有机农业是中国现代农业的发展方向，应大张旗鼓地发展有机农业。有的政府部门或企业片面夸大有机产品在整个中国农业发展中的作用，甚至将发展有机农业称为是解决中国农业和农村问题的根本出路，提出一些不切合当地实际的目标。

另外一种观点认为发展有机产业会影响我国的粮食安全。近几年来，有机产业在政府、学术界和社会公众中的关注度越来越高，特别是在国家发展农业和食品的有关文件中出现的频率不断提高，但是，由于这一产业的难度大、份额小，在实际工作中没有给予应有的重视，甚至认为发展有机农业产业长期来讲会影响国家的粮食安全等。

有机产业和有机产品生产加工的难度要大于常规生产，但主要原因是长期以来我们没有开发相应的技术，价格优势没有最终得到实现。国内外大量的实践证明，经过一定时间的探索，相当部分的有机产品不仅在技术和生产上可以与常规业抗衡，甚至可替代常规农业，且完全具备竞争优势，关键是如何转型。有机农业占整个农业的比重的确还很小，还不到1%。但从长远看，需要探索农业的可持续发展方向，从综合比较各种农业发展的探索模式来看，现代有机农业是未来理想农业模式之一，最根本的一点就是它可以兼顾生产、经济、生态环境与社会需求，所以我们决不能因为它的比重小而轻视。

(2) 生产规模小、产业化水平低

到 2013 年底，我国有机生产企业数近 6000 多家，但企业及生产规模较小，种植生产面积 129 万公顷，食物生产总量已达 707 万吨。但是相对于农产品和食品总量来说，有机产品发展的规模、生产总量和开发面积都比较小，只占全国大宗农产品种植面积和总产量的 0.95%左右，而且有机产品的产品结构不尽合理，品种单一，无法满足人们对食品日益多样化的需求。在我国有机产品中，农、林产品占86.7%，而消费者最为关心的、市场质量安全现状最令人担忧的畜禽肉类产品仅占7.1%，加工产品更是少之又少，加之消费习惯和地域品牌的影响，无法形成多样化的有机产品市场。

我国自从实行联产承包责任制以来，农田大多分配给家庭经营。我国农业生产主体是成千上万的小农户，农户与地块分布非常分散，产品质量控制比较困难。在这种条件下，组织小农户进行有机生产保证有机产品质量和确保农户按照有机标准组织生产，从经营管理上有机农业产业需要解决由小规模向大规模转化的问题，对中国有机产品的质量保证起着至关重要的作用。

（3）生产加工技术研究相对滞后，服务体系不健全

有机农业的生产技术不同于传统农业，它引入了农业产业化理论、产业生态学理论、现代育种学、新型生物科学、土壤培肥技术、信息技术等高新技术。从常规农业向有机农业的转换中，防治病虫害的能力还比较弱，有效的生物农药品种还比较少；肥力投入的措施和手段仍没有保障；加工技术中的可替代常规的添加剂或加工助剂限制着有机加工产品的开发，在市场管理上，有机产品生产流通和规范销售的体系还没有建立起来。要利用现有的理论和高新生物技术进行理论创新和技术创新，开展新型农产品安全生产技术攻关。只有应用现代生物防治技术、生物肥料技术等，才能为有机产业的发展提供强大的技术支持。

另外，不完善的农业生产社会服务体系也是有机生产技术发挥其真正作用的重要因素。由于我国多数地区的农民和农村基层技术人员还无法掌握比较先进的现代有机产业知识和技术，因此，在遇到突发的病虫害或其他事故时往往显得束手无策，严重的甚至会前功尽弃。因此，非常需要建立社会化的技术咨询机构对生产基地进行指导，特别是对病虫草害防治、土壤培肥、作物轮作等关键问题提供明确和可行的对策。

（4）各级政府政策扶持力度不够

一方面，有机产品是市场经济的产物，需要遵从价值决定价格的市场规律；另一方面，从有机农业具备的保护生态环境、保障食品安全和解决“三农”问题的功能来说，这又是一项公益性的事业，需要用公共资源进行支持。在欧洲、美国等发达国家，就普遍建立了有机产品补贴机制，如德国、奥地利等按照面积对有机农场进行补贴，也有的国家对生产企业的认证费用按比例进行补贴。我国虽然一些地区也出台了地区性的扶持措施，但还没有一个全国统一的对有机产业和有机产品认证的鼓励和扶持措施。

（5）公共认识与诚信体系缺乏，导致有机市场的开拓相对困难

有机产品的性质和生产的难度决定了其不可能迅速普及，但消费者对某种产品的需求是与消费者对这种产品的认知度密切相关的。对有机产品的宣传力度不够，也是它至今仍未被人们广为认知的重要原因。我国的有机产业在消费者教育和市场培育方面还做得不够，且主要是受到企业规模、销售渠道、成本支出等方

面的制约，因此，在市场开拓方面，有机产业也急需政府、行业组织、媒体等各方面的共同努力。

不规范的市场操作结果是假冒、伪劣产品的出现，这样不但不合格的产品会受到抵制，连真正的有机产品也会受到牵连，造成的损失很大。在国家认监委对有机企业所执行的专项监督检查中被认证机构确认为超期、超范围或假冒认证标识/证书、不规范使用认证标识、违规使用有机认证标识/证书的行为在一定范围内存在，2012 年专项监督抽查中约 15%的产品是假冒有机产品，误导消费者；作为有机产品身份识别重要依据的有机产品标志防伪、追溯性差，加之数量及对象难于控制，致使假冒有机产品成本低，且市场上客观存在，而消费者又难以辨别真伪，成为媒体和公众关注热点。这些都为有机产品的声誉造成了极坏的影响，从而也影响了整个有机产业的发展。可见，要想使国内的有机产品市场走上真正规范化和健康持续发展的道路，必须解决市场规范化的问题。

思考题

1. 什么是有机农业？有机农业与常规农业、传统农业、生态农业有何区别？
2. 有机食品与绿色食品、无公害食品有何区别？
3. 有机农业应遵循的原则是什么？发展有机农业有何意义？
4. 世界有机农业的发展经历了哪几个阶段？发展趋势如何？
5. 中国有机农业的发展经历了哪几个阶段？发展现状与趋势如何？

参考文献

[1] 全国生态农业县建设领导小组办公室．中国生态农业．北京：中国农业科技出版社，1999.
[2] 沈亨理主编．农业生态学．北京：中国农业出版社，1996.
[3] 郭春敏，李秋洪，王志国主编．有机农业与有机食品生产技术．北京：中国农业科技出版社，2005.
[4] 马世铭，Sauerborn J. 世界有机农业发展的历史回顾与发展动态．中国农业科学，2004，37（10）：1510-1516.
[5] 科学技术部中国农村技术开发中心组编．有机农业在中国．北京：中国农业科学技术出版社，2006.
[6] 韩南容编著．二十一世纪的有机农业．北京．中国农业大学出版社，2006.
[7] 席运官，钦佩编著．有机农业生态工程．北京：化学工业出版社，2002.
[8] 北京市科学技术协会组编．有机农业概论．北京：中国农业出版社，2004.
[9] 杨小科编著．国外的有机农业．北京：中国社会出版社，2006.
[10] 陈声明，陆国权编著．有机农业与食品安全．北京：化学工业出版社，2006.
[11] 杜相革，董民主编．有机农业导论．北京：中国农业大学出版社，2006.
[12] 周泽江，宗良纲，杨永岗，肖兴基等．中国生态农业和有机农业的理论与实践．北京：中国环境科学出版社，2004.
[13] Helga Wilier，Minou Yussefi. The World of Organic Agriculture Statistics and Emerging Trends. IFOAM，2005.
[14] Helga Wilier，Minou Yussefi. The World of Organic Agriculture. IFOAM，2006.
[15] FiBL，UWA，ZMP. European Organic Production Statistics：Data Collection and Dissemination. FiBL. Survey，2004.

[16] FiBL. Organic Fanning in Europe 2005：Market，Production，Policy&Research. BioFach Congress，2005，24（2）.
[17] Toralf Richter. The European Organic Market between Strong Growth and Consolidation Current State and Prospects. Biofach Congress，2005，24（2）.
[18] BernwardGeier（IFOAM）. Organic Agriculture：Market，Opportunities. Biofach Congress，2003.
[19] IFOAM. UNCTAD—FAO—IFOAM International Task Force on Harmonization and Equivalence in Organic，2004.
[20] 王茂华，吕艳．有机产品认证管理新规概述．认证技术，2012.5：35-36，39.
[21] CNCA，中国有机产业发展报告．北京：中国质检出版社，2014.

第二章
有机农业的环境要求

我们在第一章中讲到有机农业应遵循的原则时，要关注其社会和生态影响的内延与外伸。有机农业的产品质量不仅取决于生产过程，还取决于产地的环境质量。产地环境是影响有机农产品质量的第一个环节，第二个环节才是生产过程，第三个环节是加工和储运。本章我们重点讨论有机农业的环境要求。

第一节 有机农业基地的选择与基本要求

一、有机农业基地的选择

从有机农业的发展历史和概念不难看出，它强调的是生产过程的有机组织和质量控制，有机食品虽然没有像绿色食品那样制定专门的产地环境质量标准，但从有机食品的要求可以清楚地看到它对生产、加工和储存与运输的环境都有严格的规定，也就是说有机食品在从生产开始到储仓、加工、运输的全过程都很强调环境风险的控制，同时非常强调生产条件的可持续支持，保障有机食品生产体系的稳定持续发展。所以，与绿色食品和无公害食品生产一样，有机食品的生产也必须首先选择适宜的基地。有机农业基地的选择要求具有良好的生态环境，同时生产过程能维持产地的生态环境及其可持续生产能力。

有机农业的主要目的是生产有机产品，保障农产品质量安全，保护和改善自然资源和生态环境，并通过有机产品的消费，增进人们的身体健康，为国民经济和社会可持续发展赋予真正的和谐内涵。在我国有机产品标准 GB/T 19630.1 的第一部分也明确规定有机生产需要在适宜的环境条件下进行。产地的环境质量应符合以下要求：土壤环境质量符合 GB 15618 中的二级标准；农田灌溉用水水质符合 GB 5084 的规定；环境空气质量符合 GB 3095 中二级标准和 GB 9137 的规定。并要求有机生产基地应远离城区、工矿区、交通主干线、工业污染源、生活垃圾场等。一个典型的农产品生产基地的环境要素包括大气、水、土壤和生物（见图2-1）。而对这些环境要素影响最大的是物质的输入，如生产资料的投入（如肥料、塑料薄膜、农药等）、工业污染物的输入（如废气、废水和固废的排放）、城市污染物的输入（如生活污水、生活垃圾、建筑粉尘等）以及交通污染（如尾气等）等。因此，有机农业产地选择的基本指导思想是，产地应选择在生态环境良好、空气清新、水质纯净、土壤未受污染的区域，故应尽量避开繁华都市、工业区和交通要道。

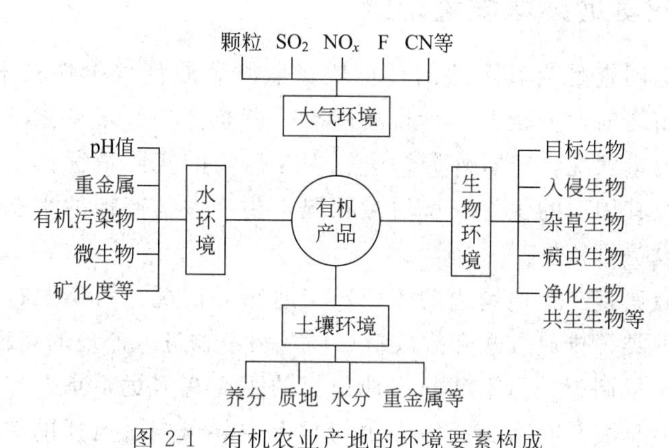

图 2-1　有机农业产地的环境要素构成

有机农业基地选择一般遵循以下原则。

① 生产基地应避开繁华都市、工业区和交通要道的中心，周围不得有污染源，特别是上游或上风口不得有污染物质或有害气体排放。

② 基地具有清洁的生产水源，在水源或水源周围不得有污染源或潜在污染源。

③ 土壤肥力较好，在有机农业基地系统内或其周围有保持土壤肥力的较丰富的有机肥源。土壤重金属的背景值位于正常值区域，周围没有金属或非金属矿山，没有严重的农药残留、化肥、重金属污染历史。

④ 大规模的有机农业基地要能获得足够的劳动力资源。

⑤ 土地要有较长期的经营使用权，基地周围最好具有天然的隔离防护缓冲地带。

选择有机畜禽养殖基地时，还要充分考虑畜禽动物的福利和健康，饲养场地要能够保持畜禽动物行为自然的生活条件。所以在有机饲养过程中，动物必须有圈舍、最大限度满足其“自然”行为的自由放牧区。在有机农场中，动物不允许拴养、笼养或封闭舍养，并应有合适的垫草和地板表面。

对于有机水产品养殖基地环境选择还要求：水源充足，常年有足够的流量；水质清洁明亮，符合国家《渔业水域水质标准》（GB 11607）的规定；同时，应考虑到维持养殖水域生态环境和周围水生、陆生生态系统平衡，并有助于保持所在水域的生物多样性；有机水产养殖场应不受污染源和常规水产养殖场的不利影响；池塘养殖要进排水方便；海水养殖区应选择潮流畅通、潮差大、盐度相对稳定的区域，注意不得靠近河口，以防污染物直接进入养殖区造成污染，以及因洪水期在淡水冲击下盐度大幅下降，而导致鱼虾死亡；水温也要适宜，根据不同的养殖对象灵活掌握。

总之，有机农业生产基地对土壤、水和大气环境以及生态环境都有严格的要求。

二、有机农业基地环境质量调查

农产品产地调查是为其产地的环境质量监测和质量评价作技术准备。因此，在开发有机食品之前，一是要进行现场踏勘，调查产地环境要素（空气、水、土壤和生物）的质量状况，查看外源污染、内源污染的实际情况；二是经过现场调查，了解产地及其周边的生态环境质量状况，初步评估产地的生态环境质量，为后续的基地建设提供依据。

（1）污染源调查　产地周边的工业、交通布局情况，污染源排放污染物的类型，污染物的种类，排放方式和排放量，以及污染物进入产地的路径等。

（2）空气质量调查　污染源与产地边界的距离有多远，是否有交通主干线通过产地，如有，车流量有多少。污染源与常年主导风向、风速的关系，即污染源是否在产地的上风向，估计空气中污染物的影响范围，是否影响到产地。

（3）水质调查　污染源的污水是否进入农产品产区的地面水，或是否会影响产区的地下水；产地的常年降雨量是否满足灌溉需要，或开采地下水是否造成环境的负面影响（如地面下沉、水污染等）；当前的人畜饮用水、灌溉水的水质感官如何；产地是否有污水灌溉情况或污灌历史等。

（4）土壤调查　健康的土壤是一个结构完整、功能良好的土壤生态系统。对土壤的肥力、土壤类型、背景值等的调查是必要的。

（5）肥料调查　肥料的种类和配方施肥情况，化肥的品种，有机肥的品种，施肥水平，有否使用污泥肥、垃圾肥、矿渣肥、稀土肥等情况。

（6）植物保护调查　了解病虫害的主要防治手段是什么，是否使用化学合成农药，化学农药的品种、数量，农药的安全使用情况。病虫草害发生、变化历史调查，是否出现过重大病虫害，如何控制的等情况。

（7）农用塑料残膜调查　调查农用塑料薄膜的使用历史，实测土壤残膜状况及残膜量。

（8）农业废弃物调查　产地秸秆的量，处置情况；人、畜禽粪便的量及处置情况；加工业下脚料的量及其处置情况。对城市郊区的产地，需要了解城市废弃物的受纳和影响情况。

（9）作物物种调查　重点调查有否转基因物种。

（10）土地资源利用调查　土地荒漠化情况，或水土流失、风蚀、盐渍化和污染情况；土地的功能分布，土壤的复种指数。

（11）气候资源调查　光热资源、雨水资源调查。

（12）隔离带的调查　天然的或人工隔离带有生态调节作用，是最佳的隔离带。隔离带可以是草地、树林或某些植物，或是水沟、山等地貌或地形，或其他人工屏障。产地的隔离带需要一定的宽度，除了扩大产地的生态调节作用，还可屏蔽或减少常规生产地块喷洒的化学农药和使用的化学肥料对产地的影响。

（13）生物多样性调查　需要了解生物的分布情况，特别是植被情况，在地图上画出树木、草地及农业生产布局；调查主要的病虫草害情况和主要天敌情况，以供生态评估时参考。

（14）产地的地块调查　包括地势、镶嵌植被、水土流失情况和保持措施。另外地块应属于一片完整的田块，即在一大块土地上不能零星地选择其中的几个小地块作为农产品的产地。因为，只有成片生产，才能全部按照要求的生产方式进行操作，保证产地受外界的影响最小。

三、产地生态环境质量评价

通过以上调查，对周边生态环境质量、基地系统内的结构和功能、生物多样性与病虫害防治情况基本有了一定的了解。在此基础上，对有机农业生产系统内的物质循环、能量流动情况，即系统内的农、林、牧、渔和加工各业的比例情况，投入与产出情况进行生态分析。并对照有机农业对土壤、水、大气及生物等环境要素的要求进行分析评价，该产地是否适合作为有机农业基地。

如一时选择不到比较完美的生境条件，也需要选择在短期内可以建设好的区域，即通过生态工程，可逐步完善其组成结构，使生态环境在三五年内能够有明显改观的区域。相反，区域小、污染严重、生物多样性差、生态结构简单、生态平衡较为脆弱，或在短期内生态恢复的可能性很小的区域，一般不适宜选择为有机农业基地。

第二节　有机农业对产地环境的具体要求

一、有机农业对土壤的要求

1. 土壤是农业生产的基础

人体所需求的元素与土壤的元素有着非常显著的相关性，人类除了需要空气和水之外，还需要各种各样的营养元素，它们都来自于土壤中生产的各种农产品。

而人类消费农产品后的垃圾、排泄物等也都需要通过土壤来进行分解净化。

土壤的净化能力包括对生物体完成寿命后的尸体分解、对动物的排泄物和植物残体的分解、对外源投入物如化肥、农药等的分解，也包括土壤对大气的净化作用。净化作用的动力则是土壤的微生物，它虽然只占土壤有机物的1%左右，但数量达到每克土数千万甚至数亿个，有细菌、真菌、放线菌等。它们可以分解各种有机物，释放营养物质为植物提供持续的供应，如溶解微量元素，把难溶性磷酸盐分解成植物可利用的磷酸盐等；同时合成新的腐殖质、氨基酸、维生素和抗生素等，维持土壤生态系统的稳定；也有一些微生物可以固定空气中的氮素为植物所利用。

2. 有机农业对土壤的要求

有机农业除了强调生产安全优质的农产品外，更注重土壤的可持续生产能力，因此，这两方面也就是有机农业对土壤的最基本要求。

理论上能进行常规生产的田块就可进行有机生产，因为有机农业更多强调的是对农田管理过程和其对农产品生产功能的可持续支持，常规农业通过一定时间的有机操作转换即可成为有机农业，也就是要通过有机生产方法将常规农业系统逐渐转变为可持续发展的农业生产系统，使退化的土壤生态系统得以恢复。有机农业更强调的是过程，是用可持续的农业生产方式来管理土壤和农业生产系统，使其逐步转变为健康的、安全的、可持续的生态农业系统。因为再好质量的土壤，如果在生产过程中对有风险的物质不加以有效的控制，都可能导致土壤质量的下降。

我国国家标准《有机产品　第一部分：生产》（GB/T 19630.1—2005）明确规定，有机生产需要在适宜的环境条件下进行。有机生产基地应远离城区、工矿区、交通主干线、工业污染源、生活垃圾场等。基地的土壤环境质量应符合《土壤环境质量标准》（GB 15618—1995）中的二级标准（见表2-1）。我国的土壤环境质量标准中规定了8个重金属元素和两个农药指标的限量标准，其中，六六六和滴滴涕两种农药已经在1983年禁止使用，但因其难以降解的有机物，因此，在土壤中会长期存在，但随着时间的增长，土壤中的六六六和滴滴涕不会累积。而土壤中的重金属会随着大气沉降、化肥、有机肥、农田灌溉等农业生产在土壤中造成累积。因此，需要对土壤中的重金属元素进行风险分析，以评价土壤中重金属超过土壤标准中规定限值的风险。

表2-1　有机产品生产土壤环境质量的二级标准要求　单位：mg/kg

项目		pH值		
		<6.5	6.5～7.5	>7.5
镉（Cd）		≤0.30	≤0.30	≤0.60
汞（Hg）		≤0.30	≤0.50	≤1.0

续表

项目		pH值		
		<6.5	6.5～7.5	>7.5
砷（As）	水田	≤30	≤25	≤20
	旱地	≤40	≤30	≤25
铜（Cu）	农田等	≤50	≤100	≤100
	果园	≤150	≤200	≤200
铅（Pb）		≤250	≤300	≤350
铬（Cr）	水田	≤250	≤300	≤350
	旱地	≤150	≤200	≤250
锌（Zn）		≤200	≤250	≤300
镍（Ni）		≤40	≤50	≤60
六六六			≤0.50	
滴滴涕			≤0.50	

二、有机农业对水质的要求

水是工农业生产的基础，工业生产、农田灌溉以及城市生活等都需要消耗大量的水。农业历来是耗水大户，无论是农田灌溉、畜禽养殖还是水产养殖都需要大量的水来支持。由于水的特殊性质，它不仅能溶解和搬运各种各样的物质，也会将这些物质带入土壤，进而进入植物、动物和人的身体。所以，水的质量会直接影响到农业产品的品质和农产品的质量安全。随着工农业生产的发展和城市化的进程，水的循环流动已发生显著的变化，水体污染和森林草被等破坏导致的水土流失等都严重影响着正常的生态系统发展，也严重影响农业生态系统的稳定与发展。所以，有机农业对水质有严格的要求。

1. 有机农业对灌溉水的要求

国家标准《有机产品　第一部分：生产》（GB/T 19630.1）规定有机生产基地的农田灌溉用水水质应符合《农田灌溉水质标准》（GB 5084）的规定（表2-2和表2-3）。我国的农田灌溉水标准中规定了16项基本控制项目和11项选择性控制项目，16个基本控制项目中包括了5个重金属元素和2个微生物学指标，灌溉水项目没有区分级别，但是由于不同的作物，例如，水作、旱作、蔬菜，其灌溉用水量差异很大，因此，不同的作物执行不同的标准值。

另外，由于水的特殊属性和人类监测与认识水平的有限性，有机农业基地应避免在有废水或固体废弃物污染源的周围进行生产，比如废水排放口、污水处理池、排污渠、重金属含量高的污灌区和被污染的河流、湖泊、水库，以及冶炼废渣、化工废渣、废化学药品、废溶剂、尾矿粉、煤矸石、炉渣、粉煤灰、污泥、

表 2-2　农田灌溉用水水质基本控制项目标准值（GB 5084—2005）

序号	项目类别	作物种类		
		水作	旱作	蔬菜
1	五日生化需氧量/(mg/L)	≤60	≤100	≤40①，≤15②
2	化学需氧量/(mg/L)	≤150	≤200	≤100①，≤60②
3	悬浮物/(mg/L)	≤80	≤100	≤60①，≤15②
4	阴离子表面活性剂/(mg/L)	≤5	≤8	≤5
5	水温/℃	≤35		
6	pH 值	5.5～8.5		
7	全盐量/(mg/L)	≤1000③（非盐碱土地区），≤2000③（盐碱土地区）		
8	氯化物/(mg/L)	≤350		
9	硫化物/(mg/L)	≤1		
10	总汞/(mg/L)	≤0.001		
11	镉/(mg/L)	≤0.01		
12	总砷/(mg/L)	≤0.05	≤0.1	≤0.05
13	铬（六价）/(mg/L)	≤0.1		
14	铅/(mg/L)	≤0.2		
15	粪大肠菌群数/(个/100mL)	≤4000	≤4000	≤2000①，≤1000②
16	蛔虫卵数/(个/L)	≤2		2①，1②

① 为加工、烹调及去皮蔬菜。

② 为生食类蔬菜、瓜类和草本水果。

③ 为具有一定的水利灌排设施，能保证一定的排水和地下水径流条件的地区，或有一定淡水资源能满足冲洗土体中盐分的地区，农田灌溉水质全盐量指标可以适当放宽。

表 2-3　农田灌溉用水水质选择性控制项目标准值（GB 5084—2005）

序号	项目类别	作物种类		
		水作	旱作	蔬菜
1	铜/(mg/L)	≤0.5	≤1	
2	锌/(mg/L)	≤2		
3	硒/(mg/L)	≤0.02		
4	氟化物/(mg/L)	≤2（一般地区），≤3（高氟区）		
5	氰化物/(mg/L)	≤0.5		
6	石油类/(mg/L)	≤5	≤10	≤1
7	挥发酚/(mg/L)	≤1		
8	苯/(mg/L)	≤2.5		
9	三氯乙醛/(mg/L)	≤1	≤0.5	≤0.5
10	丙烯醛/(mg/L)	≤0.5		
11	硼/(mg/L)	≤1①（对硼敏感作物），≤2②（对硼耐受性较强的作物），≤3③（对硼耐受性强的作物）		

① 对硼敏感作物，如黄瓜、豆类、马铃薯、笋瓜、韭菜、洋葱、柑橘等。

② 对硼耐受性较强的作物，如小麦、玉米、青椒、小白菜、葱等。

③ 对硼耐受性强的作物，如水稻、萝卜、油菜、甘蓝等。

废油及其他工业废料、生活垃圾等。严禁未经处理的工业废水、废渣、城市生活垃圾和污水等废弃物进入有机农业的生产用地。

此外，要求有机地块与常规地块的排灌系统有有效的隔离措施，以保证常规农田的水不会渗透到有机地块。食用菌栽培的用水水源应符合《生活饮用水卫生标准》(GB 5749—2006) 的要求 (表 2-4)。

2. 有机农业养殖用水的质量要求

有机农业不仅包括农田生产，也包括有机渔业和有机畜牧业，它们对具有流动性的水质也都有严格的要求。有机水产养殖场和开放水域采捕区的水质应符合国家《渔业水质标准》(GB 11607) 的规定 (表 2-5)；畜禽饮用水应符合国家《生活饮用水卫生标准》(GB 5749—2006) 的规定 (表 2-4)。

表 2-4 生活饮用水质标准 (GB5749—2006)

指　标	限　值
1. 微生物指标[①]	
总大肠菌群 (MPN/100mL 或 CFU/100mL)	不得检出
耐热大肠菌群 (MPN/100mL 或 CFU/100mL)	不得检出
大肠埃希氏菌/(MPN/100mL 或 CFU/100mL)	不得检出
细菌总数/(CFU/mL)	100
2. 毒理指标	
砷/(mg/L)	0.05
镉/(mg/L)	0.005
铬 (六价)/(mg/L)	0.05
铅/(mg/L)	0.01
汞/(mg/L)	0.001
硒/(mg/L)	0.01
氰化物/(mg/L)	0.05
氟化物/(mg/L)	1.0
硝酸盐 (以 N 计)/(mg/L)	10
三氯甲烷/(mg/L)	0.06
四氯化碳/(mg/L)	0.002
溴酸盐 (使用臭氧时)/(mg/L)	0.01
甲醛 (使用臭氧时)/(mg/L)	0.9
亚氯酸盐 (使用二氧化氯消毒时)/(mg/L)	0.7
氯酸盐 (使用复合二氧化氯消毒时)/(mg/L)	0.7
3. 感官性状和一般化学指标	
色度 (铂钴色度单位)	15

续表

指　　标	限　　值
浑浊度（散射浑浊度单位）/NTU	1
臭和味	无异臭、异味
肉眼可见物	无
pH 值	6.5～8.5
铝/(mg/L)	0.2
铁/(mg/L)	0.3
锰/(mg/L)	0.1
铜/(mg/L)	1.0
锌/(mg/L)	1.0
氯化物/(mg/L)	250
硫酸盐/(mg/L)	250
溶解性总固体/(mg/L)	1000
总硬度（以 $CaCO_3$ 计）/(mg/L)	450
耗氧量（COD_{Mn} 法，以 O_2 计）/(mg/L)	3
挥发酚类（以苯酚计）/(mg/L)	0.002
阴离子合成洗涤剂/(mg/L)	0.3
4. 放射性指标②	指导值
总 α 放射性/(Bq/L)	0.5
总 β 放射性/(Bq/L)	1

① MPN 标识最可能数；CFU 表示菌落形成单位。

② 放射性指标超过指导值时，应进行核素分析和评价，判定能否饮用。

表 2-5　有机渔业水质标准（GB11607—89 渔业水质标准）

项目	类别	标准值	
色、臭、味		不得使鱼、虾、贝、藻类带有异色、异臭、异味	
漂浮物质		水面不得出现明显的油膜或浮沫	
悬浮物质		人为增加的量不得超过 10mg/L，而且悬浮物质沉积于底部后，不得对鱼、虾、贝、藻类产生有害的影响	
pH 值		淡水 6.5～8.5	海水 7.0～8.5
溶解氧		连续 24h 中，16h 以上必须大于 5mg/L，其余任何时候不得低于 3mg/L，对于鲑科鱼类栖息水域冰封期其余任何时候不得低于 4mg/L。	
生化需氧量（5d，20℃）		不超过 5mg/L，冰封期不超过 3mg/L。	
总大肠菌群	≤	5000（个/L）	（贝壳养殖≤500 个/L）
汞（Hg）	≤	0.0005	mg/L

续表

项目	类别	标准值	
砷（As）	≤	0.05	mg/L
铅（Pb）	≤	0.05	mg/L
镉（Cd）	≤	0.005	mg/L
铬（Cr）	≤	0.1	mg/L
铜（Cu）	≤	0.01	mg/L
锌（Zn）	≤	0.1	mg/L
镍（Ni）	≤	0.05	mg/L
氰化物	≤	0.005	mg/L
硫化物	≤	0.2	mg/L
氟化物（以 F^- 计）	≤	1	mg/L
非离子铵	≤	0.02	mg/L
凯氏氮	≤	0.05	mg/L
挥发性酚	≤	0.005	mg/L
黄磷	≤	0.001	mg/L
石油类	≤	0.05	mg/L
丙烯腈	≤	0.5	mg/L
丙烯醛	≤	0.02	mg/L
六六六（丙体）	≤	0.02	mg/L
滴滴涕	≤	0.001	mg/L
马拉硫磷	≤	0.005	mg/L
五氯酚钠	≤	0.01	mg/L
乐果	≤	0.1	mg/L
甲胺磷	≤	1	mg/L
甲基对硫磷	≤	0.0005	mg/L
呋喃丹	≤	0.01	mg/L

有机农业强调产品质量安全的同时，也很重视生产系统对自然环境的影响。因此，养殖场需要充分考虑饲料生产能力、畜禽健康和对环境的影响，保证饲养的畜禽数量不超过其养殖范围的最大载畜量。应采取措施，避免过度放牧对环境产生不利影响。应保证畜禽粪便的储存设施有足够的容量，并得到及时处理和合理利用，所有粪便储存、处理设施在设计、施工、操作时都应避免引起地下水及地表水的污染。养殖场污染物的排放应符合 GB 18596 的规定。

对有机水产养殖区要求与常规养殖区必须采取物理隔离措施，开放水域生长的固着性水生生物，其有机养殖区必须与常规养殖区、常规农业或工业污染源之间保持一定的距离。

3. 有机食品加工用水的质量要求

有机食品除了在初级产品的质量要求外，对加工运输乃至储藏等环节都有严格的规定，而在加工环节的用水同样存在风险，因而，对加工用水也有相应的水质要求（表 2-5）。

三、有机农业对空气质量的要求

国家标准《有机产品 第一部分：生产》（GB/T 19630.1—2011）规定有机生产基地的环境空气质量应符合《环境空气质量标准》（GB 3095）中的二级标准。GB 3095—2012 新标准将于 2016 年 1 月 1 日正式实施，2016 年 1 月 1 日前还执行旧的标准。新的 GB 3095—2012 环境空气质量标准见表 2-6（环境保护部和国家质量监督检验检疫总局，2012），依据我国有机标准要求，有机产品的产地环境空气质量应符合 GB 3095 中二级标准。同时规定了缓冲带和栖息地：如果农场的有机生产区域有可能受到邻近的常规生产区域污染的影响，则在有机和常规生产区域之间应当设置缓冲带或物理屏障，保证有机生产地块不受污染，以防止邻近常规地块的禁用物质的飘移影响。在有机生产区域周边设置天敌的栖息地，提供天敌活动、产卵和寄居的场所，提高生物多样性和自然控制能力。

表 2-6 有机产品生产基地环境空气质量标准（GB 3095—2012）

序号	污染物项目	平均时间	浓度限值 二级标准	单位
1	二氧化硫（SO_2）	年平均 24 小时平均 1 小时平均	60 150 500	μg/m³
2	二氧化氮（NO_2）	年平均 24 小时平均 1 小时平均	40 80 200	
3	一氧化碳（CO）	24 小时平均 1 小时平均	4 10	mg/m³
4	臭氧（O_3）	日最大 8 小时平均 1 小时平均	160 200	μg/m³
5	颗粒物	年平均 24 小时平均	70 150	
6	颗粒物	年平均 24 小时平均	35 75	

和水一样，空气具有很强的移动性，因此，各种污染物质或有风险的物质都可能随之移动一定的距离，因此，从空气传播风险的控制考虑不同国家和地区的

有机农业标准都提出了缓冲带的要求。同时从可持续生产的角度也要求有机农业有自然生物栖息的空间以供有害生物天敌的生存与发展需要，所以，标准也要求有一定的保护空间。

当然，基地周围，特别是其上风向不能有污染源，远离交通要道和居民集中的城镇是最基本的要求。

四、有机农业对生物的要求

环境生物包括所有与人类生存环境有关的生物，在农业生产中除了目标生物（作物）外的其他生物都是环境生物，这些环境生物对农产品的生产及产品质量都有很大的影响。因此，有机农业对生物也有明确的规定，最突出的相关规定是几乎所有的有机农业标准都禁止在有机农业操作中使用基因工程产品，因为其潜在的风险尚未得到确认。

在种子种苗的选择方面：要求有机作物生产所用的种子和种苗必须来自认证的有机农业生产系统。选择品种时应注意其对病虫害有较强的抵抗力；严禁使用化学物质处理种子；不使用由转基因获得的品种。

有机农业强调避免农事活动对土壤或作物的污染及生态破坏，要求制订有效的农场生态保护计划，采用植树种草、秸秆覆盖、不同作物间作等方法避免土壤裸露，控制水土流失，防止土壤沙化和盐碱化；要求建立害虫天敌的栖息地和保护带，保护生物多样性。禁止毁林、毁草、开荒发展有机种植。

对于野生植物的采集，要求采集活动不得对环境产生不利影响或对动植物物种造成威胁，采集量不得超过生态系统可持续生产的最大产量。

总之，有机农业对生物或生态的要求是尽量保持其多样性，以维持生态系统的稳定，要采取各种措施维持生态系统的健康。

五、有机农业对废弃物的要求

有机农业最重要的思想之一是维持农业生态系统的可持续发展能力，而有机农业生产所产生的废弃物如不加以合理的管理与利用也会对周围的环境造成污染，并反过来威胁农业生态系统的稳定。所以，有机农业对废弃物的处理处置也同样有要求。比如对畜禽养殖要求充分考虑饲料生产能力、畜禽健康和对环境的影响。养殖数量不超过养殖范围的最大载畜量，要求保证畜禽粪便的储存设施有足够的容量，并得到及时处理和合理利用。对加工废弃物的净化和排放设施或储存设施应远离生产区，且不得位于生产区的上风向。排放的废弃物应达到相应的标准。

有机农业原则上需要系统内的物质循环，但毕竟有产品输出就需要有养分的补充和土壤肥力的维持，仅靠农业种植业内的秸秆还田并不能很好地维持土壤肥力的稳定，因此，有机农业允许利用一些系统外的有机物质作为肥力的补充，但不是任何外来有机物质都可以。对不同有机废弃物利用都有一定的要求。有机农业标准明确规定，有机肥应主要源于本农场或有机农场（或畜场）；遇特殊情况（如采用集约耕作方式）或处于有机转换期或证实有特殊的养分需求时，经认证机构许可可以购入一部分农场外的肥料。外购的商品有机肥，应通过有机认证或经认证机构许可。

有机农业限制使用人粪尿，必须使用时应按照相关要求进行充分腐熟和无害化处理，并不得与作物可食部分接触。禁止在叶菜类、块茎类和块根类的作物上施用。对于有机农业系统内的作物秸秆、绿肥、畜禽粪便及其堆肥，原则上没有特别的限制，但外来的秸秆要求与动物粪便堆制并充分腐熟后方可使用；对散养型家畜的养殖废弃物、农家肥和脱水家畜粪便，要求满足堆肥腐熟的要求。用于地面覆盖或堆制后作为有机肥源的木料、树皮、木屑、刨花、木灰及腐殖质等不应经过任何化学处理，否则不能使用。经过堆制或发酵处理后的肉、骨头和皮毛制品等也必须是不含防腐剂的原料才可用。不含合成添加剂的食品工业副产品也必须经过堆制或发酵后才可以用。其他如饼粕、鱼粉等要用于有机农业系统就不能使用化学方法加工或未添加任何化学合成的物质。

通常要维持一个有机种植园的土壤肥力，需要周边有足够的有机肥源。例如，北京平谷区某有机桃园，为了提供66.7hm^2桃园的有机肥，园区承包了平谷一家有机鸡场的所有鸡粪和大厂一家有机牛场的10000m^3牛粪，不仅满足了部分桃园的有机肥的需要，而且减少了畜禽养殖粪肥的堆积和排放，保护了环境。大米加工厂的废弃物如稻壳和稻渣，可以用来生产草木灰和稻醋液。草木灰可以给果园补钾，稻醋液可以给果园和养殖场消毒杀菌，具有抗病、防虫、促进植物生长、增加产量等明显效果，是一种非常适用的现代生物有机肥料。

思考题

1. 有机农业基地的选择应遵循什么原则？
2. 有机农业产地的四大环境要素是什么？
3. 有机农业基地环境质量调查应包括哪些内容？
4. 有机农业对灌溉水、养殖用水、畜禽饮用水和食品加工用水的质量要求有何差别？
5. 有机产品的土壤环境质量标准中，为什么不同pH值下重金属含量的检出标准是不同的？

参考文献

[1] 管伯仁主编．环境科学基础教程．北京：中国环境科学出版社，1997.
[2] 科学技术部中国农村技术开发中心组编．有机农业在中国．北京：中国农业科学技术出版社，2006.
[3] 韩南容编著．二十一世纪的有机农业．北京：中国农业大学出版社，2006.
[4] 席运官．有机食品生产基地建设．环境导报，2000（5）：38-39.
[5] 邓欣，刘红艳，谭济才，陈辉玲，孙少华．有机茶园土壤微生物区系年度变化规律研究．中国农学通

报，2006.22（5）.
[6] 杜相革，王慧敏，王瑞刚．有机农业原理和种植技术．北京：中国农业大学出版社，2002.
[7] 张乃明，段永蕙，毛昆明编著．土壤环境保护．北京：中国农业科学技术出版社，2002.7.
[8] 中华人民共和国国家质量监督检验检疫总局和中国国家标准化管理委员会．2005. 农田灌溉水质标准．GB 5084—2005.
[9] 环境保护部和国家质量监督检验检疫总局．2012. 环境空气质量标准．GB 3095—2012.
[10] 中华人民共和国国家质量监督检验检疫总局和中国国家标准化管理委员会．2011. 有机产品标准．GB/T 19630.
[11] 国家环境保护局和国家技术监督局．1995. 土壤环境质量标准．GB 15618—1995.
[12] 中华人民共和国卫生部和中国国家标准化管理委员会．2006. 生活饮用水卫生标准．GB 5749—2006.
[13] 国家环境保护局．1989. 渔业水质标准．GB 11607—1989.

第三章 有机农业的投入物质

影响有机农业产品质量的重要环节除了对环境条件的要求外，还有对外来投入物质的控制。有机农业投入品是指在有机生产过程中采用的所有物质或材料。在有机农业生产过程中，主要投入物质包括种子种苗和植物繁殖材料、土壤培肥和改良物质、农药、植物生长调节剂、饲料和饲料添加剂、动物生长调节剂、饵料、兽药渔药和疾病防治物质等。

有机农业生产者应选择并实施栽培和（或）养殖管理措施，以维持或改善土壤理化和生物性状，减少土壤侵蚀，保护植物和养殖动物的健康。在栽培和（或）养殖管理措施不足以维持土壤肥力和保证植物和养殖动物健康，需要使用有机生产体系外的投入品时，应使用符合相关有机农业标准中列出的投入品，并按规定的条件使用。

第一节 种子、种苗与动物引入

一、种子和种苗的定义及其特点

《有机产品标准》(GB/T19630—2011) 规定，应选择有机种子或植物繁殖材料，在得不到有机种子的条件下才能使用未经过禁用物质处理的常规种子，同时也要求选择适应当地的土壤和气候条件、抗病虫害的植物种类及品种。有机种子成为有机农业生产系统的重要源头，是维持整个有机生产系统完整性的重要环节。有机种子的概念广义是指从作物母本栽培开始至种子采收及处理的全过程均符合有机标准的种子。对有机种子的理解不仅是要来自有机生产体系，还要能满足有机生产技术要求的种子，如病虫害抗性品种、适应有机肥特性、同杂草具有较强的竞争力或忍受力等。

有机农业的种苗是指来源于有机农业生产系统，符合有机农业生产体系要求和相应标准的具有安全、优质、营养类属性的种苗。种苗包括实生种子、根状茎、芽、叶或地下的秆、根或块茎，果茶苗木、畜禽产品种苗、蜂产品种苗、水产品种苗等，以及运用各种科技手段培育并符合有机农业生产标准的各类嫁接苗，野生植物采集苗、食用菌种等。

种苗作为有机农业的首要生产资料，是有机农业生产的开端，是最基本的物质技术基础与载体。不是所有种苗都能用于有机农业。有机农业的种苗要求健康安全、品质优良、营养性好、依赖性强。

有机农业生产者应选择适应当地的土壤和气候条件、抗病虫、抗疫病的种类和品牌的有机种苗，同时在品种的选择上应充分考虑保护遗传多样性。

在无法获得有机农业生产的种子和种苗的情况下（如在有机种植或养殖的初始阶段），经认证机构许可，可以使用未经禁用物质和方法处理的非有机来源的种苗。但有机生产者必须制定并实施获得有机种苗的计划，对于种苗的要求则是应采取有机生产方式培育一年生植物的种苗。

二、种苗的分类

以有机农业生产的行业划分为依据，可分为有机种植业种苗和有机养殖业种苗两大类；有机种植业种苗可细分为有机农作物种苗、有机果茶种苗、有机野生植物采集种苗等；有机养殖业种苗可细分为有机畜产品种苗、有机蜂产品种苗、有机水产品种苗。

三、有机种苗的选育

（一）基本原则

① 结合有机农业生产实际情况，在有机农业生产体系下选育有机种苗。

② 在得不到有机农业生产的种子和种苗的情况下，经认证机构许可选育非有机来源且未经禁用物质处理的种苗。

③ 禁止选育转基因品种。

④ 在品种的选择上应充分考虑保护遗传多样性。

（二）有机种苗的选育方法

1. 有机农作物种苗

作物种类及品种要适应当地的环境条件，选择对病虫害有抗性和适应杂草竞争的品种，并充分利用作物的遗传多样性。要因地制宜地选用通过国家或省级农作物品种审定的品种，可用热水、蒸汽、太阳能等对种子消毒。

作物种类及品种要适应当地的环境条件，选择对病虫害有抗性和适应杂草竞争的品种并充分利用作物的遗传多样性，可用热水、蒸汽、太阳能、高锰酸钾等对种子消毒。食用菌菌种应符合中华人民共和国农业部颁发的《全国食用菌菌种管理办法》的要求，菌种培养基中不允许使用化学合成的杀虫剂、杀菌剂、肥料及生长调节剂；菌种来源清楚，并经认证机构认可；菌种应具有较好的生长性和较强的抗逆性。

2. 有机果茶种苗

应选择以有机生产方式培育或繁殖的苗木或种苗，并认真进行检疫。当无法获得有机苗木或种苗时，可选用未经禁用物质处理过的常规苗木或种苗，但应制订转换获得有机苗木或种苗的计划。禁止使用经辐照技术、转基因技术选育的种苗（苗木）品种。

应采用有机方式育苗，根据季节、气候条件的不同选用育苗设施。允许使用砧木嫁接等物理方法提高果茶树的抗病和抗虫能力。不得使用经禁用物质和方法处理的种苗。

3. 有机野生植物采集种苗

要求生长于界限明确的有机农业生产系统，采集区域至少在采集前 36 个月未使用禁用物质或未被禁用物质污染；采集区域与可能污染源区域至少有 50～200m 以上的距离，并有有效隔离带。采集活动不应对环境产生不利影响或对动植物物种造成威胁，采集量不应超过生态系统可持续生产的产量。采集者必须有详细的采集种苗收集、运输、加工和管理方案并得到认证机构认可。

4. 有机畜产品种苗

必须首先考虑品种对当地环境和饲养条件的适应性和品种本身的生活力和抗病力，优先选择本地品种；禁止使用经胚胎移植或基因改良作物（GMO）改造过的品种。

畜禽应在有机农场繁育，在无法得到足够的来自有机农场的畜禽时，经认证机构许可，可以从非有机农场引入畜禽，但应符合以下条件：

① 肉牛、马属动物、驼，不超过 6 月龄且已断乳；

② 猪、羊，不超过 6 周龄且已断乳；

③ 乳用牛，不超过 4 周龄，接受过初乳喂养且主要以全乳喂养的犊牛；

④ 肉用鸡，不超过 2 日龄（其他禽类可放宽到 2 周龄）；

⑤ 蛋用鸡，不超过 18 周龄。

常规种母畜的引入的数量：牛、马、驼每年引入的数量不能超过同种成年有机母畜总量的 10%，猪、羊每年引入的数量不应超过同种成年有机母畜总量的 20%。

在不可预见的严重自然灾害或事故、养殖规模大幅度扩大、养殖场发展新的畜禽品种的条件下，经认证机构许可，可将比例放宽到 40%。可引入常规公畜，引入后应立即按照有机方式饲养。

5. 有机蜂产品种苗

蜂产品的蜜蜂品种的选择应适应当地环境条件、有良好的生产能力和抗病能力的品种；选育鼓励交叉繁育不同类的蜜蜂，可进行选育，但不允许对蜂王进行人工授精，蜂群转化为有机生产系统时引入新的蜜蜂应来源于有机生产单元；为了蜂群的更新，每年允许选择引入不超过蜂群数量10%由健康问题或灾难性事件引起的蜜蜂大量死亡，且无法获得有机蜂群时，可以引入非有机来源的蜜蜂补充蜂群，但要重新计算转换期。

6. 有机水产品种苗

应尽量选择适合当地条件、抗性强的品种。如需引进水生生物，在有条件时应优先选择来自有机生产体系的。如无法获得来自有机生产体系的水生生物，可引入常规养殖的水生生物，但应经过相应的转换期。应尊重水生生物的生理和行为特点，减少对它们的干扰。宜采取自然繁殖方式，不宜采取人工授精和人工孵化等非自然繁殖方式。不应使用孤雌繁殖、基因工程和人工诱导的多倍体等技术繁殖水生生物。引进非本地种的生物品种时应避免外来物种对当地生态系统的永久性破坏。不应引入转基因生物。所有引入的水生生物至少应在后2/3的养殖期内采用有机方式养殖。

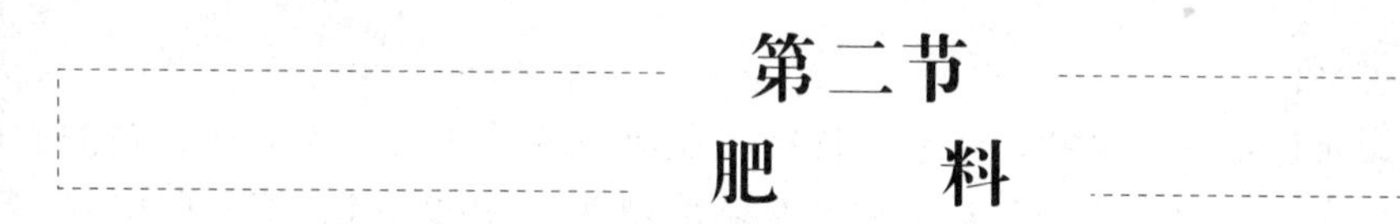

第二节 肥料

有机农业可供使用的土壤培肥和改良物质主要包括农家肥、商品有机肥、微生物肥、矿物质肥等。

一、有机肥料种类

传统有机肥料来源广，品种多，主要种类如下。

1. 人粪尿肥

人粪尿肥是以氮素为主的有机肥料，腐熟快、肥效明显，但是含有有机质、磷、钾等养分较少，对于改土作用不大，是一种速效肥料。同时还含有很多病菌和寄生虫卵，需经充分储存发酵后，使其有机态的养分转化成速效性的肥料作物才能吸收，同时腐熟过程杀死了病菌和虫卵才能使用。在腐熟过程中，切忌向其中加入草木灰、石灰等碱性物质，这样会使氮素变成氨气挥发损失。也不宜将其晒成粪干，因为在晒制过程中会损失40%以上的氮素，同时污染环境。可在沤制过程中加入干草、落叶、泥炭等吸收性好的材料，可减少氮素损失。

人粪尿肥可做基肥、追肥施用。做基肥一般每亩施用500～1000kg，旱地追肥应用水稀释3～4倍，浇施后盖土。水田施用宜先排干水，稀释2～3倍后泼入天中，结合中耕使肥料为土壤所吸附，隔2～3天后再灌水。对氯敏感的作物（如马铃薯、瓜果、甜菜等）不宜过多施用。为了更好地培养地力，应与厩肥、堆肥等有机肥料配合施用。不应在叶菜类、块茎类和块根类植物上施用人粪尿；在其他植物上需要使用时，应进行充分腐熟和无害化处理，并不得与植物食用部分接触。

2. 厩肥

厩肥是家畜粪尿和各种垫圈材料混合积制而成的肥料，亦称圈肥。不同家畜和饲养条件、垫圈材料的差异，使厩肥成分有较大差异。一般厩肥平均含有机质25％、氮0.5％、全磷（P_2O_5）0.25％、全钾（K_2O）0.6％。在使用同样垫圈材料的情况下，养分含量以羊厩肥最高，马厩肥次之，之后是猪厩肥、牛厩肥。

新鲜厩肥中的养分主要为有机态的纤维素、半纤维素等化合物，C/N 比值大，必须经过堆积腐熟后，才能被作物吸收利用。厩肥因含有较丰富的有机质，所以有较长的后效和良好的改土作用，尤其对促进低产田的土壤熟化作用十分明显。厩肥中大部分养分是迟效性的，养分释放缓慢，因此一般做基肥用，用量一般为300～750kg/亩。腐熟的优质厩肥或厩液可做追肥，还可做苗床土和营养土的配料。

3. 堆（沤）肥

堆（沤）肥是以秸秆、落叶、杂草等物料，添加一定量的混合人粪尿、泥土等堆积（沤制）而成。堆肥分为普通堆肥和高温堆肥两种方法。堆（沤）肥中有机质含量丰富，C/N 值低，养分多为速效态，富含钾，是一种补充钾源的良好有机肥料。堆（沤）肥肥效稳，后效长、养分全面，是比较理想的有机肥料品种。此外，优质的堆（沤）肥中还含有维生素、生长素和各种微量元素养分，长期施用可起到培肥改土的作用。一般做基肥使用时结合耕翻施入，使土肥融合，用量一般为 1500～2500kg/亩，多采用撒施、沟施或穴施。堆（沤）肥的原料中不可含有城市污水污泥，堆（沤）制过程中如添加微生物菌剂应注意不可含转基因成分。

4. 沼肥

将作物秸秆、人畜粪尿、杂草等各种有机物料，在密闭的沼气池内经嫌气发酵制取沼气后所剩残渣和肥液，即为沼肥。沼肥养分含量的高低，取决于配料的比例、酸碱度、发酵温度、密闭程度、水分及沼气细菌的接种等因素。沼肥是矿质化和腐殖质化比较充分的肥料，速效、迟效养分兼备，腐殖质含量较高和富含激素、维生素类物质。沼渣中含全氮 0.5％～1.2％，速效磷 50～300mg/kg，速效钾 0.17％～0.32％，沼液中含全氮 0.07％～0.09％，速效磷 20～90mg/kg，速效钾 0.04％～0.17％，此外还含有硼、铜、铁等元素，以及大量有机质、多种氨基酸和维生素等。沼渣宜做基肥，每亩施用量约为 1600kg，沼液宜做追肥，每亩施用量约为 2000kg，施用时应深施沟施，以减少肥效损失。沼液也可做叶面喷肥，还可用于浸种、杀蚜等。过量施用沼肥会导致作物徒长，行间闭郁，造成减产。沼肥不能与草木灰、石灰等碱性肥料混施，以免造成氮肥的损失，降低肥效。

5. 饼肥

饼肥是油料作物籽实榨油后剩下的残渣，我国的饼肥种类很多，主要有大豆饼、菜籽饼、花生饼、芝麻饼、棉籽饼、茶籽饼等。饼肥富含有机质和蛋白质，有机质含量在75%～85%左右，氮的含量最高可达7%，所以，农民常将饼肥当作氮肥施用。饼肥是优质的有机肥料，养分完全，肥效持久，但饼肥中含有一定的油脂和脂肪酸化合物，且养分以有机态存在，因此，必须经过发酵后施用，才可以使作物吸收养分，并避免油饼的有害作用。一般用量为150～225kg/亩，可做基肥、追肥，施在土壤10～20cm深为宜。

由于有机农业拒绝转基因技术，因此组成饼肥的原料必须是非转基因的。

6. 秸秆类肥料

秸秆是作物收货后的副产品，秸秆的种类和数量丰富，如稻草、麦秸、玉米秸、豆秸等，是宝贵的有机质资源。秸秆还田可以增加土壤有机质、改善土壤结构，使土壤疏松、增加空隙度，促进土壤微生物活力和农作物根系的发育。施用秸秆类有机肥料，有利于增强作物的抗倒伏性。目前我国秸秆还田有堆沤还田（堆肥、沤肥、沼肥等），过腹还田（牛、马、猪、羊等牲畜粪尿）和直接还田（秸秆粉碎撒施或留高茬后翻压、地表覆盖）三种方式。秸秆直接还田应因地制宜，切忌将病害秸秆直接还田，以免引起病虫害蔓延。

7. 绿肥

凡是植物绿色体作为肥料的，称之为绿肥。我国绿肥作物主要有紫云英、苕子、黄花苜蓿、草木樨、蚕豆等二十余种。绿肥作物一般适应性强，生长速度快，鲜草产量高，有机质含量高，并含有多种微量元素，翻耕后当季有明显增产效果，是一种优质的有机肥源。绿肥能够增加耕层土壤养分，改良土壤理化性状，能够覆盖地面，防止水土流失，对改善生态环境，净化水质等有显著作用。绿肥的利用方式有直接翻压、堆沤和过腹还田三种。绿肥的耕翻适期应掌握在鲜草产量和肥分总含量最高时进行，耕翻深度一般以10～20cm较好，绿肥用量一般1000～2000kg/亩，配合施用石灰，可加强绿肥分解。

8. 畜禽粪肥

畜禽粪是良好的有机肥料。随着现代化养殖业的蓬勃发展，畜禽粪是一项不可忽视的有机肥源。畜禽粪养分高、肥效快，多作基肥或追肥。不论是作基肥还是追肥施用，必须经无害化处理，杀死虫卵、病菌、草籽。有机农业生产过程中，应尽量选用非集约化养殖场产生的畜禽粪便为原料生产有机肥。腐熟过程中如添加微生物菌剂应注意不可含转基因成分。

二、有机肥料的无害化处理

生物污染是有机肥普遍存在的问题。新鲜有机肥料既是肥料，又隐藏着病原菌、虫卵和杂草的种子，这在有机农业生产中尤其应引起重视。人畜粪尿等有机废弃物，含有大量的病原体，这些病原体在土壤中存活时间相当长。例如，痢疾杆菌可生存22～142天，结核杆菌1年左右，蛔虫卵315～420天，沙门菌34～70天。另外，将未经处理的有机肥料直接施入土中，还会因发酵时产生的高温而伤根。因此，有机肥无害化处理，不仅是适应环境卫生的需要，更是有机食品生产对有机肥料利用的需要。

有机食品生产应把握住有机肥无害化这一关。首先，要把握住有机肥源头，对可能受化学、生物污染的有机肥要严禁使用，并禁止“生粪下地”。其次，要实行无害化处理。

1. 有机肥料无害化处理的方法

（1）高温堆肥法　将堆肥原料的碳氮比调至25～35之间，水分调至50%～60%之间，原料直径调至0.5～1.5cm，原料的pH值原则上在6.5～8之间，将原料充分混合。加入一定量的堆肥接种菌剂再次充分混合后将原料堆成不同规格的堆垛、条垛，或在规定的槽内或反应器内发酵，及时翻堆并记录温度变化，当温度升至65℃，要进行翻堆，保持堆肥温度在55℃以上7～10d，数周后基本符合无害化卫生标准。堆肥完成后不应出现再升温现象。堆肥完成后进行适当时间的陈化以提高堆肥的内在品质。

（2）厌氧堆肥法　一般采用沤肥和沼气发酵，利用其嫌气、绝氧的环境，以改变病菌、虫卵和杂草种子的生存条件，使其强烈地窒息而死亡。

2. 堆肥腐熟的标志

① 秸秆变成褐色或黑褐色，湿时用手握之柔软有弹性，干时很脆，容易破碎。

② 有黑色的汁液并有氨臭味，用铵试纸速测，铵态氮含量增高。

③ 堆肥浸出液［肥∶水=(1∶5)～(1∶10)］加水搅拌放置3～5min，浸出液呈淡黄色。

④ 腐熟堆肥体积比刚堆时塌陷1/3或1/2。

⑤ C/N值一般为20～30之间，可概括为“黑、烂、臭、湿”四个字，pH值为5.5左右。

⑥ 有毒有害物质、重金属含量、大肠杆菌等有害微生物应符合国家相关标准的质量指标。

3. 厩肥腐熟的标志

秸秆已变成黑色泥状物，猪厩肥用手握之，有黏重感，反应呈碱性，有氨臭味，此时堆体缩小失重50%左右，水浸液呈浅黑色，透明有臭味，含水量60%左右，可概括为“黑、烂、臭”。有毒有害物质、重金属含量、大肠杆菌和蛔虫卵残等有害微生物应符合国家相关标准的质量指标。

三、有机肥料的来源

应通过适当的耕作与栽培措施维持和提高土壤肥力，如回收、再生和补充土壤有机质和养分来补充因植物收获而从土壤带走的有机质和土壤养分，或采用种植豆科植物、免耕或土地休闲等措施进行土壤肥力的恢复。当上述措施无法满足植物生长需求时，可施用有机肥以维持和提高土壤的肥力、营养平衡和土壤生物活性，同时应避免过度施用有机肥，造成环境污染。

有机农业生产中应优先使用来自本有机生产单元或其他有机生产单元的有机肥，就地使用，如需外购肥料，外来农家肥应经认证机构确认符合要求后才能使用，商品肥料需通过国家有关部门的登记认证及生产许可，质量指标达标，并经认证机构许可后使用。

四、其他土壤培肥和改良物质

有机产品国家标准中还列出了可以使用的其他植物源、动物源、矿物源、微生物源的土壤培肥和改良物质，可参照使用。需要注意，使用天然矿物肥料时，不可以将其作为系统中营养循环的替代物，矿物肥料只能作为长效肥料并保持其天然成分，不应采用化学处理提高其溶解性，不应使用矿物氮肥。

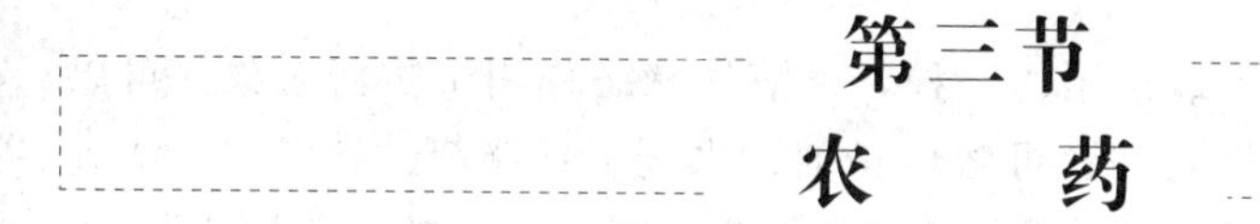

第三节　农　药

有机农业可供使用的药剂主要包括植物源、微生物源、动物源、矿物源的杀虫剂、杀菌剂、除草剂、杀螨剂、植物生长调节剂等。按照目前的有机产品国家标准（GB/T 19630—2011），农用抗生素不在可使用之列。

一、有机农业可供使用的农药

有机农业使用的农药按照来源可分两大类：一类为生物源农药；另一类为矿物源农药。

生物源农药包括微生物源农药、动物源农药和植物源农药。微生物源农药主要是指活体微生物农药，其中包括真菌剂如蜡蚧轮杆菌，细菌剂如苏云金杆菌、蜡质芽孢杆菌，拮抗菌剂、昆虫病原线虫、微孢子和病毒制剂，微生物源农药的生产不得涉及转基因技术。动物源农药有昆虫信息素如性引诱剂、性干扰剂，天敌动物。植物源农药包括印楝素、除虫菊素、鱼藤酮等。矿物源农药主要指矿物油、硫制剂和铜制剂。

二、使用要求

有机农业应从整个农业生态系统出发，综合运用各种防治措施，创造不利于病虫草害孳生和有利于各类天敌繁衍的环境条件，保持农业生态系统的平衡和生物多样化，减少各类病虫草害所造成的损失。应优先采用农业措施，通过选用抗病抗虫品种、非化学剂种子处理、培育壮苗、加强栽培管理、中耕除草、耕翻晒垡、清洁田园、轮作换茬、间种套种等一系列措施起到防治病虫草害的作用。还应尽量利用灯光、色彩诱杀害虫、机械捕捉害虫、机械或人工除草等措施，防治病虫草害。

在上述方法不能有效控制病虫草害时，可使用有机产品相关标准中列出的植物保护产品。禁止使用合成的化学杀虫剂、杀菌剂、杀螨剂、除草剂和植物生长调节剂，如菊酯类农药三氯杀螨醇、粉锈宁、巨星等。禁止使用生物源、矿物源农药中混配有机合成农药的各种制剂，如 Bt 加杀虫双等。

三、使用方法

农药的使用方法多种多样，根据防治对象的生活规律、药剂性质、加工剂型特点和环境条件的不同，选择适当的施药方法，不但可以提高药效、降低成本，而且还能减轻对环境的污染，避免杀伤天敌，提高用药的安全性。

1. 喷雾法

喷雾法是农药使用方法中最常用的一种，以液体状态作用于防治对象。可以兑水使用的农药剂型有可湿性粉剂、可溶性粉剂、水剂、悬浮剂、悬乳剂、浓乳剂、微乳剂、乳油等，以及可直接喷雾使用的超低容量制剂、油剂、气雾剂等。

2. 喷粉法

喷粉法是利用鼓风机械所产生的气流把农药粉剂吹散后沉积到作物上的施药方法。其主要特点是不需用水、工效高、在作物上的沉积分布性能好、着药比较均匀、使用方便。在干旱、缺水地区喷粉法更具有实际应用价值。虽然由于粉粒的飘移问题使喷粉法的使用范围缩小了，但在特殊的农田环境中如在温室、大棚、森林、果园以及水稻田，喷粉法仍然是很好的施药方法。

3. 撒粒法

大多不需要任何器械而只需简单的撒粒工具。颗粒剂农药产品粒大，下落速度快，受风的影响小，适合土壤处理、水田施药和多种作物的心叶施药。

4. 熏蒸法

熏蒸法是利用熏蒸常温密闭的场所产生毒气来防治病虫害的方法。

5. 浸种（苗）和拌种法

拌种是将药剂与种子均匀混合，从而杀死种子上的病菌、害虫；浸种（苗）是将种子或幼苗浸在一定浓度的药液里，使种、苗黏着并吸收一定量的药剂，从而达到杀死种子、幼苗所带病原菌的目的。

6. 土壤处理法

土壤处理法是将农药采取喷雾、喷粉、撒毒土直接施在地面或一定土层内，防治病、虫、草害的方法。具体方法有 3 种：将农药直接喷洒在地面，然后耕翻；将农药与土混合后撒在地面；将农药兑水后浇灌在植物根部。

四、有机农业生产中常见的农药品种

（一）植物源农药

1. 印楝素

印楝素是从印楝树种子中提取的植物性杀虫剂，对昆虫有很强的触杀、拒食、忌避、胃毒和抑制生长的作用，对环境、人、畜、天敌安全，为目前世界公认的广谱、高效、低毒、易降解、无残留的杀虫剂且没有抗药性，对几乎所有植物害虫都有驱杀效果，适用于防治红蜘蛛、蚜虫、潜叶蛾、粉虱、菜青虫、棉铃虫、茶黄螨、蓟马等鳞翅目、鞘翅目和双翅目害虫，还能防治地下害虫。使用时，该药作用速度较慢，应在幼虫发生前期预防使用；印楝素对光照和高温敏感，在阴天或傍晚使用可减低其降解速度，提高药效；不可与碱性肥料和农药混用。

2. 苦参碱

苦参碱是由中草药植物苦参经乙醇等有机溶剂提取制成的生物碱。害虫触及药剂后即麻痹神经中枢，继而使虫体蛋白质凝固，堵塞气孔，使害虫窒息而死。本品对人、畜低毒，无抗药性，是广谱杀虫剂，对各种作物上的菜青虫、蚜虫、红蜘蛛等害虫有明显的防治效果，还可杀螨、抑制和灭杀真菌，对目标害虫有趋避作用。该药作用速度较慢，应在幼虫发生前期预防使用；不可与碱性肥料和农药混用。

3. 除虫菊素

除虫菊素是从除虫菊的花朵中提取的植物源杀虫剂。除虫菊是目前唯一集约化栽培的杀虫植物，有白花和红花两种，以白花除虫菊效力更大。除虫菊素与害虫体表接触后，直接作用于神经系统，杀死或击倒害虫。对人畜安全，不残留。可防治棉蚜、蓟马、叶蝉、菜青虫等害虫。使用时，不宜与碱性药剂混用；要注意药剂浓度，防止浓度过低时降低药效，害虫击倒后复苏的现象；喷药时要使药剂接触虫体提高药效；不宜在鱼池附近使用。

其他常用植物源农药还包括鱼藤酮、烟碱、藜芦碱、蛇床子素等，可参照有机产品相关标准中的规定使用。

（二）微生物源农药

1. 苏云金杆菌（Bt）

包括许多变种的一类产晶体芽孢杆菌。苏云金杆菌对鳞翅目幼虫具有胃毒作用，死亡虫体破裂后，还可感染其他害虫。可用于防治直翅目、鞘翅目、双翅目、膜翅目，特别是鳞翅目的多种害虫。但对蚜类、螨类、蚧类害虫无效。对人畜安全，不伤害蜜蜂，对蚕有毒。使用时，避免高紫外线照射，气温在30℃时防治效果最好。

2. 白僵菌

有效成分为白僵菌孢子，孢子接触虫体后在体内繁殖并分泌毒素，导致害虫死亡，死虫体内病菌孢子散出后，可侵染其他害虫，使害虫大量死亡，侵染周期为7～10d。白僵菌使用简单，防效持续，安全性高，无残留，对人畜和天敌昆虫安全，对蚕有毒。使用时要注意粉剂活性，随配随用，因害虫感染后一般经4～6d才死亡，因此要在害虫密度较低时提前施药。

其他常用微生物源农药还包括绿僵菌、枯草芽孢杆菌、木霉菌、核型多角体病毒等。

（三）动物源农药

1. 红铃虫性诱干扰剂

一种外激素类杀虫剂，用于棉田防治棉红铃虫。它是通过对棉红铃虫成虫的交配活动进行干扰迷向，使其不能交配从而控制虫口数量的增长，达到防治的目的。

2. 赤眼蜂

可寄生于鳞翅目等10个目200多属400多种昆虫的卵内，目前赤眼蜂的防治对象有20多种农林作物的60多种害虫，主要有玉米螟、棉铃虫、黄地老虎、菜粉蝶、豆天蛾、尺蠖等，是我国应用面积最大，防治害虫最多的一类天敌。

（四）矿物源农药

1. 硫黄

一种无机硫杀菌剂，具有杀菌和杀螨作用，对小麦、瓜类白粉病、锈病有良好的防效，对枸杞锈螨防效也很高。其杀菌机制是作用于氧化还原体系细胞色素b和c之间电子传递过程，夺取电子，干扰正常的“氧化—还原”反应，从而导致病菌和螨虫死亡。主要以熏蒸和喷雾的方法进行施用。熏蒸时，产生的二氧化硫气体对人畜有害，应注意避免。可与生石灰熬制为石硫合剂后使用。

2. 石硫合剂

用生石灰、硫黄加水煮制而成的，它具有杀菌和杀螨作用。石硫合剂稀释喷于植物上，与空气接触后，受氧气、水、二氧化碳等作用，发生一系列化学变化，形成微细的硫黄沉淀并释放出少量硫化氢发挥杀菌、杀虫作用。同时，石硫合剂具碱性，有侵蚀昆虫表皮蜡质层的作用，因此，对具有较厚蜡质层的蚧壳虫和一些螨卵有较好的效果。生产上常用于防治果树的螨类、苹果、葡萄和小麦白粉病等。

3. 硅藻土

主要有效成分为天然具有棱角的硅藻土。杀虫机制为物理性的杀虫作用，害虫在粮食中活动时与药剂接触摩擦，被其尖刺刺破表皮，使害虫失水死亡，达到杀虫目的。该药无毒、无污染，与稻米混合不会影响米的质量，淘米时硅藻土能与米糠一起被水冲去，不会残留在大米中。

4. 王铜（碱式氧化铜）

为无机铜保护性杀菌剂，喷到作物上后能黏附在作物表面，形成一层保护膜，不易被雨水冲刷。在一定湿度条件下，释放出铜离子，起杀菌防病作用。主要用于防治柑橘溃疡病，也可用于防治蔬菜真菌病害和细菌病害。

5. 氢氧化铜 [可杀得 蓝盾铜]

是一种极细微的可湿性粉剂，为多孔针形晶体，单位重量上颗粒最多，表面积最大。靠释放出铜离子与真菌或细菌体内蛋白质中的—SH、—N_2H、—COOH、—OH 等基团起作用，导致病菌死亡。对植物生长有刺激增产作用。常用于防治蔬菜霜霉病、炭疽病、叶斑病、角斑病等。

其他常用矿物源源农药还包括波尔多液、高锰酸钾、珍珠岩等。

（五）其他防病杀虫药剂和设施

小苏打（碳酸氢钠）、糖醋液、钾肥皂水、海盐和盐水等物质也具有杀虫杀菌作用，可在有机农业生产中应用。

第四节 饲料和饲料添加剂

一、概念

（一）饲料的概念及分类

饲料，是所有人饲养的动物的食物总称，比较狭义地一般饲料主要指的是农业或牧业饲养的动物食物。饲料包括大豆、豆粕、玉米、鱼粉、氨基酸、杂粕、添加剂、乳清粉、油脂、肉骨粉、谷物、甜高粱等十余个品种的饲料原料。

按成分来分，一般来说只有植物饲料才被称为饲料，这些饲料中包括草、各种谷物、块茎、根等。这些饲料可以粗分为以下几类。

(1) 含大量淀粉的饲料

这些饲料主要是用含大量淀粉的谷物、种子和根或块茎组成的。比如，各种谷物、马铃薯、小麦、大麦、豆类等。这些饲料主要通过多糖来提供能量，而含很少蛋白质。它们适用于反刍动物、家禽和猪，但含太多淀粉的饲料不适用于马。

(2) 含油的饲料

这些饲料由含油的种子（油菜、黄豆、向日葵、花生、棉籽）等组成。这些饲料的能源主要来自脂类，因此，其能量密度比含淀粉的饲料高。这些饲料的蛋白质含量也比较低。由于这些油也有工业用途，因此这样的饲料的普及性不高。工业榨油后剩下的渣依然含有相当高的油的含量。这样的渣也可以作为饲料，尤其对反刍动物非常好，也被广泛使用。

(3) 含糖的饲料

这些饲料主要是以“甜高粱秸秆”为主的秸秆饲料或颗粒饲料，甜高粱秸秆糖度是18%～23%，动物适口性很好。

(4) 含蛋白的饲料

这些饲料主要是以蛋白桑为主的植物蛋白饲料，蛋白桑的植物蛋白达到28%～36%，并富含18种氨基酸，是替代进口植物蛋白的最好原料。

(5) 青饲料

这些饲料中整个植物被喂用，比如草、玉米、谷物等。这些饲料含大量碳水化合物，其中的营养非常杂。比如草主要含碳水化合物，蛋白质15%到25%，而玉米则含较多的淀粉（约20%～40%），而蛋白质含量则少于10%。青饲料可以新鲜地喂用，也可以晒干后保存喂用。它们比较适用于反刍动物、马和水禽。一般不用来喂猪。

(6) 其他饲料

除以上所述的饲料外还有许多其他种类的饲料，这些饲料可以直接来自大自然（比如鱼粉）或者是工业复制品（比如米糠、酒糟、剩饭等）。不同的牲畜使用不同的饲料，但尤其反刍动物适用这些饲料。

按主要营养元素分为以下几类。

(1) 配合饲料

配合饲料是指在动物的不同生长阶段、不同生理要求、不同生产用途的营养需要，以及以饲料营养价值评定的实验和研究为基础，按科学配方把多种不同来源的饲料，依一定比例均匀混合，并按规定的工艺流程生产的饲料。

(2) 浓缩饲料

又称为蛋白质补充饲料，是由蛋白质饲料（鱼粉、豆饼等）、矿物质饲料（骨粉石粉等）及添加剂预混料配制而成的配合饲料半成品。再掺入一定比例的能量饲料（玉米、高粱、大麦等）就成为满足动物营养需要的全价饲料，具有蛋白质含量高（一般在30%～50%之间）、营养成分全面、使用方便等优点。一般在全价配合饲料中所占的比例为20%～40%。

（3）预混合饲料

指由一种或多种的添加剂原料（或单体）与载体或稀释剂搅拌均匀的混合物，又称添加剂预混料或预混料，目的是有利于微量的原料均匀分散于大量的配合饲料中。预混合饲料不能直接饲喂动物。预混合饲料可视为配合饲料的核心，因其含有的微量活性组分常是配合饲料饲用效果的决定因素。

（4）功能性饲料

功能性饲料是指能促进动物生长、增强免疫力、改善动物产品品质，并可减少环境污染、改善生态环境的一类饲料。简单地说，功能性饲料就是添加一种或多种用来增强新陈代谢或达到最佳生理状态的特定成分（营养因子）的饲料，从而改善动物的健康状况。功能性饲料一般被列为非营养性饲料添加剂的范畴。

按饲料的原材料分为以下几类。

（1）粗饲料

指干物质中粗纤维的含量在18%以上的一类饲料，主要包括干草类、秸秆类、农副产品类以及干物质中粗纤维含量为18%以上的糟渣类、树叶类等。

（2）青绿饲料

指自然水分含量在60%以上的一类饲料，包括牧草类、叶菜类、非淀粉质的根茎瓜果类、水草类等。不考虑折干后粗蛋白质及粗纤维含量。

（3）青储饲料

用新鲜的天然植物性饲料制成的青储及加有适量糠麸类或其他添加物的青储饲料，包括水分含量在45%～55%的半干青储。

（4）能量饲料

指干物质中粗纤维的含量在18%以下，粗蛋白质的含量在20%以下的一类饲料，主要包括谷实类、糠麸类、淀粉质的根茎瓜果类、油脂、草籽树实类等。

（5）蛋白质补充料

指干物质中粗纤维含量在18%以下，粗蛋白质含量在20%以上的一类饲料，主要包括植物性蛋白质饲料、动物性蛋白质饲料、单细胞蛋白质饲料等。

（6）矿物质饲料

包括工业合成的或天然的单一矿物质饲料，多种矿物质混合的矿物质饲料，以及加有载体或稀释剂的矿物质添加剂预混料。

（7）维生素饲料

指人工合成或提纯的单一维生素或复合维生素，但不包括某项维生素含量较多的天然饲料。

（8）添加剂

指各种用于强化饲养效果，有利于配合饲料生产和储存的非营养性添加剂原料及其配制产品。如各种抗生素、抗氧化剂、防霉剂、黏结剂、着色剂、增味剂以及保健与代谢调节药物等。

（二）饲料添加剂的概念及分类

饲料添加剂是指在饲料生产加工、使用过程中添加的少量或微量物质，在饲料中用量很少但作用显著。饲料添加剂是现代饲料工业必然使用的原料，对强化基础饲料营养价值，提高动物生产性能，保证动物健康，节省饲料成本，改善畜产品品质等方面有明显的效果。

饲料添加剂是指在饲料加工、制作、使用过程中添加的少量或者微量物质。用于补充饲料营养不足的饲料添加剂称之为营养性饲料添加剂，如氨基酸、维生素、矿物微量元素等。非营养性饲料添加剂则包括一般性饲料添加剂和药物饲料添加剂两大类。

（1）一般性饲料添加剂　指为了保证或者改善饲料品质，促进饲养动物生产，保障饲养动物健康，提高饲料利用率而掺入饲料中的少量或微量物质，如酸化剂、调味剂、酶制剂等。

（2）药物饲料添加剂　则指为了预防动物疾病或影响动物某种生理、生化功能，而添加到饲料中的一种或几种药物与载体或稀释剂按规定比例配置而成的均匀混合物，如抗球虫剂、驱虫剂、抗菌促生长剂。

有机产品生产的饲料和饲料添加剂是指遵循可持续发展原则，按照特定生产方式生产，生产过程中严格执行有机产品生产资料使用准则和生产操作规程，符合有机农业生产的技术规范，产品质量符合有机产品产品标准，经专门机构认定，许可使用有机产品标志的无污染的安全、优质、营养、高效的饲料和饲料添加剂。

二、有机农业对饲料及饲料添加剂的技术要求

（1）有机畜禽的饲料　畜禽应以有机饲料饲养。饲料中至少应有50%来自本养殖场饲料种植基地或本地区有合作关系的有机农场。饲料生产和使用应符合相关的要求。

在养殖场实行有机管理的前12个月内，本养殖场饲料种植基地按照本标准要求生产的饲料可以作为有机饲料饲喂本养殖场的畜禽，但不得作为有机饲料销售。饲料生产基地、牧场及草场与周围常规生产区域应设置有效的缓冲带或物理屏障，避免受到污染。

应保证草食动物每天都能得到满足其基础营养需要的粗饲料。在其日粮中，粗饲料、鲜草、青干草或者青储饲料所占的比例不能低于60%（以干物质计）。对于泌乳期前3个月的乳用畜，此比例可降低为50%（以干物质计）。在杂食动物和家禽的日粮中应配以粗饲料、鲜草或青干草或者青储饲料。

（2）禁止使用以下饲料和饲料添加剂（GB/T 19630.1—2011 附录 B 表 B.1

中允许使用的物质除外）

① 未经农业部批准的任何饲料和饲料添加剂。

② 转基因（基因工程）生物或其产品。

③ 以动物及其制品饲喂反刍动物，或给畜禽饲喂同种动物及其制品。

④ 未经加工或经过加工的任何形式的动物粪便。

⑤ 经化学溶剂提取的或添加了化学合成物质的饲料，但使用水、乙醇、动植物油、醋、二氧化碳、氮或羧酸提取的除外。

⑥ 化学合成的生长促进剂（包括用于促进生长的抗生素、抗寄生虫药和激素）。

⑦ 化学合成的调味剂和香料。

⑧ 防腐剂（作为加工助剂时例外）。

⑨ 化学合成的着色剂。

⑩ 非蛋白氮（如尿素）。

⑪ 化学提纯氨基酸。

⑫ 抗氧化剂。

⑬ 黏合剂。

（3）初乳期幼畜应由母畜带养，并能吃到足量的初乳。可用同种类的有机奶喂养哺乳期幼畜。在无法获得有机奶的情况下，可以使用同种类的非有机奶。不应早期断乳，或用代乳品喂养幼畜。在紧急情况下可使用代乳品补饲，但其中不得含有抗生素、化学合成的添加剂或动物屠宰产品。

（4）给予动物饲料的剂型和方式

必须充分考虑动物的消化道结构和特殊生理需要。

（5）所有动物都必须自由接触新鲜的水源，以充分保证动物的健康和活力。

（6）青储饲料添加剂不能来源于转基因生物或其派生的产品，但可以是用海盐、酵母、丙酸菌、酶、乳清、糖、糖蜜、蜂蜜、甜菜渣、谷物。

（7）根据动物的种类确定使用母乳喂养哺乳动物幼畜的最短时间

牛（包括水牛）、马、驼 3 个月，羊 45 天、猪 40 天。

三、可用于有机食品生产的饲料添加剂

（1）使用的饲料添加剂应在农业部发布的饲料添加剂品种目录中，并批准销售的产品，同时应符合 GB/T 19630.1—2011 附录 B 表 B.1 添加剂和用于动物营养的物质中给出可以使用的具体物质。

（2）可使用氧化镁、绿砂等天然矿物质；不能满足畜禽营养需求时，可使用 GB/T 19630.1—2011 附录 B 表 B.1 中列出的矿物质和微量元素。

（3）添加的维生素应来自发芽的粮食、鱼肝油、酿酒用酵母或其他天然物质；不能满足畜禽营养需求时，可使用人工合成的维生素。

（4）饲用酶制剂由于抗营养物质的多样性，影响饲料消化的因素是多方面的，

单一酶制剂的作用十分有限，必须发挥酶的协同作用，使用复合酶制剂。大量的试验表明，应用复合酶制剂可以提高饲料利用率，提高生长速度（日增重、产蛋率），降低动物发病率和死亡率，降低饲养成本，改善环境，减少氮、磷污染。

农业部2013年2045号公告公布了在饲料中允许使用的饲用酶制剂种类，它们是：淀粉酶（产自黑曲霉、解淀粉芽孢杆菌、地衣芽孢杆菌、枯草芽孢杆菌、长柄木霉、米曲霉、大麦芽、酸解支链淀粉芽孢杆菌）、α-半乳糖苷酶（产自黑曲霉）、纤维素酶（产自长柄木霉、黑曲霉、孤独腐质霉、绳状青霉）、β-葡聚糖酶（产自黑曲霉、枯草芽孢杆菌、长柄木霉、绳状青霉、解淀粉芽孢杆菌、棘孢曲霉）、葡萄糖氧化酶（产自特异青霉、黑曲霉）

葡萄糖、脂肪酶（产自黑曲霉、米曲霉）、麦芽糖酶（产自枯草芽孢杆菌）、β-甘露聚糖酶（产自迟缓芽孢杆菌、黑曲霉、长柄木霉）、果胶酶（产自黑曲霉、棘孢曲霉）、植酸酶（产自黑曲霉、米曲霉、长柄木霉3、毕赤酵母）、蛋白酶（产自黑曲霉、米曲霉、枯草芽孢杆菌、长柄木霉）、角蛋白酶（产自地衣芽孢杆菌）、木聚糖酶（产自米曲霉、孤独腐质霉、长柄木霉3、枯草芽孢杆菌、绳状青霉、黑曲霉、毕赤酵母）。

（5）饲用微生物制剂　又称为功能微生物制剂、生物饲料添加剂、益生菌剂、微生态制剂、微生物饲料添加剂等。作为饲用微生物制剂的主要菌种有乳酸杆菌、双歧杆菌、粪链球菌、酵母菌、蜡样芽孢杆菌、枯草杆菌等。一般多制成复合活菌制剂使用，进入胃肠道后主要起着竞争性排除作用，控制致病菌在肠道定植，以达到恢复肠道菌群平衡和动物健康的目的。

饲料微生物制剂必须符合下列条件：a. 应是非致病性的活菌制剂或由微生物发酵而产生的无毒副作用的有机物质；b. 对宿主机体产生有利影响的功能；c. 应是活的微生物，且要求与正常有益菌能共存共荣，并且自身具有抗逆能力；d. 在肠道环境中能控制有害菌群，而且其代谢尾产物不对宿主产生不利影响；e. 应有较好的包被技术可以躲过胃液的水解；f. 在生产条件下可保持良好的稳定性和货架寿命。

2013年12月，由农业部饲料添加剂专业委员会讨论通过可用于饲料添加剂的微生物菌种为：地衣芽孢杆菌、枯草芽孢杆菌、两歧双歧杆菌、粪肠球菌、屎肠球菌、乳酸肠球菌、嗜酸乳杆菌、干酪乳杆菌、德式乳杆菌乳酸亚种（原名乳酸乳杆菌）、植物乳杆菌、乳酸片球菌、戊糖片球菌、产朊假丝酵母、酿酒酵母、沼泽红假单胞菌、婴儿双歧杆菌、长双歧杆菌、短双歧杆菌、青春双歧杆菌、嗜热链球菌、罗伊氏乳杆菌、动物双歧杆菌、黑曲霉、米曲霉、迟缓芽孢杆菌、短小芽孢杆菌、纤维二糖乳杆菌、发酵乳杆菌、德氏乳杆菌保加利亚亚种（原名：保加利亚乳杆菌）、产丙酸丙酸杆菌、布氏乳杆菌、副干酪乳杆菌、凝结芽孢杆菌、侧孢短芽孢杆菌（原名侧孢芽孢杆菌）。这些菌种的应用效果和安全性都经过充分评估，安全性不容置疑。

第五节
动物生产中的兽药

兽药是指用于预防、治疗、诊断动物疾病或者有目的地调节动物生理机能的物质（含药物饲料添加剂），主要包括：血清制品、疫苗、诊断制品、微生态制品、中兽药、中成药、化学药品、抗生素、生化药品、放射性药品及外用杀虫剂、消毒剂等。这里说得很明确，兽药的使用对象是动物，它包括所有的家畜、家禽、各种飞禽走兽等野生动物和鱼类等。

一、有机动物生产的兽药开发

兽药有别于一般商品，其质量好坏是一个综合性的社会、经济问题，也是确保有机畜禽产品生产的重要物质条件。国家对兽药生产企业的规范化管理，引导企业走向科学化、现代化的发展道路。

随着畜禽生产和防治技术的发展，有机畜禽产品需要大量的适用于有机食品生产的兽药，更需要不断开发更多科技含量高、疗效显著、效果确定、安全无副作用的新的兽药。兽药新产品的开发和研制是摆在兽药生产企业面前的又一项重要工作，这是企业发展的方向。首先是根据我国国情，要大力发展和优先发展一批中高档次，技术含量高的有机食品生产的兽药，这对满足有机畜禽产品的需要，保护畜牧业生产有着重要的意义。其次是瞄准市场，有针对性地生产和开发一些畜禽疫病防治所急需的兽药产品。再次是发挥祖国传统医学的优势，积极开发有特色的中兽药和中西兽药复方制剂。特别在开发抗病毒药和无残留饲料添加剂方面，中兽药的开发更具有强大的生命力和良好的前景。

二、有机动物生产的兽药使用安全及其监控

多年来，由于畜牧业生产者普遍热衷于寻找提高动物性食品产量的方法，往往忽略了动物性食品质量安全性问题，其中最重要的是化学物质在动物性食品中的残留及其残留对人类健康的危害问题。因此，这些年来不断出现动物性食品药物残留超标事件，给消费者的健康造成了危害，也给我国畜禽产品的正常出口贸易带来了极大困难。欧盟自 1996 年来一直维持禁止对我国畜禽产品的进口就是例子。为此，有机畜禽产品的生产，加强动物性食品的药物使用安全，防止药物残留问题已经成为国民生活和出口贸易中的重要敏感问题，必须受到政府有关部门及动物食品生产、经营者的高度重视。

（一）有机动物产品中常见的污染

有机动物产品中常见的污染有兽药、农药及工业废物等有机物和微生物及寄

生虫几大类，然而危及动物性食品安全最常见也是最重要的一类污染源则是兽药。

兽药残留可分为5类：驱肠虫药类；生长促进剂类；抗原虫药类；镇静剂类；β-肾上腺素能受体阻断剂等。在动物源食品中较容易引起兽药残留量超标的兽药主要有抗生素类、磺胺类、呋喃类、抗寄生虫类和激素类药物。

（1）兽药种类

兽药种类繁多，各种兽药的作用和毒性不尽相同，产生兽药残留的主要兽药有以下几种。

① 抗生素类。大量、频繁地使用抗生素，可使动物机体中的耐药致病菌很容易感染人类；而且抗生素药物残留可使人体中细菌产生耐药性，扰乱人体微生态而产生各种毒副作用。在畜产品中容易造成残留量超标的抗生素主要有氯霉素、四环素、土霉素、金霉素等。

② 磺胺类。磺胺类药物主要通过输液、口服、创伤外用等用药方式或作为饲料添加剂而残留在动物源食品中。在近15～20年，动物源食品中磺胺类药物残留量超标现象十分严重，多在猪、禽、牛等动物中发生。

③ 激素。在养殖业中常见使用的激素和β-兴奋剂类主要有性激素类、皮质激素类和盐酸克仑特罗等。许多研究已经表明盐酸克仑特罗、己烯雌酚等激素类药物在动物源食品中的残留超标可极大危害人类健康。其中，盐酸克仑特罗（瘦肉精）很容易在动物源食品中造成残留，健康人摄入盐酸克仑特罗超过20μg就有药效，5～10倍的摄入量则会导致中毒。

④ 其他兽药。呋喃唑酮和硝呋烯腙常用于猪或鸡的饲料中来预防疾病，它们在动物源食品中应为零残留，即不得检出，是我国食品动物禁用兽药。苯并咪唑类能在机体各组织器官中蓄积，并在投药期，肉、蛋、奶中有较高残留。

（2）产生原因

养殖环节用药不当是产生兽药残留的最主要原因。产生兽药残留的主要原因大致有以下几个方面。

① 非法使用，我国农业部在2003年（265）号公告中明文规定，不得使用不符合《兽药标签和说明书管理办法》规定的兽药产品，不得使用《食品动物禁用的兽药及其他化合物清单》所列21类药物及未经农业部批准的兽药，不得使用进口国明令禁用的兽药，畜禽产品中不得检出禁用药物。但事实上，养殖户为了追求最大的经济效益，将禁用药物当作添加剂使用的现象相当普遍，如饲料中添加盐酸克仑特罗（瘦肉精）引起的猪肉中毒事件等。

② 不遵守规定，休药期的长短与药物在动物体内的消除率和残留量有关，而且与动物种类，用药剂量和给药途径有关。国家对有些兽药特别是药物饲料添加剂都规定了休药期，但是大部分养殖场（户）使用含药物添加剂的饲料时很少按规定施行休药期。

③ 滥用药物，在养殖过程中，普遍存在长期使用药物添加剂，随意使用新或

高效抗生素，大量使用医用药物等现象。此外，还大量存在不符合用药剂量、给药途径、用药部位和用药动物种类等用药规定以及重复使用几种商品名不同但成分相同药物的现象。所有这些因素都能造成药物在体内过量积累，导致兽药残留。

④ 违背有关规定，《兽药管理条例》明确规定，标签必须写明兽药的主要成分及其含量等。可是有些兽药企业为了逃避报批，在产品中添加一些化学物质，但不在标签中进行说明，从而造成用户盲目用药。这些违规做法均可造成兽药残留超标。

⑤ 屠宰前用药，屠宰前使用兽药用来掩饰有病畜禽临床症状，以逃避宰前检验，这也能造成肉食畜产品中的兽药残留。此外，在休药期结束前屠宰动物同样能造成兽药残留量超标。

（二）有机动物产品中兽药残留的危害性

1. “三致” 作用及毒性作用

这些兽药品种应被禁止使用或严格限制使用，否则在动物性食品中残留会给人的健康带来严重后果。如磺胺二甲嘧啶能诱发人的甲状腺癌，甾体激素（己烯雌酚）能引起女性早熟和男性的女性化以及子宫癌，氯霉素能引起人骨髓造血机能的损伤，苯并咪唑类药物能引起人体细胞染色体突变和致畸胎作用，盐酸克仑特罗（β-兴奋剂）能引起人体中毒心慌、心悸及磺胺类药物能破坏人的造血系统（包括出现溶血性贫血、粒细胞缺乏症、血小板减少症）等。

2. 过敏反应

常引起人过敏反应发生的残留药物主要有青霉素类、四环素类、磺胺类和某些氨基糖甙类药物，其中以青霉素类引起的过敏反应最常见。过去50年中，有关牛奶中青霉素类和磺胺类药物残留引起人过敏反应的病例不计其数，轻者引起皮肤瘙痒和荨麻疹，重者引起急性血管性水肿和休克、严重的过敏病人甚至出现死亡。个别地方尤其是婴幼儿，因食用鲜牛奶后出现皮肤过敏和荨麻疹的病例屡见不鲜。这主要是由于青霉素或磺胺类药物治疗奶牛乳房炎时不遵守弃乳期造成牛奶中该类药物残留引起的。

3. 耐药性

在过去几十年内，抗生素普遍被用作促进动物生长的饲料药物添加剂，但由于大量长期使用抗生素添加剂，使得动物体内（尤其是动物肠道内）的细菌产生了耐药性。细菌对这些抗生素产生耐药性后往往对医学上使用的同种或同类抗生素也产生耐药性和交叉耐药性。而动物体内细菌产生的耐药性可能会通过R-质粒传递给人体。这样，一旦细菌的耐药性传递给人体，就会出现抗生素无法控制人体细菌感染性疾病的情况，其后果不堪设想。到目前为止，尽管有关细菌耐药性传递会给人用抗生素治疗疾病带来困难的问题尚未完全定论，但这种可能性是完全存在的。

(三)有机(动物)食品生产的兽药残留的防范和监控措施

1. 大力开发用于有机食品生产的兽药，规范兽药的生产、销售和使用

我国农业部1987年颁布的“兽药管理条例”中对兽药的生产和销售已有立法规定。这几年农业部相继发布了允许使用的添加剂品种目录，禁止诸如镇静剂、己烯雌酚或类固醇类物质及具有促进蛋白质合成作用的β-兴奋剂作添加剂使用的规定等。因此，要防范药物残留，必须严格规定和遵守兽药的使用对象、使用期限、使用剂量以及休药期等。禁止使用违禁药物和未被批准的药物，限制或禁止使用人畜共享的抗菌素药物或可能具有“三致”作用和过敏反应的药物，尤其是禁止将它们作为饲料添加剂使用。对允许使用的兽药要遵守休药期规定，特别是对药物添加剂必须严格执行使用准则和休药期规定。对违反兽药使用准则的单位和个人应依法采用严厉的惩罚措施。

2. 开展兽药残留研究和检测，建立并完善我国兽药残留监控体系

① 加快兽药残留的立法，完善相应的配套法规（如检测方法、休药期，最高残留限量规定等）。

② 加快国家级、部级以及省地级兽药残留机构的建立和建设，使之形成自中央至地方的完整的兽药残留检测网络结构。

③ 建立我国的兽药残留监控计划，尤其要制定未来5～10年的兽药残留计划。

④ 对养殖场（户）、屠宰场和食品加工厂开展兽药残留的实际监测工作，摸清目前兽药残留状况，为制订今后我国的残留监测工作提供依据。

⑤ 开展兽药残留国际合作与技术交流，与国际接轨。

总之，动物性食品的安全性是关系到人类健康的大事，彻底防范动物性产品中药物残留是我们的责任与义务。但要做好这项工作，必须由畜牧、兽医、饲料、兽药及屠宰场、肉品销售商、肉类加工厂、农牧行政管理机构共同努力，还要有科研单位、消费者以及食品卫生、商品检验等主管机构的支持与鞭策。只要各行各业都各负其责，大力开发更有效、更安全的有机（动物）食品生产所需兽药，就会使动物性食品中药物残留得到有效的控制，动物性食品的安全性完全可以得到保证。

第六节 其他生产投入品

一、食用菌

食用菌培养基质应食用天然材料或有机生产的基质，基质中可以添加以下辅料。

① 来自有机生产的农家肥和畜禽粪便，或符合相关有机产品的标准要求的土壤培肥和改良物质，但不应超过基质总干重的25%，且不含有人粪尿或集约化养殖场的畜禽粪便。

② 按有机方式生产的农业来源的产品。

③ 符合有关有机农业标准的矿物来源的土壤培肥和改良物质。

④ 未经化学处理的草炭。

⑤ 砍伐后未经化学处理的木材。

⑥ 生长基质中不允许使用化学合成的杀虫剂、杀菌剂、肥料及生长调节剂。

木料和接种位使用的涂料应是食品级产品，不应使用石油炼制的涂料、乳胶漆和油漆等。

二、蜂产品

养蜂场进行有机生产初期，如不能获得有机蜂蜡加工的巢础，经批准可使用常规蜂蜡加工的巢础，但应在12个月内更换所有的超出，若不能更换，则需延长转换期。

蜂箱应用天然材料（如未经化学处理的木材等）或涂有有机蜂蜡的塑料制成，不应用木材防腐剂及其他禁用物质处理过的木料来制作和维护蜂箱。蜂箱表面不应使用含铅涂料。

三、水产品

在水产养殖用的建筑材料和生产设备上，不应使用涂料和合成化学物质，以免对环境或生物产生有害影响。

思　考　题

1. 有机农业对种子、种苗的要求是什么？
2. 经过化学药剂包衣过的种子可以用于有机农业生产吗？
3. 有机农业中允许使用的肥料都包括哪些种类？
4. 有机农业生产中允许使用的农药都包括哪些类型？
5. 有机畜禽养殖中饲料必须满足什么条件？
6. 有机畜禽养殖过程中不可以使用哪些饲料添加剂？

参　考　文　献

[1] GB/T 19630.1～4—2011《有机产品》

[2] 郭春敏，李显军．国内外有机食品标准法规汇编．北京：化学工业出版社，2006.

[3] 李显军．中国有机农业发展的背景、现状和展望．世界有机农业，2004，(7)：7-11.

第四章 有机农业的养分管理

有机农业遵循农场内的封闭（或半封闭）养分循环的生态理论。有机农业中的养分主要来源于土壤，而肥料是土壤供肥能力的保障。土壤是个有生命的系统，施肥首先是培育土壤，土壤肥沃了，会增殖大量的微生物，再通过土壤微生物的作用供给作物养分。一般认为，土壤化学性质的改善靠施肥，物理性质的改善靠深耕和施用有机肥，生物性质的改善靠有机物和微生物。常规农业以大量的化肥来维持高产，而有机农业理论认为，土壤培肥是以根系-微生物-土壤的关系为基础，采取综合措施，改善土壤物理、化学、生物学特性，协调根系-微生物-土壤的关系。

第一节 概　　论

一、肥料的来源及类型

有机农业视土壤为活的生命系统，施肥首先是培育土壤，再通过土壤微生物的作用来供给作物养分，并非像现代农业那样施用化学肥料直接为作物提供养分。因此，有机农业要求利用有机肥和合理的轮作来培肥土壤。根据有机生产为一相对封闭的养分循环系统的原理，一方面有机肥应尽可能地来自本系统，即要尽可能地将系统内的所有有机物质归还土壤，另一方面是在轮作计划中一定要包括豆科绿肥在内，作为补充氮源的重要手段，另外有机生产过程中还要尽可能地减少土壤养分的流失，提高养分利用率。在常规农业生产中，养分损失非常严重，据报道谷类作物生产中氮的损失量在20%～50%（朱兆良，2000）。

有机肥是有机种植的主要肥源，按其来源、特性和堆制方法可分为四类：粪尿肥，包括人粪尿、畜粪尿、禽粪、厩肥等；堆沤肥，包括秸秆还田、堆肥、沤肥和沼气肥；绿肥，包括栽培绿肥和野生绿肥；杂肥，包括泥炭及腐殖酸类肥料、油粕类肥料等，它们各具自身特点（表 4-1）。我们自古就有“用粪犹用药”，“用药得理”的古训，这意味着要用好有机肥就要根据有机肥的特性，根据作物生长需要和生长规律及土壤性质，并结合土壤学、作物栽培学、作物生理学的知识科学合理地施用有机肥，从而做到优质高产，改良土壤和保护环境。

表 4-1　一般有机肥的种类及营养含量　　单位：%

肥料名称		氮（N）	磷（P_2O_5）	钾（K_2O）	肥料名称		氮（N）	磷（P_2O_5）	钾（K_2O）
粪肥类	猪粪尿	0.48	0.27	0.43	绿肥类（鲜草）	黄花苜蓿	0.54	0.14	0.40
	猪尿	0.30	0.12	1.00		大麦草	0.39	0.08	0.33
	猪粪	0.60	0.40	0.14		小麦草	0.48	0.22	0.63
	猪厩肥	0.45	0.21	0.52		玉米秆	0.48	0.38	0.64
	牛粪尿	0.29	0.17	0.10		稻草	0.63	0.11	0.85
	牛粪	0.32	0.21	0.16		草木樨	0.48	0.13	0.44
	牛厩肥	0.38	0.18	0.45		毛叶苕子	0.47	0.09	0.45
	羊粪尿	0.80	0.50	0.45		油菜	0.43	0.26	0.44
	羊尿	1.68	0.03	2.10		田菁	0.52	0.07	0.15
	羊粪	0.65	0.47	0.23		红三叶	0.36	0.06	0.24
	鸡粪	1.63	1.54	0.85		水花生	0.15	0.09	0.57
	鸭粪	1.00	1.40	0.60		水葫芦	0.24	0.07	0.11
	鹅粪	0.60	0.50	1.00	堆肥类	麦秆堆肥	0.88	0.72	1.32
	蚕沙	1.45	0.25	1.11		玉米秆堆肥	1.72	1.10	1.16
饼肥类	菜籽饼	4.98	2.65	0.97		棉秆堆肥	1.05	0.67	1.82
	黄豆饼	6.30	0.92	0.12		生活垃圾	1.35	0.80	1.47
	棉籽饼	4.10	2.50	0.90	灰肥类	棉秆灰	（未经分析）	（未经分析）	3.67
	蓖麻饼	4.00	1.50	1.90		稻草灰	（未经分析）	1.10	2.69
	芝麻饼	6.69	0.64	1.20		草木灰	（未经分析）	2.00	4.00
	花生饼	6.39	1.10	1.90		骨头灰	（未经分析）	40.00	（未经分析）
绿肥类（鲜草）	紫云英	0.33	0.08	0.23	杂肥类	鸡毛	8.26	（未经分析）	（未经分析）
	紫花苜蓿	0.56	0.18	0.31		猪毛	9.60	0.21	（未经分析）

注：引自杜相革，董民主编．有机农业导论．北京：中国农业大学出版社，2006。

二、有机农业土壤培肥原则

施肥是补充和增加土壤养分的最有效手段。做到合理施肥、经济用肥，最重要的是掌握有机农业土壤培肥的以下原则。

（一）根据有机肥特性进行施肥

有机肥来源广、种类多，常用的包括人畜粪尿、作物秸秆、厩肥、堆肥、沼渣液、绿肥、饼肥等，它们各具自身的性质和特点。正确地使用它们，则能充分发挥肥效，达到提供作物养分、改良土壤的目的；如果使用不当，则不但肥效大量损失，还有可能影响作物生长，并造成环境污染。因此，施用有机肥必须注意以下几点。

① 各类有机肥除直接还田的作物秸秆和绿肥外，为了矿化营养物质，降低C/N值及杀灭病原菌、寄生虫卵和杂草种子，一般需充分腐熟后方可施入土壤。对于未充分腐熟直接施入土壤的有机肥则必须在作物种植前提前施入，并避免与种子、秧苗接触，以免引起烧苗现象。施用饼肥等高热量有机肥时尤其要注意这一点。

② 人粪尿含氮量高，是速效有机肥，适合于作追肥使用，但因其中含有约1%的食盐，对烟草、薯类、瓜果以及甜菜等作物的品质有不良影响，在这种忌氮的作物上不宜过多的施用人粪尿。另外，由于人粪尿有机质含氮量低，不易在土壤中累积，加上其中含氮量高，长期单独使用会破坏土壤结构，因此施用人粪尿的土壤必须配合使用厩肥、堆肥等有机质含量高的肥料，以提高土壤有机质含量。

③ 堆沤肥、沼肥及厩肥都经过一定程度的腐解，以绝大多数有机氮以较稳定的形式存在，一般作基肥使用，适用于各类土壤和各种作物。因其中含有大量腐殖质，对改良土壤、提高土壤肥力效果显著。

④ 秸秆类肥料一般C/N值偏高，如禾本科作物秸秆的C/N值为（50～80）∶1，杂草为（24～45）∶1，施用不当易与作物争夺速效氮而影响作物早期生长，故在作物秸秆还田的同时，必须使用适量的高氮物质，如腐熟的人粪尿或鲜嫩的豆科绿肥，以降低C/N值，促进秸秆腐熟。另外，植物残体施入土壤后，在矿化过程中易于引起土壤缺氧，并产生植物毒素（有机酸和酚类化合物），为了避免其对作物种子萌发和秧苗生长的危害，要求在作物播种或移栽前早翻压秸秆。成功的秸秆还田依赖于它与土壤混合的程度，使微生物能有效地进行降解。如果深翻，则可能使秸秆埋入深土中，由于缺乏氧气而降解缓慢，以致阻碍根系的生长。浅耕可使秸秆均匀地与土壤混合，通气性良好，有机物易于降解。

⑤ 草木灰是农村最为普遍的钾肥，含氧化钾5%～10%。由于草木灰碱性强，不宜与腐熟的粪尿、厩肥等混合储藏和使用，以免造成氨的挥发，降低肥效。

总之，有机耕作强调土壤耕作要做到尽量保持土壤的结构，并允许土壤在轮作过程中尽可能长时间地受地表植物的保护，浅耕和只混合表层土是这种耕作方法的关键，当然不排除必要时进行的深耕。国外有机生产丰富多样，为了达到有机生产要求的耕作目标，发明了许多不同的耕作器具，做到既深耕又浅翻，同时满足疏松透气和便于播种、移栽与控制杂草的目的。

（二）根据作物品种及其生长规律进行培肥

不同种类的作物对各种养分的需要量和比例是不同的。如薯类作物比禾本科作物需要更多的钾；豆科通过固氮获取氮素，但需磷、钾、钙、钼等元素较多；以茎叶为主的蔬菜、茶叶、桑等作物则需氮较多。就同一作物而言，不同品种之间或同一品种的不同生育时期，对养分的吸收也不一样。因此在施肥上不能一律对待，必须根据作物对养分数量和比例的要求分别对待，才能获得高产。

有机肥营养成分比较复杂，在一般人的意识中没有清楚的养分含量概念，难以把握施用量，更不易根据不同作物的养分需求合理地配合施用。因此了解不同有机肥营养成分含量对正确施用有机肥，满足作物生长至关重要，一般有机肥的养分含量如表 4-1 所列。在制定有机栽培施肥计划时，首先要确定有机肥料的 N、P、K 含量，当季利用率（一般为 20%～40%），作物残茬和土壤库存养分的贡献率（一般可认为作物所需养分的一半来自土壤库存的养分）和作物对养分的需求量（表 4-2）。一般地，有机肥中氮素含量较低，磷、钾含量相对较高，而氮素又是作物生长需求量最大、土壤中又比较缺乏的元素，所以在计算有机肥施用量时，可以作物需氮量为基础进行计算，氮量足够，磷钾就一般不会缺乏，而对于喜磷、钾作物，则可分别以骨粉、磷矿粉、草木灰等富磷钾肥补充。现代作物品种多为需水肥较多的高产品种，有机栽培只有施足有机肥，充分满足作物养分需要，才不会降低作物产量。

表 4-2　不同作物经济产量 100kg（1000kg）**的需肥量**　　单位：kg

作物种类	氮（N）	磷（P_2O_5）	钾（K_2O）	作物种类	氮（N）	磷（P_2O_5）	钾（K_2O）
稻谷	2.40	1.25	3.10	冬小麦（籽粒）	3.00	1.25	2.50
玉米（籽粒）	2.60	0.90	2.10	洋芋①	4.00	1.85	965
甘薯①	3.50	1.75	5.50	油菜籽	5.80	2.50	4.30
大豆（籽粒）	6.60	1.30	1.80	花生果	6.80	1.30	3.80
胡豆（籽粒）	6.41	2.00	5.00	芝麻	8.23	2.07	4.41
豌豆（籽粒）	3.00	0.86	2.86	皮棉	15.00	6.00	10.00

① 指 1000kg 的需肥量。

注：引自：杜相革，董民主编．有机农业导论．北京：中国农业大学出版社，2006. 略有改动。

在满足作物需肥量的同时还需掌握肥料的施用时间。由于施用肥量大，消耗劳力较多，往往会出现一次性施足基肥而不再追肥的现象，这种培肥方式不利于作物的高产优质。因为作物生长过程具营养阶段性，有两个特别重要的营养时期即营养临界期和营养最大效率期，前者往往出现在作物生长初期，如果缺乏矿质营养，则会显著影响作物生长，且以后施用大量肥料也难以补救，因此在作物播种阶段或移栽初期，如果只施固态有机肥作基肥，因其养分释放需经历微生物的矿化过程，可能在营养临界期造成短暂的营养不足而影响作物生长；后者一般出现在作物生长中期，以种子或果实为经济器官的作物，其营养最大效率期是在生殖生长时期及开花结果期，此时作物需肥量大，对肥料利用率高，如仅施基肥，则由于作物生长前期需肥量较小，矿化的营养可能因硝化淋溶、氮挥发而损失，而营养最大效率期又可能因不能提供足够的矿质营养而影响作物生长和产量。因此，施用有机肥同样要考虑作物各阶段的营养特点，结合具体情况，采用固态有机肥作基肥，速效有机肥作种肥和追肥相结合的施肥方法，才能充分满足作物对养分的需要，获得理想产量。

（三）根据土壤性质合理施肥

土壤特性对于作物营养与施肥的关系非常密切，土壤的水分、温度、通气性、酸碱反应、供肥保肥能力以及微生物状况等都直接影响作物对营养物质的吸收，其中各种土壤适种作物见表 4-3。有机肥施入土壤后，其养分的微生物矿化、固定过程既取决于有机肥中易分解能源物质和有机氮的含量又与土壤环境有关。在淹水条件下，由于缺氧，有机物矿化速度慢，但由于土壤微生物繁殖速度低，固定氮素少，从而使在淹水条件下有机物分解时可以释放更多的氨态氮，如稻草在厌氧条件下分解所释放的氮量可以比好氧条件下高 5～6 倍，而在旱地，当 C/N≥35.4 时，秸秆对当季作物不能供氧，甚至会有负数。因此，可能推断水田较旱地更适合施用 C/N 值比较大的作物秸秆。

表 4-3 各种土壤适种作物

作物	黏土	黏壤	壤土	细砂壤	轻砂壤	砂壤	砾砂壤	砾壤	砂土
水稻	+								
大麦				+		+			
小麦		+	+						
玉米		+							
大豆		+							
小豆		+							
豌豆	+								
蚕豆	+								
花生						+			
棉花			+						
大麻								+	
苎麻		+	+						
烟草							+		
甘薯			+			+			
马铃薯			+		+	+			
茄子			+			+			
白菜		+	+						
甘蓝		+							
黄瓜		+	+						
南瓜									+
西瓜						+			
甜瓜						+			
冬瓜		+	+						

不同的土壤，其肥力状况不一致，供给作物养分的能力也不一样。我国北方由于气温低，夏季雨水多，土壤中保存了较多的有机质和氮素，如东北的黑土，有利于有机种植。但土壤供肥性能的大小和肥力的高低除了取决于其养分含量外，还有其耕作性能和生产性能。北方气温较低，土壤微生物活动较弱，对土壤库存的养分矿化率很低，因此为满足作物生长需要，仍需施用一定量的有机肥料。由于非腐解态的有机物施入土壤对增强土壤的生物活性及改善土壤腐殖质的组成，增加土壤腐殖质中活性腐殖质比例较腐熟的有机物有更好的作用，因此北方进行有机种植时最好每年都要施入一定量的作物秸秆和绿肥，以激活和更新土壤库存的有机质。南方气温高，雨水多，土壤养分淋失较大，其氮磷钾均比较缺乏，有机质含量较低，进行有机耕作时要加大有机肥的投入。

另外，有机耕作土壤培肥还需考虑土壤的保肥性能，土壤的酸碱反应。砂性土保肥性差，多施固态有机肥有利于提高保肥能力，施用液体有机肥时，应注意少量多次。在酸性强的土壤里，如南方的酸性红壤、黄壤地区，可以施石灰来中和土壤的酸度，改良酸性土，但施用时需注意不要和腐熟的有机肥混在一起，以免引起氨的挥发损失；而对碱性土壤，可用石膏来消除其碱性。

总之，有机栽培的土壤培肥必需结合土壤的特性，因地制宜，按土用肥。

（四）建立合理的轮作复种体系，加强土壤的自身培肥能力

同一地块连续不断地种植同一种作物，也就是所谓连作时，极易引起连作障碍，不但容易滋生病虫害，有些作物根部遗留的一些相生相克物质或自毒性物质以及多余盐类都会残留在土壤中危害自身或下茬作物。防止连作障碍最好的方法是轮作。

有机农业极力强调包括豆科作物在内的轮作复种和间作套种，以增加作物品种多样性，培育地力，防治病虫害发生。因不同作物在土壤里扎根的深浅不同，需要养分的数量也不同，浅根作物吸收的是土壤上层养分，而深根作物则可利用土壤深层养分。如果连年种植一种作物，就会造成土壤某一部分某种养分的大量缺乏，而深、浅根作物轮作则可充分利用土壤肥力，调节土壤养分。在有机农业中特别重视豆科作物的栽种，因其根瘤菌能固定空气中大量的氮素，既满足豆科作物当年需要，还可供给下季作物的利用。种植豆科绿肥，不但可以增加土壤氮素，还可以提高土壤有机质含量，改良土壤结构，以豆科植物作覆盖物，则既可防止土壤的侵蚀与板结，抑制杂草生长，又能培肥土壤。因此，在制订有机栽培计划时，要合理安排深、浅根作物，需肥量大、小的作物及豆科作物的茬口，增强有机耕作土壤培肥的系统观和整体观，统筹规划，做到土地的用养结合，保持土壤肥力的持久性。

轮作的组合很多，较好的组合有：旱作和水稻轮作；水稻和蔬菜轮作；禾本科与非禾本科作物轮作；葱、韭、蒜与葫芦科或茄科作物的轮作或间作；蔬菜与

防治线虫作物轮作，如草决明、万寿菊等；蔬菜与绿肥作物轮作。在科尔沁沙地的研究表明，农林（林草）复合利用模式的土壤质量性状最优，有机无机配施、精细管理的灌溉农田次之，而粗放管理的旱作农田最差。由于混合种植农作物和它们的时空分布多种多样，将会使小生境和资源产生更大的多样性，这种多样性会刺激土壤的生物多样性。例如，多数生活环境维持混合复杂的土壤有机体，并且通过作物轮作和间作使种类众多的有机体的存在成为可能，多种生活环境还改善了营养循环和病虫害控制的自然过程。

（五）重视地表覆盖和秸秆还田在土壤培肥与保护土壤方面的作用

在有机质生产中，可用作物秸秆、杂草、稻糠、木屑等作为地表覆盖物或种植一些覆盖作物，以保护土壤，抑制杂草生长，并为作物提供养分，农民的实践证明，此方法使用得当的话，效果相当显著。

秸秆还田不仅可以改善土壤物理性状，提高土壤肥力，同时还可以减轻因焚烧秸秆带来的污染，保护生态环境。秸秆还田腐殖化系数很高，达到0.25～0.50，即有25％～50％转化成土壤腐殖质，增加了土壤的透气性，促进了土壤水稳性团粒的形成，调节耕层水、肥、气、热，同时提供丰富的养分。据试验，连续3年施用作物秸秆［4.5t/(hm^2·a)］，可使土壤有机质提高0.05％～0.09％，速效磷增加0.5～3mg/kg，速效钾增加5～10mg/kg，容重下降0.01～0.08g/cm^3，总孔隙度增加1.11％。秸秆还田区的作物一般比不采用还田区的作物增产：水稻8％～15％，小麦5％～13％，棉花4％～9％。秸秆还田不仅当季能取得培肥改土、增产增收的效果，而且对后茬作物的生长发育也有促进作用。实行秸秆还田的水稻田种小麦，小麦可以增产8％～10％。

第二节 有机肥料的施用

一、土壤培肥的基本原理

施肥是补充和增加土壤养分的最有效手段。做到合理施肥、经济用肥，最重要的是掌握合理施肥的五个基本规律。

（1）植物必需营养元素的同等重要、不可替代性　尽管植物对必需营养元素的需要量不同，但就它们对植物的重要性来说，都是同等重要的。因为它们各自具有特殊的生理功能，不能相互替代。大量元素固然重要，微量元素也同样影响植物的健康生长。

（2）养分归还学说　人类在土地上种植作物、收获产品，必然要从土壤中带走大量养分，土壤养分含量越来越少，使地力逐渐下降，要想恢复地力就必须归还从土壤中拿走的全部物质，就应该向土壤施加肥料。作物产量有40%～80%的养分来自土壤，但土壤不是一个取之不尽、用之不竭的“养分库”，必须依靠施肥的形式，把作物带走的养分“归还”于土壤，才能使土壤保持原有的生命活力。

（3）最小养分定律　要保证作物正常发育从而获得高产，就必须满足作物所需要的一切营养元素。其中有一种元素达不到需要量，作物生长就会受到影响，产量就受这一最小养分的制约。如果无视这个限制因素的存在，即使继续增加其他营养成分也难以提高产量。

（4）因子综合作用律　影响作物生长发育的因子很多，如水分、光照、温度、空气、羊粪、品种等。作物的生长和产量取决于这些因素的综合作用。假如某一因素和其他因素配合失去平衡，就会制约作物的生长和产量的提高。合理施肥是作物增产综合因子中重要因子之一，为了充分发挥肥料的增产作用，施肥必须与其他农业技术措施相结合；同时还要重视各种养分之间的配合作用。

（5）报酬递减律　当某种养分不足限制了作物产量的提高时，通过施肥补充养分，可获得明显的增产。然而，施肥量和产量之间并不是简单的正相关关系，当施肥量超过一定限度，作物产量随着施肥量的增加呈递减趋势，肥料报酬出现负效应。施肥要有限度，这个限度就是获得最高产量时的施肥量，超过施肥限度，就是盲目施肥，必然会遭受一定经济损失。报酬递减律是以其他技术条件相对稳定为前提的。

二、土壤培肥技术

（一）土壤施肥量的确定

作物施肥量的多少取决于作物产量需要的养分量、土壤供肥能力、肥料利用率、作物栽培要求等因素，其中根据作物经济产量，确定有效的施肥量，是保证作物营养平衡和持续稳产的关键（表4-2）。

作物的营养来源于土壤矿物质的释放、上茬作物有机质的分解和当茬作物的肥料补充。通常，对氮素的利用率，水田平均为35%～60%，旱田为40%～75%；磷的利用率为10%～25%；钾肥的利用率为10%～25%；有机肥中磷的利用率为20%～30%，钾的利用率为50%。

作物计划施肥量的确定是一个比较复杂的问题。因为它取决于作物的种类、计划产量、土壤类型、供肥能力、肥料品种、利用率、气候因素以及经济因素等综合影响。所以确定作物计划施肥量最可靠的方法是在总结作物丰产施肥经验基础上，进行肥料试验。目前国内外确定作物最佳施肥方法是根据大量科学资料来确定，同时考虑作物产量与施肥量之间存在着一定的规律性，而作物产量的高低又与从土壤中取走的养分总量之间呈一定的正相关。为此，提出根据作物计划产量所需养分总量与土壤供肥量之间的差数，然后按照肥料的养分含量和利用率折算成肥料使用量的粗略而简便的方法。

作物计划施肥量的估算公式如下：

$$计划施肥量=\frac{作物计划产量所需养分总量-土壤供肥量}{肥料养分含量\times肥料利用率}$$

（二）施肥技术

1. 肥料种类的选择

要求有机化、多元化、无害化、低成本。

2. 肥料种类

肥料种类主要有农家肥、堆沤肥、矿物肥料、菌肥。

（1）农家肥

是有机农业生产的基础，适合小规模生产和分散经营模式。大量施用农家肥可促进有机农业生产中种植与养殖的有效结合，实现低成本的良性物质循环。

猪粪、鸡粪、马粪等是常见的农家肥，特点如下。

① 猪粪，含有较多的有机物和氮磷钾，氮磷钾比例在2∶1∶3左右，质地较细，碳氮比小，容易腐熟，肥效相对较快，是一种比较均衡的优质完全肥料，多作基肥，秋施或早春施。积肥时多以秸草垫圈，起圈后肥堆外部抹泥腐熟一段时间再用为好。

② 鸡粪，养分含量高，含氮磷较多，养分比较均衡，易腐熟，属于热性肥料，可作基肥、追肥，用作苗床肥料较好。鸡粪中含有一定的钙，但镁较缺乏，应注意和其他肥料配合施用。

③ 马粪，质地疏松，在堆积过程中能产生高温，属于热性肥料，肥效较快，一般不单独施用，而是与猪粪混合积存，多作基肥，早春施或秋施；单独积存时，要把肥堆拍紧，堆积时间要长，使其缓慢发酵，以防养分损失。

④ 羊粪，质地细，水分少，肥分浓厚，发热特性比马粪略次，是迟、速兼备的优质肥料。羊粪适用性广，可作基肥或追肥，适宜用于西瓜甜瓜等作物穴施追肥。堆制方便，容易腐熟，注意防雨淋洗即可。

（2）堆沤类肥料

① 厩肥是牲畜粪尿与各种垫圈物料混合堆沤后的肥料。包括猪圈肥、牛圈肥、羊圈肥、马圈肥、鸡窝肥等。

② 堆肥是利用秸秆、落叶、杂草、绿肥、人畜粪尿和适量的石灰、草木灰等进行堆制，经腐熟而成的肥料。有机农业生产对堆肥的要求，不仅仅是堆制材料的腐解和养分要求，而且要求通过堆沤的过程，实现无害化，即一方面为了环境卫生和保障人民健康，堆肥必须通过发酵，杀灭其中的寄生虫和各种病原菌，另一方面为了作物的健康生长，要通过发酵，杀死各种危害作物的病虫

害及杂草种子。此外，堆沤发酵秸秆可以消除其产生的对作物有害的有机酸类物质；一些饼粕类物质，也须通过堆制发酵后施用，以保障作物不产生中毒现象。

③ 沤肥是利用秸秆、山草、水草、牲畜粪便、肥泥等就地混合，在田边地角或专门的池内沤制而成的肥料。其沤制的材料与堆肥相似，所不同的是沤肥是嫌气常温发酵，原料在淹水条件下进行沤制。

④ 沼气肥是有机物在密闭、嫌气条件下发酵制取沼气后的残留物，是一种优质的、综合利用价值大的有机肥料。6～8m^3 的沼气池可年产沼气 9t，沼液的比例占 85%，沼渣占 15%。

(3) 矿物源肥料

包括磷肥、钾肥、镁肥、钙肥、铁肥、锌肥、硫肥、硼肥、锰肥和钼肥等。

(4) 绿肥

绿肥的主要种类有很多，如紫花苜蓿、毛叶苕子、草木樨等，具体见表 4-4。

表 4-4 我国大面积种植的绿肥种类

科名	属名	种名	栽培类别	科名	属名	种名	栽培类别
豆科	黄芪	紫云英	冬绿肥	豆科	豇豆	乌豇豆	夏、秋绿肥
		沙打旺	多年生绿肥			印度豇豆	夏绿肥
	巢菜	毛叶苕子	冬、秋绿肥		菜豆	菜豆	夏、秋绿肥
		光叶苕子	冬绿肥			饭豆	夏绿肥
		蓝花苕子	冬绿肥		大豆	六月豆	夏、秋绿肥
		蚕豆	冬绿肥			秣食豆	夏、秋绿肥
		箭舌豌豆	冬、春、秋绿肥		紫穗槐	紫穗槐	多年生绿肥
	豌豆	豌豆	冬、春、秋绿肥		葛藤	野葛藤	多年生绿肥
	草木樨	白花草木樨	春夏秋多年生		灰叶豆	山毛豆	多年生绿肥
		黄花草木樨	春夏秋多年生		葫芦豆	香豆子	秋绿肥
		印度草木樨	春夏秋多年生	十字花科	萝卜	肥田萝卜	冬绿肥
	苜蓿	金花菜	冬、春绿肥	槐叶萍科	满江红	细满江红	春、秋绿肥
		紫花苜蓿	多年生冬绿肥			满江红	春、秋绿肥
	山黧豆	普通山黧豆	春绿肥	苋科	莲子草	水花生	夏、秋绿肥
	田菁	田菁	夏、秋绿肥	雨久花科	凤眼莲	水葫芦	夏、秋绿肥
		多刺田菁	夏、秋绿肥	天南星科	大藻	水浮莲	夏、秋绿肥
	猪屎豆	柽麻	春、夏、秋绿肥	禾本科	黑麦草	多花黑麦	多年生冬绿肥

注：引自：杜相革，董民主编．有机农业导论．北京：中国农业大学出版社，2006。

(5) 生物菌肥

以特定微生物菌种生产的含有活微生物的肥料。根据微生物肥料对改善植物营养元素的不同，可以将其分成根瘤菌菌肥、磷细菌菌肥、钾细菌菌肥、硅酸盐细菌肥料和复合微生物肥料五类。微生物肥料可用于拌种，也可作为基肥和追肥使用。在生物菌肥中，禁止使用基因工程（技术）菌剂。

3. 施肥时期

在制订施肥计划时，当一种作物的施肥量确定下来后就是要考虑肥料的施用时期和数量分配。对于大多数一年生和多年生作物来说，施肥时期一般分为基肥、种肥和追肥三种。各时期施用肥料有其单独作用，但又不是孤立地起作用，而是相互影响的。对于同一种作物通过不同时期施用的肥料间相互影响和配合，促进肥效的充分发挥。

基肥使用数量要大，防止损失，肥效持久，要有一定的深度，养分要完全的原则。

种肥是播种（或定植）时施于种子或幼苗附近，或与种子混播，或与幼株混施的肥料。

施用种肥时要按照速效为主，数量和品种要严格按原则进行。用量不宜过大，还要注意使用方法，否则就会影响种子发芽和出苗。

追肥时要掌握肥效迅速，水肥结合，根部施肥和叶面喷施相结合和需肥最关键时期施用的原则。

4. 施肥方式

主要由撒施、条施、穴施、环施和放射状施等。

撒施是基肥施用的一种普遍方法，将肥料均匀撒于地表，结合耕耙作业使其与土壤混合。

条施是开沟将肥料成条地施用于作物行间或行内土壤的方式。条施既可以作为基肥的施用方式，也可以作为种肥或追肥施用方式，通常适用条播作物。

穴施是作物预定种植或种植穴内，或在作物生长期内按株或在两株间开穴施肥，通常适用于穴播或稀植作物，是一种比条施更能使肥料集中的施用方式。

环施或放射状施肥一般用于多年生木本植物，尤其是果树。该方法是以作物主茎为中心，将肥料作环状或放射状施用。环施的基本方法是以树干为圆心，在地上部的田面开挖环状施肥沟，沟一般挖在树冠垂直边线与圆心的中间或靠近边线的部位，一般围绕靠近边线挖成深、宽各 30～60cm 连续的圆形沟，也可靠近边线挖成对称的 2～4 条一定角度的月牙形沟，施肥后覆土踏实。来年再施肥时可在第一年肥沟的外侧再挖沟施肥，以后逐年扩大施肥范围。放射状施肥是在距离树干一定距离处，以树干为中心，向冠外挖 4～8 条放射状的沟，沟长与树冠相齐，来年在交错位置挖沟施肥。施肥沟的深度随树龄和根系分布深度而定，一般以利于根系吸收养分又能减少根的伤害为宜。

第三节 有机肥制作技术

一、堆肥的制作与施用

堆肥可分为普通堆肥和高温堆肥两种。普通堆肥一般混土较多，发酵时温度低，腐熟过程中堆温变化不是很大，腐熟所需要时间较长。高温堆肥是以纤维质多的材料为原料，假如是厩肥和人粪尿，发酵的温度较高，有明显的高温阶段，堆腐的时间较短，对促进堆肥物质的腐熟及灭杀病菌、虫卵和杂草种子均有一定作用。堆肥中有机质丰富，C/N 值比较小，是良好的有机肥料。其中以钾含量最多，氮磷多为速效态，易被作物吸收，肥效较高。堆肥中还含有维生素、微量元素等，对一切作物都适用，其平均成分见表 4-5。

表 4-5　堆肥养分含量

堆肥种类	水分/%	有机质/%	N/%	P_2O_5/%	K_2O/%	C/N 值
一般堆肥	60～75	15～25	0.4～0.5	0.18～0.26	0.45～0.70	16～20
高温堆肥	—	24.1～41.8	1.05～2.00	0.30～0.82	0.47～2.53	9.67～10.67

1. 堆制方法

普通堆肥是在嫌气低温的条件下堆腐而成。堆温变幅小，一般在 15～35℃，最高不超过 50℃，腐熟时间较长。堆积方式有地面式和地下式 2 种。

（1）地面式　地面露天堆积，适于夏季。要选择地势平坦，靠近水源，运输方便的田间地头或村旁作为堆肥场地。堆积时，先把地面平整夯实，铺上一层草皮土厚约 10～15cm，以便吸收下渗的肥液。然后均匀地铺上一层铡短的秸秆、杂草等，厚约 20～30cm，再泼一些稀的人、畜粪尿，再撒少量草木灰或石灰，其上铺一层厚约 7～10cm 的干细土。照此一层一层边堆边踏紧，堆至 1.7～2m 高为止。最后用稀泥封好。1 个月左右翻捣一次，加水再堆。夏季 2 个月左右，冬季 3～4 个月左右即可腐熟。

（2）地下式　在田头或宅旁挖一土坑，或利用自然坑，将杂草、垃圾、秸秆、牲畜粪尿等倒入坑内，日积月累，层层堆积，直堆到与地面齐平为止，盖厚约 7～10cm 的土。堆积 1～2 个月后，底层物质因含有适当水分，已经大部分腐烂，就掘起翻捣，并加适量的粪水，然后仍用土覆盖，以减少水分蒸发和肥分损失。夏秋经 1～2 个月，冬春 3～4 个月即可腐熟施用。

高温堆肥是在好氧条件下堆积而成。具有温度高（可达60℃以上），腐熟快及消灭病菌、虫卵、草籽等有害物的特点。为加速腐熟，一般采用接种高温纤维分解细菌，并设通气装置。堆制方法有地面式和半坑式。

高温堆肥法的堆肥场应选在背风向阳、堆肥材料丰富及水源附近。堆肥材料包括秸秆、骡马粪、人粪和干细土，配比为3∶1∶1∶5。堆制前，先把地面夯实，人粪尿加水搅匀，秸秆铡成长7cm左右的碎段，骡马粪捣碎，将土碾细晒干。然后将上述材料按比例混合均匀，调节好湿度，进行堆积。堆宽1.5～4m，堆长视材料而定；地面铺15cm左右厚的混合材料后，上面用木棍（直径10cm）放成井字形，交叉点立上木棍，继续向上堆至高1m左右封泥（泥厚7cm左右），封泥稍干后抽出木棍成通气孔。堆积后要经常检查和调节水分和温度。堆后一个半月翻捣一次，促使堆内、外腐熟一致。

南方稻草可以用稻草与猪粪烘制成高温堆肥，不必添加马粪。配比为干稻草100∶踏圈猪厩肥100（或冲圈猪粪尿200）。也可采用青草、晒至半干的“三水”（水葫芦、水浮莲、水花生）为原料，猪粪相应减少。原料的碳氮比以40左右为好，能再加稻草量3%的磷肥溶于粪水中，效果就更佳。

2. 堆肥的施用方法

（1）基肥　堆肥可直接用作基肥使用；施入田里后，应及时翻耕耙平土地。以利土、肥充分混合，作物根系直接吸收剥用；用量一般每亩2000～2500kg，对需肥多、吸收能力强的作物可增加到4000～5000kg。

（2）种肥　堆肥作种肥时，一定要选用已充分腐熟的优质堆肥，并且种子与肥要隔开，否则将影响种子发芽出苗。

（3）堆肥在各种土质上的施用方法　砂性土壤，由于肥分易流失，所以应施用半腐熟的堆肥；黏性土壤，施用腐热的或半腐熟的堆肥都可。

（4）堆肥在各作物上的施用方法　对生育期短或前期需肥较多的作物，如豆类、蔬菜、小麦等，宜施用熟堆肥；对生育期较长或后期需肥较多的作物，如果树、玉米、油菜、甘薯、瓜类等应施用半腐熟的堆肥。

不管在任何条件下施用堆肥，都应合理的配施化肥，切忌在作物的全生育期只单独施用堆肥。同时为了满足不同作物生长的需要，在制作堆肥过程中可以添加一些矿物质如磷矿粉一起发酵，以增加磷的含量，并使磷矿粉中的磷更容易被作物吸收利用。在安徽省岳西县，中德合作项目的有机猕猴桃示范基地，由于当地土壤的磷含量不能满足猕猴桃的生长需要，农民制作堆肥就加入了大量的磷矿粉，具体做法如下：每0.133hm^2果园制作一个堆肥，将800kg磷矿粉，400菜籽饼，1000kg青草，5000kg土一起堆制，2～3个月后完全腐熟，秋冬作基肥施用，结果表明肥效非常好。

二、沼气肥及施用

沼气发酵时充分利用有机废弃物的生物能，使之转化为电能、热能，其发酵后的沼液、沼渣又可做肥料，尤其是沼液，可以作为有机生产的速效有机肥，为作物苗期与迅速生产期提供速效养分。速效养分供应是有机生产需要解决的问题，沼气发酵是一种很好的解决途径。沼气是有机农业中能量转换、物质循环和有机肥料综合利用的中心环节，是联系生产者、消费者和分解者的纽带，对于建立农业循环体系、保持系统的生态平衡起着重要的作用。在没有沼气的农业循环中，农业废弃物如秸秆不是直接燃烧就是直接还田，或用作饲料后转换成粪便还田，它们都未能做到能量和物质的充分利用，这样的循环只是部分利用，是不完全的。而沼气建成后，保证了物质循环和能量流动的畅通，同时也大大提高了物质和能量的利用效率。如秸秆直接燃烧仅利用其能量的10%左右；通过发酵产生沼气，其能源利用率提高到60%。

1. 沼气发酵的原理和方法

沼气发酵是在一定温度、湿度与隔绝空气的条件下有多种厌氧性异养型的微生物参加的发酵过程。这些微生物可分为非产甲烷和产甲烷细菌两大菌群。前一类的微生物主要是将多糖、蛋白质和脂肪等复杂的有机物分解为单糖多肽、脂肪酸和甘油等中间产物，称之液化阶段；然后再将它们分解为脂肪酸、醇、酮和氢气，为产酸阶段；第三阶段为甲烷化阶段，由甲烷细菌起作用，在严格的嫌气环境中，甲烷细菌从CO_2、甲醇、甲酸、乙酸等得到碳源，以氨态氮为氮源，通过多种途径产生沼气。

（1）沼气池的修建　沼气池的建立十分重要，产甲烷细菌是典型的嫌气细菌，在空气中几分钟就会死亡。正常产生的沼气池氧化还原电位在−410～−8V之间，产气率随负值的加大而提高，所以必须建立严密封闭的沼气池。一般农村家庭用沼气池多为地下水压式，与猪圈、牛圈、厨房、厕所等连接在一起，既不占地方，能保温，又可方便进出料。

（2）配料　沼气发酵是微生物作用下的生物化学反应。适当的碳氮比和其他营养元素的均衡供给，有利于微生物的繁殖。试验表明，碳氮比以25∶1最宜（表4-6），36天平均产气359L；碳氮比以30∶1产气282L；13∶1产气231L。在人、畜粪尿不足的地区，可将碳氮比调至30∶1。一般认为，沼气发酵的原料中秸秆、青草和人、畜粪尿相互配合有利于持久产气，三者用量以1∶1∶1为宜。此外，加入$ZnSO_4$、牛粪、豆腐坊和酒坊的污泥对持久产气有良好的效果。加入1%的磷矿粉能增加产气量的25.8%。

在配料中添加一些污泥和老发酵池的残渣可起接种甲烷细菌的作用。如在发酵中酸度过高，还应加入原料干重的0.1%～0.2%的石灰或草木灰，以调节pH值，因为甲烷细菌最适pH值为6.7～7.6。

表 4-6 农村常用沼气发酵原料的碳氮比

原料名称	碳素占原料比例/%	氮素占原料比例/%	C/N值	原料名称	碳素占原料比例/%	氮素占原料比例/%	C/N值
鲜牛粪	7.3	1.29	25：1	鸡粪	25.5	1.63	15.6：1
鲜马粪	10.0	0.42	24：1	干麦草	46.0	0.53	87：1
鲜猪粪	7.8	0.60	13：1	干稻草	42.0	0.63	67：1
鲜羊粪	16.0	0.55	29：1	玉米秆	40.0	0.75	53：1
鲜人粪	2.5	0.85	2.9：1	树叶	41.0	1.00	41：1
鲜人尿	0.4	0.93	0.43：1	青草	14.0	0.54	26：1

注：表中数据为近似值。

(3) 沼气池中的水分与温度调节　甲烷细菌正常产气需要适宜的水分。要求水分与原料配合恰当，水分过多，发酵液中干物质少，产气量低；水分过少，发酵液偏浓，可能因有酸聚积而影响发酵，浓度过高也容易使发酵液面形成结皮层，对产气不利。一般干物质5%～8%为宜，加水时应将原料中的含水量计算在内。沼气发酵可分为高温型（适宜温度为50～55℃）、中温型（适宜温度为30～35℃）和低温型（适宜温度为10～30℃）三种。一般高温型的沼气发酵菌产气量比中温型和低温型多。由于沼气菌的产气状况与温度密切相关，所以要从建池、配料及科学管理多方面着手，控制好池温，保证正常产气。

(4) 接种甲烷细菌　新发酵池的使用初期，纤维分解菌和产酸菌等繁殖较快，产甲烷细菌繁殖慢，往往使发酵液偏酸，甚至造成长期不产气的严重现象。若接种甲烷细菌，能使发酵保持协调。试验表明：经接种产甲烷细菌的沼气池，在26℃条件下发酵，每立方米沼气池日产气0.47～0.48m^3，含甲烷71%～79.4%；而未经接种的沼气池，夏季每立方米沼气池日产沼气仅0.1～0.4m^3，含甲烷50%～60%。接种甲烷细菌的方法很多，新建池第一次投料时，事先将材料堆沤后再入池，或加入适量的老发酵池中的发酵液或残渣，也可加入5%的屠宰场或酒精厂的阴沟泥。老发酵池每次大换料时，至少应保留1/3的底脚污泥。

2. 沼气发酵肥的性质和施用

(1) 沼气发酵肥的性质　沼气发酵肥包括发酵液和残渣，两者分别占总肥量的86.8%和13.2%，其养分含量因投料的种类、比例和加水量的不同而有较大的差异（见表4-7）。

残渣是一种优质有机肥，C/N值小，含腐殖酸9.80%～20.9%（平均10.9%），氮磷钾等养分丰富，速效和迟效养分兼有（见表4-8）。其氮磷钾含量较一般堆沤肥高，湖北省农业科学院对100多个样品分析表明：残渣平均全氮为1.25%，全磷为1.90%，每吨沼渣相当于60kg硫酸铵，100kg过磷酸钙，25kg硫酸钾。

表 4-7 沼气发酵肥养分含量

项 目	残 渣			发 酵 液		
	河北省	四川省	江苏省	河北省	四川省	江苏省
全氮/%	0.5～1.2	0.28～0.49	0.5	—	—	0.065
碱解氮/（mg/kg）	430～880	—	—	—	0.011～0.09	—
铵态氮/（mg/kg）	—	—	—	—	—	—
速效磷/（mg/kg）	0.17～0.32	—	—	200～600	—	—
速效钾/%	—	—	—	20～90	—	—
C/N 比	50～300	—	12.4～19.4	400～1100	—	—

表 4-8 沼气发酵肥中的速效氮含量

处 理	残 渣		发 酵 液	
	速效氮/%	速效氮/全氮/%	速效氮/%	速效氮/全氮/%
麦秆＋青草＋猪粪	0.20	19.20.28-0.49	0.034	82.9
麦秆＋人粪	0.39	52.0	0.0645	85.5
稻草＋人粪	0.43	33.1	0.074	82.2

发酵液养分含量比残渣低，包含有各类氨基酸、维生素、蛋白质、赤霉素、生长素、糖类、核酸等，也发现有抗生素。这些物质种类多，但含量低，具体含量和比例与原料、发酵条件有关。这类物质中不少是属于“生理活性物质”，它们对作物生长发育具有调控作用。沼液中的抗生素类物质则能防治某些作物病害。在实践中，施用沼液的作物生长的特别好，从养分投入上分析很难解释，这必定与其中的生理活性物质与抗生素类物质有关。

（2）沼气肥的施用 沼渣可直接作基肥，适于各种作物和土壤。发酵液适宜做追肥。也可将两者混合后施用，作基肥或追肥均可。

沼气发酵肥的用量视作物、土壤和施肥方法而定。一般情况下，残渣和发酵液混合作基肥时，每公顷用量 24000kg，做追肥时约 18000kg；发酵液做追肥约需 3000kg。沼气发酵肥应深施盖土，一般开沟 6～8cm 深施或沟施，后覆土，可减少 NH_3 的损失。据试验，小麦追施发酵液 30～60t/hm^2，增产 8.6%～38.6%，且随施用量增加，产量有成倍增加趋势。发酵液还宜做根外追肥，适于多种作物。例如每公顷喷施 1125kg，小麦增产 11.8%，水稻增产 9.7%；果树、棉花喷施后，不仅果实大、产量高，还能防治病虫害。根外喷施前过滤或放置 2～3d 取上清液，以免堵塞喷雾器。

沼气发酵不仅能够解决农村环境卫生问题，还能提高有机生产系统中再生能源流动过程中的利用效率，产生生活能源，而且其产物可以作为一种农业生产资料，作为肥料、饲料和饵料，还可以用于作物浸种、防治作物病虫害、提高作物果品的产量和质量、农产品储存保鲜等。可以说，沼气建设是各种形式的农业生态工程的重要内容，在有机农业生态工程中，其意义更加重大，为解决有机生产的技术问题提供了一种非常好的办法。

第四节 不同作物的施肥技术

一、有机蔬菜生产中的土壤施肥

1. 施肥原则

即在培肥土壤的基础上，通过土壤微生物的作用来供给作物养分，要求以有机肥为主，辅以生物肥料，并适当种植绿肥作物培肥土壤。

2. 可选的肥料种类

① 农家肥，如堆肥、厩肥、沼气肥、绿肥、作物秸秆、泥肥、饼肥等。

② 生物菌肥，包括腐殖酸类肥料、根瘤菌肥料、磷细菌肥料、复合微生物肥料等。

③ 绿肥作物，如草木樨、紫云英、田菁、柽麻、紫花苜蓿等。

④ 有机肥，即动物排泄物如畜禽粪便、作物秸秆、饼肥、骨粉、泥炭等经堆制等过程制成的产品。

⑤ 其他有机生产产生的废料，如骨粉、氨基酸残渣、家畜加工废料、糖厂废料等。

3. 应注意的问题

① 人粪尿及厩肥要充分发酵腐熟，最好通过生物菌沤制，并且追肥后要浇清水冲洗。另外，人粪尿含氮高，在薯类、瓜类及甜菜等作物上不宜过多施用。

② 秸秆类肥料在矿化过程中易于引起土壤缺氧，并产生植物毒素，要求在作物播种或移栽前及早翻压入土。

4. 施用方法

有机蔬菜的栽培需要使用大量的有机肥料，以逐渐培养土壤优良的物理、化学性状，从而有利于蔬菜根系的生长以及微生物的繁殖。肥料可分为追肥和基肥两种。基肥在蔬菜种植前施用，一般野菜类蔬菜多在全园撒施后播种或定植，也可按行距条施后整地做畦，然后定植。基肥主要包括家畜粪、家禽粪、绿肥、豆饼以及工厂未经污染的有机废弃物。追肥一般使用于生长期较长的蔬菜，因固态肥料的肥效较缓，通常需要及时补充营养物质以满足其生理需要。追肥以液态有机肥为主，施用方法一般是将豆类或豆饼磨细后加水开沟施用。

有机农场的培肥管理所用的物质，如粗有机肥、细有机肥、土壤改良剂及有益微生物的适量供应，土壤才能逐渐有机化，微生物相也会逐渐获得改善，并可充分供应蔬菜作物所需要的养分。但养分的供应应视蔬菜种类而酌情调整：叶菜类氮肥宜多，而磷钾可以较少；果菜类和根茎类氮肥可以较少而磷钾宜多，不同蔬菜的需肥量如表 4-9 所列。

表 4-9　不同蔬菜经济产量 1000kg 的需肥量　　单位：kg

蔬菜种类	氮（N）	磷（P_2O_5）	钾（K_2O）	蔬菜种类	氮（N）	磷（P_2O_5）	钾（K_2O）
萝卜（鲜块根）	2.1～3.1	0.8～1.9	3.8～5.6	甜椒（鲜果）	3.5～5.4	0.8～1.3	5.5～7.2
甘蓝（鲜块根）	3.1～4.8	0.9～1.2	4.5～5.4	冬瓜（鲜果）	1.3～2.8	0.6～1.2	1.5～3.0
菠菜（鲜茎叶）	2.1～3.5	0.6～1.1	3.0～5.3	西瓜（鲜果）	2.5～3.3	0.8～1.3	2.9～3.7
茄子（鲜果）	2.6～3.0	0.7～1.0	3.1～5.5	大白菜（全株）	1.77	0.81	3.73
胡萝卜（鲜块根）	2.4～4.3	0.7～1.7	5.7～11.7	花菜（鲜花球）	7.7～10.8	2.1～3.2	9.2～12.0
芹菜（全株）	1.8～2.0	0.7～0.9	3.8～4.0	架豆（鲜果）	8.1	2.3	6.8
番茄（鲜果）	2.2～2.8	0.50～0.80	4.2～4.80	洋葱	2.7	1.2	2.3
黄瓜（鲜果）	2.8～3.2	1.0	4.0	大葱	3.0	1.2	4.0
南瓜（鲜果）	3.7～4.2	1.8～2.2	6.5～7.3				

引自：杜相革，董民．有机农业导论，2006，略有改动。

（1）基肥　基肥是在整地做畦播种或种植前施用，此时粗有机肥、细有机肥、符合标准要求的土壤改良剂及有益微生物都应使用。粗有机肥主要是由稻壳、稻草、花生壳、蔗渣、锯木屑、野草、树叶等纤维质含量较多资材，混合少量禽畜粪、油粕类或动物性废弃物并灌施一些有益微生物等制作，混合材料的多少常因人不同而又很大差异。

土壤改良剂有白云石粉、石灰石粉、消石灰、蛹壳粉、蛹壳灰等含钙镁资材；稻壳炭、木炭、活性炭、泥炭、腐殖酸等含炭及腐殖酸资材；海草精、鱼精、氨基酸、磷矿粉、海鸟磷肥、虾蟹壳粉等可提供特殊养分的资材；波动石、麦饭石、沸石等可以改良土壤电磁环境或提高阳离子交换能力的材料。

（2）追肥　追肥分土壤施肥和叶面施肥。对于种植密度大、根系浅的蔬菜可采用铺肥追肥方式，当蔬菜长至 3～4 片叶时，将肥料晾于制细，均匀撒到菜地内，并及时浇水。主要使用人粪尿及生物肥等。对于种植行距较大，根系较集中的蔬菜，可开沟条施追肥，开时不要伤断根系，将肥料撒到沟内，用土盖好后及时浇水。对于种植行株距大的蔬菜可采用开穴追肥方式。另外还应根据肥料特点及不同的土壤性质、不同的蔬菜种类和不同的生长发育期灵活搭配，科学施用，才能有效培肥土壤，提高作物产量和品质。土壤追肥主要是在蔬菜旺盛生长期结合浇水、培土等进行追施，叶面施肥可在苗期、生长期选取生物有机叶面肥，一般短期性蔬菜如小白菜、苋菜、菠菜等多数使用基肥即满足其全生长期的需要，不必要使用追肥，但使用基肥时必须注意依照蔬菜种类的不同，一次性施用足量的有机肥。一些长期性蔬菜特别是全期都需肥的蔬菜如瓜类、西瓜、萝卜、牛蒡等应时常使用追肥，方能得到理想的产量。追肥施用量必须视蔬菜种类和生长期的不同酌量调整，通常是将约为基肥施用量的1/5的有机肥，条施在地面距离蔬菜作物旁约10cm处，或撒施在一些较为长期性的果菜类根部距离至少约10cm以上。固态追肥最好选择雨后土壤潮湿时使用或于使用后酌量灌水，效果较快，如使用油粕类液肥，效果就很快。

二、有机果树生产中的施肥技术

水果主要由水和糖组成，与其他的农作物相比，从土壤里带走相对较少的营养物质，因此，大部分果树能通过在系统中使用绿肥管理和有机物覆盖及其在栽植前使用石灰等满足养分需求。

（一）一般施肥指导方针

有机肥料，尤其是没有堆沤的动物粪肥，应采取土壤混施避免氮挥发。粪肥应该在收获之前至少3个或4个月（取决于农作物类型）施入土壤。

可溶解的有机肥料，如鱼乳状液、海藻肥，适宜滴灌中使用，能快速提供补充养分。允许使用茶堆肥，对疾病控制也有效。茶堆肥的准备和使用限制要和认证机构的堆肥产品有机标准一致。大多数有机施肥计划把重心主要集中在补充氮上，因为农作物需要氮数量最大。根据农作物推荐使用标准，能计算有机土壤改良物质的比率，但是应注意许多肥料推荐意见仍然是建立在假定使用合成材料上。有机系统则不同，通常使用缓慢释放的肥料而且依赖生物活动分解成能被植物吸收的形式。

施用的厩肥里只有部分的氮在第一年对植物是有效的，其余的被储存而且逐渐地释放。为此生产者会在有机管理的第一年使用氮需要量的2倍，之后就会有较多氮从土壤有机质中释放出来。在一个成熟的有机农业系统中，应增加营养物质和有机物质，以便维持、补充且在土壤中建立营养物质的储存库。当以氮为基础计算肥料时，栽培者需要估计豆类绿肥和/或覆盖物的贡献值。适当施肥而且接种的地下苜蓿绿肥，在“活的覆盖”（living mulch）系统中每年每英亩（1英亩=6.07亩）能固定100～200磅氮，这要取决于种植日期、天气和刈割情况，其他的豆类绿肥可能生产同样多或者更多的氮。

全部考虑肥料分析结果，当肥料不能平衡满足农作物需要时，单独以氮量计算肥料使用数量会引起问题。例如，重复使用磷酸盐含量非常高的家禽粪肥，会导致农作物污染和锌缺乏。这些问题通过定期监测和调整肥料选择及比例可以避免。

确定肥料是否充足最可靠的方法是田间观察和土壤或组织测定。产量低、树叶颜色不正常、植株生长差，可能是营养不平衡或缺乏所导致的。在大多数果树上，一般枝条伸长缓慢表明缺乏氮。越橘树新叶片叶脉间出现黄色，通常显示植株正在遭受铁缺乏。某些苹果品种上的粗皮病则表明是土壤中锰过量。叶分析测定树叶营养含量可以很好地在症状出现之前鉴定营养的缺乏或过度，因为叶片养分分析是衡量植株的实际表现，它比土壤测试有用，土壤分析只测量土壤中有什么，可能对植物是有效的，也可能对植物是无效的。每年度的叶片分析通常是提供调整补足氮肥的最好指导。

（二）具体的施肥方法

根据不同的果树种类施用不同的肥料及用量，具体的需要量见表 4-10。

表 4-10　不同作物经济产量 1000kg 的需肥量　　单位：kg

作物种类	氮（N）	磷（P_2O_5）	钾（K_2O）	作物种类	氮（N）	磷（P_2O_5）	钾（K_2O）
柑橘	6.0	1.1	4.0	柿	5.9	1.4	5.4
梨	4.7	2.3	4.8	葡萄	6.0	3.0	7.2
苹果	3.0	0.8	3.2	草莓（鲜果）	3.1～6.2	1.4～2.1	4.0～8.3
桃	4.8	2.0	7.6				

注：引自：杜相革，董民．有机农业导论．北京：中国农业大学出版社，2006，略有改动。

有机果品生产可以施用：各种绿肥作物；残株、杂草或落叶及其所制成的堆肥；豆粕类或米糠；木炭、竹炭或草木灰；制糖工厂的残渣（甘蔗渣、糖蜜等）；未经化学或辐射处理的腐熟木质材料（树皮、锯木屑、木片）；海藻；植物性液肥；泥炭、泥炭苔；畜禽粪堆肥；骨粉、鱼粉、蛋壳及海鸟粪；磷矿粉、蛭石粉及珍珠、石粉。

深翻与施肥时期，以 8 月中下旬至 9 月上中旬为最佳时期。从施肥角度看，此时施肥可有效增加果树的储存营养，保证树体安全越冬和翌年开花坐果。从立地条件看，正值秋高气爽，温度较高，果树光合作用较强，根系处于生长的第三次高峰期或第二次高峰期，土壤温湿度较适宜，微生物活动较旺盛，施入的有机肥有充分的腐解时间，有利于果树根系的吸收利用。有机果品生产要求不施化肥，只能选择含磷多的有机肥，就我国现有的有机肥来源看，鸡鸭粪是富磷的，鸡粪的氮磷钾含量分别是 1.63%、1.54%、0.85%，鸭粪为 1.10%、1.40%、0.62%，在定植时和定植后的头两年深翻扩穴时，应选用鸡鸭粪。

加州海岸的有机苹果栽培者大多数年份只种植裸麦或者其他草本绿肥，因为豆科绿肥本身会固定足够量的氮素，如果再施肥的话，则可能导致果树的过度生长，带来较多的修剪工作，而且减少果实产量。栽培者通过叶片养分分析和土壤分析检测氮水平，然后管理土壤覆盖物。

三、粮油类作物的培肥技术

1. 大豆

（1）肥料种类　以施充分发酵腐熟的有机粪肥为好，也可以施用以秸秆、落叶、湖草、泥炭、绿色植物为主的堆肥、绿肥，或施用经过认证许可在有机产品生产中使用的肥料，如吉昌牌有机肥、绿农肥、生物肥料等，但不能使用转基因肥料。

（2）施肥数量　腐熟的有机粪肥的施用量应在每公顷 30t 以上，如施商品有机肥，则要达到每亩 40kg 以上，并配合施用农家肥。

（3）施肥时间　农家肥在秋整地时撒于地表，随整地时与土壤拌匀，有机肥在秋季或春季起垄时施入总量的 70%，其余 30%在播种时施入。

2. 水稻

施底肥要质量足，可施 $(2.25\sim3.0)\times10^4$ kg/hm^2 发酵好的有机堆肥，施入要均匀，不能积堆，以免烧苗，底肥的主要品种有堆肥、沤肥；返青后，施入有机肥作分蘖肥；晒田复水后，每亩施腐熟饼肥 80kg，草木灰 50kg 做穗肥。

3. 小麦

小麦施肥方法，可分基肥、种肥和生育期间田间管理的追肥。在这些环节中，应当重视基肥和种肥。充分腐熟的厩肥、牛羊粪、猪粪、鸡粪、兔粪等，经压碎过筛后，均可以作种肥施用。由于农家肥含有较多的有机质，能改良土壤，培肥地力，可与小麦种子拌种施用。

（1）正确计划施肥量从实现高产、稳产、低成本的要求出发，确定施肥量主要应根据产量水平、土壤供肥、肥料养分含量及其利用率而定，可参考下列公式计算：

满足某元素需要量＝土壤当季供应量＋农肥当季供应量＋其他肥料当季供应量

土壤当季供应量＝土壤中某元素的速效养分含量（mg/kg）×0.15（表层 20cm 土层重约 15×10^4 kg）

农肥当季供应量＝农肥施用量×农肥含某元素百分率×当季利用率

其他肥料当季供应量＝化肥施用量×化肥含某元素百分率×当季利用率

西南各省麦地肥力，差异很大，由于施肥技术不同，肥料利用率也有区别。一般来说，有机肥当季利用率约 20%～25%，氮素化肥 50%～70%（碳酸氢铵在 40%～50%以下），磷肥 15%～30%，钾肥 50%～70%。

（2）各种肥料与养分相互配合在肥料种类中，有机肥含有机质多，能够改良土壤，这是它最突出的特点，因此为了培肥地力，达到持续高产，积极开辟肥源，不论在哪种土壤的施肥上，都要保证有机肥占有一定的比重。

思考题

1. 有机农业土壤培肥的原则是什么？
2. 有机肥的种类有哪些？施用过程中有哪些注意事项？
3. 堆肥和沼气肥的制作技术要点是什么？
4. 有机农业的土壤培肥与常规农业的不同点是什么？

参考文献

[1] 杜相革，董民主编．有机农业导论．北京：中国农业大学出版社，2006.
[2] 陈声明，林海萍等编著．有机农业及其源头产品．北京：中国环境科学出版社，2004.
[3] 吴大付，胡国安主编．有机农业．北京：中国农业科学技术出版社，2007.
[4] 邓海春，有机苹果的栽培技术．甘肃科技，2008.
[5] 鲁如坤．土壤——植物营养学原理和施肥．北京：化学工业出版社，1998.

第五章 有机农业的植物保护

有机农业生产开展病虫害防治，首先需要了解有机农业的原则、病虫害防治的核心，掌握病虫害防治的原理和防控措施，根据有害生物发生发展的规律和为害的特点，找出其薄弱环节，按照“预防为主，综合防治”的植保方针，利用栽培技术和生物资源，采取农业、生物和物理措施进行综合防治。

第一节 基本原则与防治方法

一、有机生产中植物保护的原则

有机农业生产开展病虫害防治，首先需要了解有机农业的原则、病虫害防治的核心，掌握病虫害防治的原理和防控措施，根据有害生物发生发展的规律和为害的特点，找出其薄弱环节，按照“预防为主，综合防治”的植保方针，利用栽培技术和生物资源，采取农业、生物和物理措施进行综合防治。

可持续植物保护是有机农业病虫害防治的核心，可持续发展的理念为有机农业植物保护提供认识和理论基础，又为有机农业病虫害防治措施的安排与选择提供了基本要求。

（1）协调发展

协调发展是可持续植物保护理念的基本原则。在有机农业植物生产过程中，不使用化学农药和肥料、无残留的、不使用转基因生物及其衍生物是有机农业的主要特征，例如：植物生长剂、生物农药等。有机农业生产方式既可提供健康营养的高质量安全食品——有机食品，推动社会生活质量的提高，同时也可以保护和改善环境和土地，保持生态环境的平衡。

（2）生态平衡

可持续发展理念强调生态平衡，可持续的有机农业植物保护体现为：最大限度地发挥种群之间的生态关系，综合和辩证地运用多种控制手段，因地、因时制宜，经济、安全、有效地进行辩证调节，将有害生物控制在阈值之下，保证环境质量、生态稳定、动植物生产力以及社会经济的协调。充分认识到天敌对害虫的调控作用也是可持续植物保护的重要理念，并充分保护和助长这种控制作用。

（3）综合治理

利用病虫害防治的阈值原理是有机农业植物保护的“黄金规则”，即：只有当有害生物数量增大到一定程度，超过一定的阈值，估计由它导致的经济损失大于防治所付出的成本，才采取防治措施，在生产中如果出现不显著的病虫密度，将容忍这种情况出现。有机农业的病虫害综合治理需体现“最优化原则”，即：有效地综合各种非化学措施，以最优化的组合、最低的成本投入达到最佳的病虫害治理效果，同时保护生物资源和环境，保证农业生态的永续利用。有机农业病虫害的防治应考虑生物的、物理的、植物育种的以及农业栽培技术的综合治理措施，如选择抗性作物及品种、科学的种植制度、土肥水合理管理、保护益虫天敌、物理方法控制病虫草害等，最后才按规定使用特定的产品防治病虫。

（4）物种多样性

生态系统的稳定性直接依赖于系统结构的复杂程度以及系统内物种的多样性，多样性越高，稳定性越大。多样的物种之间相互依存和制约，形成一种缓冲和调节的兼容机制，使系统产生较强的自净和抗干扰能力，基因的异质互作也有利于提高系统的抗病、抗虫能力。可持续的有机农业植物保护的主旨是：尽量保护和增加有机农业系统的多样性，进而达到“无为而治”的效果。不使用化学农药，保护非靶标昆虫，可以有效地控制病虫的发生。

（5）规范操作

规范操作是落实可持续植物保护理念的基本保证。有机农业生产应严格按照《有机产品生产和加工认证规范》里收录的可以安全使用的农药等产品，同时需要准确按照规范进行操作使用。原则上未收录物质意味着不允许使用。多数农药的使用必须获得认证及监控机构的同意。

（6）全程监控的理念

有机农业监控是为了切实实现有机植物的保护，为有机农产品的安全和质量提供保障，对农业内部的基本管理制度以及认证机构进行有效监控。

在有机农业植物的生产过程中对肥料、农药等可能影响植物安全的投入物设置专门的机构管理，对农事活动的整个过程进行记录、分析。针对有机农产品设置编码系统，借助编码系统不仅仅了解各个生产环节和各个生产批次的基本情况，而且还要对有机植物保护的使用情况进行及时有效的监控，从而实现有机植物全程监控的理念。

二、农作物的植物保护分类

农作物的植物保护主要包括病害、虫害和草害的控制三个部分。

1. 病害防治

病害分为侵染性病害和非侵染性病害。侵染性病害是农作物在一定环境条件下受病原物侵染而发生的。防治措施必须从三方面考虑：培育和选用抗病品种，提高农作物对病害的抵抗力；防止新的病原物传入，对已有的病原物或消灭其越冬来源，或切断其传播途径，或防止其侵入和侵染；通过栽培管理创造一个有利于农作物生长发育而不利于病原物生长发育的环境条件。非侵染性病害（生理性病害）是由不良环境条件影响引起的。因此，防治措施是消除不良环境条件，或增强农作物对不良环境条件的抵抗能力，消除诱发病害的原因。

2. 虫害防治

一种害虫的大量发生和严重为害，一定有大量害虫来源，有适宜的寄主和适合的环境条件。害虫防治措施的原则是：防止外来新害虫的侵入，对本地害虫或压低虫源基数，或采取有效措施把害虫消灭于严重为害之前；培育和种植抗虫品种，调节农作物生育期避开害虫为害盛期；改善农作物生态系统和改变农作物生物群落，恶化害虫的生活环境。

3. 草害防治

有机农业禁止使用任何除草剂。因此，除草应以农业方法和物理方法为主，如播种或移栽前，通过改善土壤湿度，创造有利于杂草快速萌发的条件，使杂草在较短时间内萌发，结合整地消灭杂草；田间使用有色地膜覆盖，不利于杂草种子萌发；农作物生长过程中，发现杂草，及时拔除，或结合中耕，消灭杂草。

第二节 植物病害防治原理和技术

植物发生病害是因为受到病原生物或环境因素的连续刺激导致寄主细胞核组织的机能失常，在外形上、生理上、生长上和整体完整性上出现异常变化，形成一定的症状表现。

一、植物病害的分类

植物病害的分类按寄主植物的种类分为小麦病害、玉米病害、蔬菜病害、果树病害等；按发病部位分叶部病害、根部病害等；按生育阶段分幼苗病害、成株病害等；按病原类型分侵染（传）性病害和非染（传）性病害或生理性病害，侵染（传）性病害是由病原生物引起，又可分为真菌病害、细菌病害、病毒病害、植原体病害、线虫病害等，非染（传）性病害或生理性病害是由不适宜的物理和化学因子等造成；按传播方式植物病害可分为气传病害、土传病害、种传病害等。

二、植物病害的病原和症状

（一）病原

病原是植物发生病害的原因，可以分为两大类：一类是非生物因素，即非生物（非传染性）病原；另一类是生物因素，即生物（传染性）病原。

（1）非生物病原

非生物（非传染性）病原主要有：营养元素供应失调，缺乏（缺素）或过盛（中毒）；水分供应失调，缺少（干旱）或过多（水涝）；温度出现失常，过低（冻害）或过高（日灼）；有害物质或有害气体、大气污染、金属离子中毒、农药中毒；土壤或灌水含盐碱较多、土壤酸碱度不适；光照不足或过强；缺氧、栽培措施不适等。

（2）生物病原

生物（传染性）病原主要有真菌、细菌、病毒、植原体、线虫等。

（二）症状

植物生病后所表现的病态称为症状，其中，把植物本身的不正常表现称为病状，把有些病害在病部可见的一些病原物结构（营养体和繁殖体）称为病征。凡是植物病害都有病状，真菌和细菌所引起的病害有比较明显的病征，病毒和植原体等由于寄生在植物细胞和组织内，在植物体外无表现，因此它们引起的病害无病征；植物病原线虫多数在植物体内寄生，一般植物体外也无病征，但少数线虫病在植物体外有病征，非传染性病害没有病征。

病状类型主要包括下面几种。

（1）变色

植物生病后发病部位失去正常的绿色或表现出异常的颜色称为变色。变色主要表现在叶片上，全叶变为淡绿色或黄色的称为褪绿，全叶发黄的称为黄化，叶片变为黄绿相间的杂色称为花叶或斑驳，如黄矮病、花叶病等。

（2）坏死

植物发病部位的细胞和组织死亡称为坏死。斑点是叶部病害最常见的坏死症状，叶斑根据其形状不同有圆斑、角斑、条斑、环斑、网斑、轮纹斑等，叶斑还可以有不同的颜色，如红褐（赤）色、铜色、灰色等。坏死类是植物病害的主要病状之一。

（3）腐烂

是指寄主植物发病部位较大面积的死亡和解体，植株的各个部位都可发生腐烂，幼苗或多肉的组织更容易发生。含水分较多的组织由于细胞间中胶层被病原菌分泌的胞壁降解酶分解，致使细胞分离，组织崩解，造成软腐或湿腐，腐烂后水分散失，成为干腐。根据腐烂发生的部位，分别称为芽腐、根腐、茎腐、叶腐等。

（4）萎蔫

植物因病变而表现失水状态称为萎蔫。可由各种原因引起，茎基坏死、根部腐烂或根的生理功能失调都会引起植株萎蔫，但典型的萎蔫是指植株根和茎部维管束组织受病原物侵害造成导管阻塞，影响水分运输而出现的凋萎，这种萎蔫一般是不可逆的。萎蔫可以是全株性的或是局部的，如多种作物的枯萎病、青枯病等畸形，植物发病后可因植株或部分细胞组织的生长过度或不足，表现为全株或部分器官的畸形。有的植株生长的特别快而发生徒长；有的植株生长受到抑制而矮化，例如，植物的根癌（冠瘿）病、小麦黄矮病等。

病原物在病部表现的病征类型主要包括以下几种。

（1）霉状物

病原真菌的菌丝体、孢子梗和孢子在病部构成的各种颜色的霉层。霉层是真菌病害常见的病征，其颜色、形状、结构、疏密程度等变化很大，可分为霜霉、青霉、灰霉、黑霉、赤霉、烟霉等，如霜霉病、青霉病、灰霉病、赤霉病等。

（2）粉状物

某些病原真菌一定量的孢子密集在病部产生各种颜色的粉状物，颜色有白粉、黑粉等。如白粉病所表现的白粉状物，黑粉病在发病后期表现的黑粉等。

（3）锈状物

病原真菌中锈菌的孢子在病部密集所表现的黄褐色锈状物，如锈病。

（4）点（粒）状物

某些病原真菌的分生孢子器、分生孢子盘、子囊壳等繁殖体和子座等在病部构成的不同大小、形状、色泽（多为黑色）和排列的小点，例如炭疽病病部的黑色点状物。

（5）线（丝）状物

某些病原真菌的菌丝体或菌丝体和繁殖体的混合物在病部产生的线（丝）状结构，如白绢病病部形成的线（丝）状物。

（6）脓状物（溢脓）

病部出现的脓状黏液，干燥后成为胶质的颗粒，这是细菌性病害特有的病征，例如，细菌性萎蔫病病部的溢脓。

三、植物病害的发生及诊断技术

（一）发病条件

植物病害是在外界环境条件影响下植物与病原相互作用并导致植物发病的过

程，因此，影响病害发生的基本因素有病原、感病寄主和环境条件。在侵染性病害中，具有致病力的病原物的存在及其大量繁殖和传播是病害发生的重要原因。

感病寄主的存在是植物病害发生发展的重要因素之一，因此，消灭或控制病原物的传播、蔓延是防治植物病害的一个重要因素，植物作为活的生物，对病害必然也有抵抗反应，这种病原与寄主的相互作用决定着病害的发生与否和发病程度，因此，有病原存在，植物不一定发病。病害的发生取决于植物抗病能力的强弱，如果植物抗病性强，即使有病原存在，也可以不发病或发病很轻。所以，栽培抗病品种和提高植物的抗病性，是防治植物病害的主要途径之一。

植物病害的发生还受到环境条件的制约，环境条件包括立地条件（土壤质地和成分、地形地势、地理和周边环境等）、气候、栽培等非生物因素和人、害虫、其他动物及植物周围的微生物区系等生物因素。环境条件一方面影响病原物，促进或抑制其发生发展；另一方面也影响寄主的生长发育，影响其感病性或抗病性，因此，只有当环境条件有利于病原物而不利于寄主时，病害才能发生发展；反之，当环境条件有利于寄主而不利于病原物时，病害就不发生或者受到抑制。

综上所述，病原、感病寄主和环境条件是植物病害发生发展的三个基本要素，病原和感病寄主之间的相互作用是在环境条件影响下进行的，这三个要素的关系，被称为植物病害的三角关系。此外，人类的生产和社会活动也对植物病害的发生有重要的影响，生物在长期的进化过程中经过自然选择呈现一种平衡、共存的状态，植物和病原物也是这样。不少病害的发生是由于人类的活动打破了这种自然生态的平衡而造成的，如耕作制度的改变、作物品种的更换、栽培措施的变化、没有严格检疫情况下境内外大量调种而造成人为引进了危险性病原物等。由此可见，在植物病害发生发展过程中，人的因素是重要的，因而有人提出植物病害的四角关系，即除病原、感病寄主和环境条件外，再增加人的因素。实际上，在植物病害的发生发展中病原与植物是一对矛盾，其他因素都是影响矛盾的外界条件，人的因素只是外界环境条件中比较突出的因子而已。从这一观点出发，植物病害发生的基本因素还是病原、感病寄主和环境条件。防治植物病害必须重视环境条件的治理，使其有利于植物抗病性的提高，而不利于病原的发生和发展，从而减轻或防止病害的发生。

（二）病原物的来源

病原物在生长季之后，要度过寄主成熟收获后的一段时间或休眠期，即所谓病原物的越冬和越夏。病原物的越冬场所也就是寄主植物在生长季节内的初侵染来源，大部分的寄主植物冬季是休眠的，同时冬季气温低，病原物一般也处于不活动状态，因此，病原物的越冬问题，在病害研究和防治中就显得更加重要，此时及时消灭越冬的病原物，对减轻下一季节病害的严重度有着重要的意义。病原物越冬或越夏有以下几个场所。

（1）田间病株

在寄主内越冬或越夏是病原物的一种休眠方式。对于多年生植物，病原物可以在病株体内越冬，其中，病毒以粒体，细菌以细胞，真菌以孢子、休眠菌丝或休眠组织（如菌核、菌索）等在病株的内部或表面度过夏季和冬季，成为下个生长季节的初侵染来源。

（2）种子、苗木和其他繁殖材料

种子携带病原物可分为种间、种表和种内三种，了解种子带病的方式对于播种前进行种子处理具有实践意义。使用带病的繁殖材料不但植株本身发病，而且是田间的发病中心，可以传染给邻近的健株，造成病害的蔓延。此时，还可以随着繁殖材料远距离的调运，将病害传播到新的地区。

（3）病株残体

绝大部分非专性寄生的真菌、细菌都能在病残体中存活一定时间，病原物在病株残体中存活时间较长的主要原因，是由于受到了植株残体组织的保护，增加了对不良环境因子的抵抗能力。当寄主残体分解和腐烂后，其中的病原物也逐渐死亡和消失。因此，加强田间卫生，彻底清除病株残体，集中烧毁或采取促进病残体分解的措施，都有利于消灭和减少初侵染来源。

（4）土壤

土壤也是多种病原物越冬或越夏的主要场所。病株残体和病株上着生的各种病原物都很容易落到土壤里成为下一季的初侵染来源。其中，专性寄生物的休眠体，在土壤中萌发后如果接触不到寄主就很快死亡，因而这类病原物在土壤中存活期的长短和环境条件有关。土壤温度比较低，而且土壤比较干燥时，病原物容易保持它的休眠状态，存活时间就较长；反之则短。另外，有些寄主性比较弱的病原物，它们在土壤中不但能够保存其生活力，而且还能够转入活跃的腐生生活，飞到土壤里大量生长繁殖，增加了病原体的数量。

（5）肥料

病原物可以随着病株残体混入肥料或以休眠组织直接混入肥料，肥料如未充分腐熟，其中的病原体就可以存活下来。

根据病害的越冬或越夏的方式和场所，我们可以拟定相应的消灭初侵染来源的措施。

（三）病原物的侵入途径

侵入途径即病原物进入寄主植物的路径，病原物的种类不同其侵入途径也不同。侵入途径主要有以下几种类型。

（1）直接侵入

从寄主表皮直接侵入，线虫和一部分真菌具有这种侵入途径。例如，白粉菌的分生孢子和锈病的担孢子发芽后都可以直接侵入。

（2）自然孔口侵入

植物体表的自然孔口有气孔、皮孔、水孔、蜜腺等，部分真菌细菌可以通过自然孔口侵入。

（3）伤口侵入

植物表皮的各种伤口如剪伤、锯伤、虫伤、碰伤、冻伤等形成的伤口都是病原物侵入的途径。在自然界中，寄生性较弱的真菌和一些病原细菌往往由伤口侵入，而病毒只能从轻微的伤口侵入。

真菌的侵入途径包括直接穿过寄主表皮层、自然孔口和伤口三种方式。但是，各种真菌的侵入途径不完全一致，从寄主表皮直接侵入的真菌和从自然孔口侵入的真菌，一般寄生性都比较高，如霜霉菌、白粉菌等；从伤口侵入的真菌很多都是寄生性较弱的真菌，如镰刀菌等。

真菌大都是以孢子萌发后形成的芽管或菌丝侵入。典型的步骤是：孢子的芽管顶端与寄主表面接触时膨大形成附着器，附着器分泌黏液将芽管固着在寄主表面，然后附着器产生较细的侵染丝侵入寄主体内。无论是直接侵入或从自然孔口、伤口侵入的真菌都可以形成附着器，其中，以从角质层直接侵入和从自然孔口侵入比较普遍，从伤口侵入的绝大多数不形成附着器，而以芽管直接从伤口侵入。从表皮直接侵入的病原真菌，其侵染丝先以机械压力穿过寄主植物角质层，然后通过作用分解细胞壁而进入细胞内。真菌不论是从自然孔口侵入还是直接侵入，进入寄主体内后，孢子和芽管里的原生质随即沿侵染丝向内输送，并发育成为菌丝体，吸取寄主体内的养分，建立寄生关系。

细菌缺乏直接穿过寄主表皮角质层侵入的能力，其侵染途径只有自然孔口和伤口两种方式。其细胞个体可以被动地落到自然孔口里或随着植物表面的水分被吸进孔口，有鞭毛的细菌靠鞭毛的游动也能主动侵入。从自然孔口侵入的植物病原细菌，一般都有较强的寄生性，如黄单胞杆菌属（Xanthomonas）和假单胞杆菌属（Pseudomonas）的细菌；寄生性较弱的细菌则多从伤口侵入，如欧氏杆菌属（Erwinia）和土壤杆菌属（Agrobacterium）的细菌。

病毒缺乏直接穿过寄主表皮角质层侵入和从自然孔口侵入的能力，只能从伤口与寄主细胞原生质接触来完成侵入。由于病毒是专性寄生物，所以，只有在寄主细胞受伤但不丧失活力的情况下（即微伤）才能侵入，由害虫传播入侵也是从伤口侵入的一种类型。

病原物侵入寄主所需的时间与环境条件有关，但是一般不超过几小时，很少超过24h。湿度和温度是影响病原物侵入的重要环境条件。湿度对侵入的影响包括对病原物和寄主植物两方面的影响，大多数真菌孢子的萌发、游动孢子的游动，细菌的繁殖以及细菌细胞的游动都需要在水滴里进行，因此，湿度对侵入的影响最大。植物表面不同部位不同时间内可以有雨水、露水、灌溉水和从水孔溢出的水分存在，其中，有些水分虽然保留时间不长，但足以满足病原物完成侵入的需要。一般来说，湿度高对病原物（除白粉菌以外）的侵入有利，而使寄主植物抗侵入的能力降低。在高湿度下，寄主越伤组织形成缓慢，气孔开张度大，水孔泌水多而持久，保护组织柔软，从而降低了植物抗侵入的能力。湿度能影响真菌孢子的萌发和侵入，而温度则影响孢子萌发和侵入的速度。各种真菌的孢子都具有其最高、最适及最低的萌发温度，在适宜的温度下，萌发率高、所需的时间短、形成的芽管长；超过最适温度越远，孢子萌发所需要的时间越长，如果超出最高和最低的温度范围，孢子便不能萌发。

一般来说，在病害能够发生的季节里，温度一般都能满足侵入的要求，而湿度条件变化较大，常常成为病害侵入的限制因素。病毒在侵入时，外界条件对病毒本身的影响不大，而与病毒的传播和侵染的速度等有关。例如，干旱年份病毒病害发生较重，主要是由于气候条件有利于传毒害虫的活动，因而病害常严重发生。

（四）病原物的传播方式

在植物体外越冬或越夏的病原物，必须传播到植物体上才能发生初侵染；在最初发病植株上繁殖出来的病原物，也必须传播到其他部位或其他植株上才能引起再侵染；此后的再侵染也是靠不断的传播才能发生；最后，有些病原物也要经过传播才能达到越冬、越夏的场所。可见，传播是联系病害循环中各个环节的纽带。防止病原物的传播，不仅使病害循环中断，病害发展受到控制，而且还可以防止危险性病害发生区域的扩大。

病原物的传播方式包括主动传播和被动传播。有些病原物可以通过自身的活动主动地进行传播。例如，许多真菌具有强烈放射其孢子的能力，一些真菌能产生游动孢子，具有鞭毛的病原细菌也能游动，线虫能够在土壤中和寄主上爬行。但是病原体自身放射和活动的距离有限，只能作为传播的开端，一般都还需要依靠媒介把它们传播到距离较远的植物感病点上。除了上述主动传播外，病原物主要的自然传播或被动传播的方式有以下几种。

（1）风力传播（气流传播）

在病原物的自然传播中，风力传播占着主要的地位可以将真菌孢子吹落；散入空中做较长距离的传播，也能将病原物的休眠体、病组织或附着在土粒上的病原物吹送到较远的地方。特别是真菌产生孢子的数量大，孢子小而轻，更便于风力传播。

风力传播的距离较远，范围也较大，但不同的病害由于其病原体的特性不同，传播的距离也有不同。细菌和病毒不能由风力直接传播，但是带细菌的病残体和带病毒的害虫是可以通过风力传播的，这种属于间接传播。及时喷药、种植抗病品种、通过栽培措施提高寄主抗病性等是防治风传病害的基本途径。

（2）雨水传播

雨水传播病原物的方式是十分普遍的，但传播的距离不及风力远。真菌中炭疽病菌的分生孢子、球壳孢目的分生孢子以及许多病原细菌都黏聚在胶质物内，在干燥条件下都不能传播，必须利用雨水把胶质溶解，使孢子和细菌散入水内，然后随着水流或溅散的雨滴进行传播。此外，雨水还可以把病树上部的病原物冲洗到下部或土壤内，或者借雨滴的反溅作用，把土壤中的病菌传播到距地面较近的寄主组织上进行侵染。雨滴还可以促使飘浮在空气中的病原物沉落到植物上。因此，风雨交加的气候条件，更有利于病原物的传播。土壤中的病原物还能随着灌溉水传播。防治雨水传播的病害主要是消灭初侵染的病原菌，灌溉水要避免流经病田。

（3）害虫传播

有许多害虫在植物上取食和活动，成为传播病原物的介体。主要介体害虫是同翅目刺吸式口器的蚜虫和叶蝉，其次有木虱、粉蚧等，有少数病毒也可通过咀嚼式口器的害虫传播。害虫传播与病毒病害和植原体病害关系最密切，一些细菌也可以由害虫传播，但与真菌的关系较小。

害虫传毒有不同的专化性，各类型的害虫传播病毒的能力有显著的差别，有的能传播多种病毒，如桃蚜可传播 50 种以上的病毒；有的专化性很强，只能传播个株系。害虫传播病毒的期限主要由病毒的性质决定，同一种虫媒传染不同的病毒，传毒的期限是不同的。根据病毒在虫体内的持续时间，传毒害虫一般可分为两大类，即持久性的和非持久性的。持久性传毒的害虫获得病毒后要经过一定的时间后才能传毒，但虫媒一旦有传毒能力就能保持终身传毒，有些虫媒还可以把病毒传给后代。持久性传毒害虫的传毒时间较长（1 天以上），持久性传毒的害虫主要是叶蝉，也有少数是蚜虫；非持久性传毒的害虫在获得病毒后能立即把病毒传给健株，但病毒在害虫体内不能持久，在很短的时间内即失去其传毒能力，由蚜虫传播的病毒大部分属于这一类型，即大多数是汁液传染的病毒。害虫不仅是病原物的传播者，同时还能造成伤口，为携带者的病原物开辟了侵入的道路。对于害虫传播的病害，如病毒病，防治害虫实际上就是一种防治病害的有效措施。

（4）人为传播

人类在各种农事操作中，常常无意识地帮助了病原物的传播，如在农事操作中，手和工具很容易直接成为传播的动力，将病菌或带有病毒的汁液传播。

没有明显的病症，就要通过保湿培养来诱导病症的产生，或从发病部位用分离培养的方法分离纯化病原菌，观察菌落特征，并通过显微镜检查菌丝形态、孢子形态等，参考有关的资料做出鉴定。对于细菌性病害，要取一小块发病部位与健康部位交界处的组织，放在载玻片上的无菌水滴中，加盖玻片后在显微镜的低倍镜下用暗视野视察，如果组织中有雾状物流出（菌溢），就是细菌性病害，如果要确定是哪一种细菌，就要通过复杂的分离培养和生理生化鉴定。对于病毒病害，除了观察其症状外，还要通过观察病组织细胞内的内含体形态、接种鉴别寄主植物和血清学反应等方法来确定具体的病毒种类。对于线虫性病害，要剖开病组织，放在带有凹穴的载玻片上的水滴中，在解剖镜下观察线虫的形态特征，要注意植物病原线虫是寄生性的，口腔内有口针。

对于新病害的病原物鉴定，要遵守柯赫氏法则，要对病原物进行分离纯化，然后回接到原寄主植物上获得与田间原有症状相同的症状来证明其有致病性。但是对于专性寄生（不能人工培养）的病原物还不能进行分离培养，不能获得纯培养物进行回接，也有些病原物还没有找到成功的接种方法使寄主植物发病，因此，无法证明其有致病性。

四、有机农业的植物病害防治

（一）植物病害防治方法的选择

1. 原则

首先，植物病害的发生是由病原物——寄主植物——环境条件（侵染性病害）或寄主植物——环境条件（非侵染性病害）之间相互作用的结果，所以，防治方法也要针对三个（侵染性病害）或两个（非侵染性病害）方面来选择。侵染性病害的发生涉及到寄主植物——病原生物——环境三者之间的关系；非侵染性病害或生理性病害涉及植物和环境二者之间的关系，进而在防治思路上要从病三角或病二角出发，对于侵染性病害要创造有利于植物而不利于病原生物的环境，提高植物的抗性，尽量减少病原生物的数量，最终减少病害的发生；对于非侵染性病害或生理性病害就是要营造有利于植物生长发育的环境，保持和提高植物的抗病性，从而减少植物的损失。一定要改变对侵染性病害的防治，主要针对病原物选择防治方法的观念。第二，植物病害的防治方法很多，要针对病害发生的三个或两个因素选取多种方法配合使用，扭转“植物保护就是喷洒农药”的错误概念。第三，植物病害的发生有一个发生发展过程，只有表现出明显症状时才容易被发现，而且往往到了显症之后就很难控制了。所以，病害的防治一定要根据不同时期病害发展的特点和弱点选择适当的方法，而且要进行整个生产过程的防治，即产前、产中和产后相结合，特别要抓前期的防治，达到事半功倍的效果，避免前期不预防，病害高峰时各种农药一起喷，结果浪费了大量的人力物力和财力，既没有收到应有的防治效果又破坏了环境。第四，新的植物病害防治观念是植物病害的综合治理，即不是将将病原菌消灭的干干净净，而是将其控制到一定数量以下，使之不能造成经济损失。

2. 方法选择

（1）阻止病原物接触寄主植物的方法

植物检疫：在生产过程的最前期——种子、苗木或其他无性繁殖材料的调运时使用，禁止调入时使用，禁止带病材料。

农业措施，使用无病原物的种子、苗木和其他无性繁殖材料；选择适合的播期、田块的位置或适当间作，使病原物因找不到敏感期的寄主或因寄植物离得太远而无法接触。

（2）减少病原物数量的方法

农业措施，对于已经带菌的土壤，防治土传病害就要用轮作的方法换种病原菌的非寄主植物，使土壤中的病原菌因没有合适寄主饥饿而减少至侵染数限以下；用透明的塑料薄膜覆盖在潮湿的土壤上，在晴天可以获得太阳能，提高土温杀伤土壤中的病原物；控制灌水和良好的排灌条件可以减轻真菌性的根部病害和线虫病害；在田间一旦发现个别病株，一定要铲除掉，防止由此传染更多的植株；加强栽培管理，通过控制水、肥、温、湿、光等调节农田生态环境，使之有利于有益微生物的繁殖，减少病原物的数量；对于果树等多年生的植物，有些病害发生后可以通过手术的方法切除病部，减少病原物的数量；对于储藏期病害的防治，可以适当通风，加速其表面的干燥，从而限制产品上病原真菌的萌发或细菌的侵入。

微生物防治：利用拮抗性微生物制剂或抗生素处理种子、苗木，可以有效降低土传病害的发生。也可以在生长季喷施生物制剂，但要注意使用的生长时期、气候条件和具体使用的时间，以保障生物制剂本身的活力和效力发挥。

植物防治：包括直接种植某些植物和使用植物源农药。种植诱捕植物可以防治一些线虫病，例如，猪屎豆可以诱捕根结线虫幼虫，茄属植物龙葵可减少金线虫的数量，因为一些植物能分泌刺激线虫卵孵化的物质，孵化的幼虫虽能进入这些植物但不能进一步发育成成虫，最终导致死亡。诱捕植物也可以防治部分蚜虫传播的病毒病，例如，在菜豆、辣椒或南瓜田的周围种植几行黑麦、玉米或其他高秆植物，多数传播菜豆、辣椒或南瓜病毒病的蚜虫，首先降落在边缘较高的黑麦或玉米上取食，而多数蚜传病毒在蚜虫体内都是非持久性的，所以等到蚜虫转移到菜豆、辣椒或南瓜上时，它们已经丧失了侵染这些作物的病毒。再有，种植高度敏感的植物，在线虫大量侵染后但尚未完全成熟和繁殖前销毁这些植物或耕翻暴晒线虫致死，也可以防治部分线虫病。种植拮抗植物，如石刁柏和金盏菊能在土壤中释放对线虫有毒的物质，从而对线虫起拮抗作用；大蒜、葱、韭菜等百合科植物的根基有许多有益微生物，如荧光假单胞菌，对蔬菜、瓜果及大田作物的土传病害有很好的抑制作用，尤其对枯萎病的效果更好，可以将拮抗植物与敏感植物进行间作。

物理防治方法：处理种子、苗木和其他无性繁殖材料以及土壤或采后产品。

（3）提高寄主植物抗性的方法

选择栽培抗性品种；通过农业措施调节环境条件和土壤条件，使之有利于植物的健康生长，从而提高植物的抗病性；使用具有诱导抗病性作用的栽培方法（嫁接、切断胚轴等）；利用生物制剂或矿物质提高植物的抗病性。

有机农业病害的防治首先要采取适当的农业措施，建立合理的作物生产体系和健康的生态环境，通过创造有利于作物而不利于病菌的环境条件来提高作物自身的抗病能力，提高系统的自然生物防治能力，将病害控制在一定的水平下。要充分掌握作物及其病原菌的生物学、生态学和物候学知识，加强生产过程中各环节的管理，做到预防、避开和抵御病原菌侵袭相结合，从而保障作物的健康生长。因此，要强化产前、产中和产后生产全过程管理的意识，及时清除各种病害隐患。

（二）有机农业病害的防治方法

1. 选择适宜的立地条件、种植结构和播期，利用作物品种多样性，建立较为稳定平衡的生态体系

品种多样性可以通过不同单一抗病谱的品种结合实现较广谱的抗病性，达到对多种病害或病菌的抗性。品种多样性的设计包括时间和空间两个范畴，时间上主要是指合理的轮作、播种和收获时间变化的选择；空间上是指多种作物品种的复合种植。复合种植主要包括以下几种方式。

（1）同种作物不同品种的混合　混合种植要考虑到作物品种的物候期、终产品的质量和消费者的购买要求，一般果树和大部分蔬菜可以进行同种作物不同品种的混合种植，而不会影响最终产品的质量；对于谷物等粮食作物，由于植株小，收获时难以分开，会影响最终农产品的质量，所以可以不同品种间作的方式实现复合种植。

（2）不同形式的间套作　包括在主要作物的边缘种植不同种类的作物、在作物中间间隔地种植窄行的其他作物品种、不同作物品种交替地间作等。在实践中，高秆与矮秆作物、迟熟与早熟作物、开花与不开花作物实行间作有较好的防病效果。

（3）非作物植物的管理　包括杂草、野花、树篱、风屏植物或果园底层植物，这些非作物植物可以充当病原菌的次生寄主，在没有寄主作物时，病菌在这些植物上生活、越冬或越夏，待再次有寄主作物时返回危害。一般情况下，田间作物与边界植物亲缘关系越近病害越重。

播种前根据病害发生规律，适当调整播种和移栽时间，避开发病高峰。

2. 选择无病的种子、种苗或其他无性繁殖材料，或进行消毒处理

尽量选择抗病品种，但不能使用基因工程改造的品种。同时，要在种植前对种苗进行消毒处理，尽量减少种苗带菌量，主要利用热力、冷冻、干燥、电磁波、超声波等物理防治方法抑制、钝化或杀死病原物，达到防治病害的目的。

3. 土壤处理或利用合理的轮作体系控制土传病害

用透明的塑料薄膜覆盖在潮湿的土壤上，在晴天可以获得太阳能提高土温杀伤土壤中的病原物；在重茬土壤上种植可以在播种之前使用有效的生物制剂或矿物农药处理种子或苗木，使之免受土壤中病原物的侵染；现代农业中为了追求经济效益，长期在同一田块中连续种植同种作物，使得发生“连作障碍”或“重茬

病”，植株生长受阻，抗性降低，病害越来越重。重茬病的原因有多种，第一是营养原因，同种作物有相同的营养需求，长期种植同种作物必然造成某些营养的缺乏。另外，同种作物根系在同一水平上吸收营养，不利于不同土层养分的吸收利用，特别是那些难移动的养分，如磷的利用。第二是化感作用，有的作物根系分泌有毒物质，容易对其本身或相应作物产生毒害，随着种植年份的增加毒害作用加重。第三是病菌的积累，由于根分泌物的原因，病菌与寄主作物之间有一定的选择性，换言之，同种作物的长期连作会使某些病菌积累，危害逐年加重。所以，无论是从土壤培肥的角度还是从病害特别是土传病害防治的角度，都需要进行轮作，而且要根据不同作物的特点和病菌的寄主范围以及病菌在土壤中的存活时间长短，选择和建立相应的轮作体系。

4. 加强生长季节的栽培管理

控制灌水，创造良好的排灌条件，减轻真菌性的根部病害和线虫病害；注意铲除田间个别病株，防止由此传染更多的植株；采取有效措施培肥土壤，使之形成抑制性土壤，抑制病原物的繁殖。

利用有机肥培肥土壤的重要作用就在于激活土壤微生物，使土壤中形成多样性较高的微生物群落。虽然病原菌也是该群落的组成部分，但是它在其他微生物的控制下只是以较少的数量存在，不影响作物的生长，不会引起作物病害的暴发。高有机质含量的土壤，其微生物群落比较丰富，对一些土传病害的病原菌有抑制作用。生产中发现，在贫瘠土壤中生长的作物比在肥沃土壤中生长的作物容易发生土传特别是真菌病害，这就是抑制性土壤防病作用的例证。有机肥分解后产生的酚类等物质被植物吸收后可以提高植物的抗病性。有实践证明堆肥可以使甜菜、豌豆和蚕豆根腐病从80%降到20%；铃薯田里使用绿肥可大大减轻马铃薯疮痂病的危害；豆科植物覆盖对小麦全蚀病有抑制作用，豆科绿肥也可以作为线虫的诱集作物。

5. 采取适当的生物防治措施

良好生态环境是一个相对的比较理想化的概念，任何一个农业生产过程都是以经济效益为目的的，由于原有的生态系统发生变化，不同程度地影响病害发生，因此，还要采取一些生物的方法通过较直接地抑制病菌或调节微生态环境来控制病害的发生。例如，抗根癌菌剂防治植物根癌病和木霉制剂防治土传真菌病就是通过微生物制剂抑制病菌；EM制剂和微生态制剂就是通过引入微生物区系来调节土壤微生态环境，最终达到防病增产的作用。

6. 适当使用植物源农药和允许范围内的矿物源药物

硫黄、石灰、石硫合剂和波尔多液等矿物源农药以及从有益微生物中提取的抗生素是有机产品生产标准中允许使用的，可以在必要时作为其他防治措施的辅助措施使用。但是，要十分谨慎，注意用量，以免影响有益微生物或造成污染。

大蒜、洋葱或辣椒提取物等植物性杀菌物质对叶部真菌病害有防治作用。

7. 加强冬季田间管理

利用冬耕冻死土内越冬病原菌，并把土表枯枝落叶等病残体和浅土中的病原菌翻入深处，使其难以复出，减少来年的病原菌数量。

总之，在全生产过程的管理中，要从病菌、寄主植物和环境（生理性病害只有后两者）方面综合考虑，严格遵循有机农业的要求，选择适当的多种防治措施相配合对病害进行综合治理。

第三节 植物虫害的防治原理和技术

一、害虫的种类和特点

(一) 害虫的种类

对作物造成危害和经济损失的虫害大多数属于节肢动物门昆虫纲的动物，统称为昆虫。所谓昆虫，是指成虫体躯明显地分为头、胸和腹三部分；头部具有口器、1对触角、1对复眼和2或3个单眼；胸部一般具3对足2对翅；腹部多由9个以上体节组成，末端生有外生殖器的动物。

昆虫的口器类型决定了其对植物的危害方式和危害程度，由于昆虫的种类、食性和取食方式不同，因此，它们的口器在外形和构造上有各种不同的特化，形成各种不同的口器类型。其中主要有以下5种。

(1) 咀嚼式口器　是昆虫中最基本而原始的口器类型，其他口器类型均由此演化而成，适于取食固体食物，如蝗虫、甲虫、蝶蛾类幼虫等的口器。具有咀嚼式口器的害虫，一般食量较大，对农作物造成的机械损伤明显。有的能把植物的叶片咬成缺刻、穿孔或啃食叶肉仅留叶脉，甚至把叶片吃光，如金龟子和一些鳞翅目的幼虫；有的在果实或枝干内部钻蛀隧道，取食为害，如各种果实的食心虫和为害枝干的天牛、吉丁虫的幼虫等。

(2) 刺吸式口器　能刺入动物或植物的组织内吸取血液或细胞液，如蝽、蚜虫、介壳虫等。其构造与咀嚼式口器不同，表现在上颚与下颚特化成细长的口针，两对口针相互嵌接组成食物道和唾液道，取食时由唾液道将唾液注入植物组织内，经初步消化，再由食物道吸取植物的营养物质进入体内。这类害虫的刺吸取食，可以对植物造成病理或生理的伤害，使被害植物呈现褪色的斑点、卷曲、皱缩、枯萎或畸形，或因部分组织的细胞受唾液的刺激而增生，形成膨大的虫瘿。多数刺吸式口器的害虫还可以传播病害，如蚜虫、叶蝉、蝽等。

（3）虹吸式口器 是蝶蛾类成虫的口器，适于取食植物的花蜜，其特点是下颚十分发达，延长并互相嵌合成管状的喙。喙不用时，蜷曲在头部的下面，如钟表的发条状，取食时可伸到花中吸食花蜜和外露的果汁及其他液体。

（4）舔吸式口器 口器长得蘑菇头，取食时不咬、不刺，而是又吸又舔，如家蝇、种蝇等。

（5）嚼吸式口器 口器保留一对上颚，吸食液体食物时，特化的下颚和下唇能够组成临时的喙，外观既像蝗虫的口器，又像蝴蝶的口器；既能嚼花粉，又能将汁液状的花蜜吸到消化道内，如蜜蜂的口器。

各类昆虫中，咀嚼式口器昆虫、刺吸式口器昆虫和舔吸式口器的昆虫能够对农作物造成危害；虹吸式口器昆虫和嚼吸式口器昆虫一般不危害农作物。

（二）害虫的习性

1. 昼夜节律性

昆虫在长期进化过程中，其行为形成了与自然界中昼夜变化规律相吻合的节律，即昼夜节律。绝大多数害虫的活动，如飞翔、取食、交配等，均有它的昼夜节律，这是有利于其生存和繁育的种的特性。在白昼活动的昆虫，称为日出性或昼出性昆虫，如蝴蝶、蜻蜓等；把夜间活动的昆虫，称为夜出性昆虫，如多数的蛾类；把那些只在弱光下如黎明、黄昏时活动的昆虫，称为弱光性昆虫，如蚊子。

2. 假死性

即金龟子等鞘翅目成虫和小地老虎、斜纹夜蛾、菜粉蝶等鳞翅目的幼虫，具有一遇惊扰即蜷缩不动或从停留处突然跌落“假死”的习性，它是害虫的一种自卫适应性，也是一种简单的非条件反射。在害虫防治中，人们就利用这种习性，设计出各种方法或器械，将作物上的害虫震落下来，集中消灭。

3. 趋性

是指害虫对某种外部刺激如光、温度、化学物质、水等所产生的反应运动，有的为趋向刺激来源，有的为回避刺激来源，所以趋性有正、负之分。依照刺激的性质，趋性可分为对于光源的趋光性或避光性；对于热源的趋温性或负趋温性；对于化学物质的趋化性或负趋化性；对于湿度的趋湿性或趋旱性；对于土壤的趋地性或负趋地性等。在害虫防治中常利用害虫的趋光性和趋化性。如灯光诱杀是以趋光性为依据的，潜所诱杀是以避光性为依据的；食饵诱杀是以趋化性为依据的，趋避剂是以负趋化性为依据的。

4. 群集和迁移

群集性指的是同种害虫的大量个体高密度地聚集在一起的匀性，具有临时和永久之分。临时性的群集，指只是在某一虫态和一段时间内聚集在一起，过后就分散，个体之间不存在必需的依赖关系。如蚜虫、介壳虫、粉虱等，它们常固定在一定的部位取食，繁殖力较强，活动力较小，因此，在单位面积内出现了虫口密度很大的群体，这种群集现象是暂时的，遇到生态条件不适，如食物缺乏时，就会分散。还有的昆虫是季节性群集，如很多瓢虫、叶甲和蝽，它们在落叶或杂草下群集越冬，第二年春天又分散到田野中去。永久性群集（又称群栖）是指某些昆虫固有的生物学特性之一，常发生于整个生活史，而且很难用人工的方法把它分散。必要时（如生态条件不适时）全部个体会以密集的群体共同地向一个方向迁飞。

大多数害虫在环境条件不适或食物不足时，会发生近距离的扩散或远距离的迁移，而很多具有群集性的害虫还同时具有成群地从一个发生地长距离地迁飞到另一个发生地的习性，这是害虫的一种适应，有助于种的延续生存。但也是害虫突然暴发、在短期内造成严重危害的重要原因，所以，研究害虫的群集、扩散和迁飞的习性，对农业害虫的预测和防治有着重要的实际意义。

5. 休眠和滞育

由于外界环境条件（如温度、湿度）不适宜，而引起生长、发育和繁殖停止的现象称休眠；由于某些环境因素的刺激或诱导（不一定是不利因素），致使害虫停止发育，即使创造适合的环境条件，也不会复苏，具有一定的遗传稳定性，必须经过一定的时间和一定的刺激因素（通常是低温），再回到适宜的条件下才能继续生长发育，这种现象称滞育。

二、害虫识别

（1）为害根部和根际的症状　地表根际部分皮层被咬坏；咬坏幼苗根部，根外部有蛀孔，内部形成不规则蛀道；地表有明显的隧道凸起。

（2）为害树枝、树干和花茎内部的症状　枝梢部分枯死或折断，内有蛀孔及虫粪；枝干有蛀孔或气孔，有流胶现象，地表有木屑或虫粪积累。

（3）为害叶部的症状　叶片表面失绿、变黄，有蜜露或黏液；卷叶或皱缩；叶片被咬成缺刻或孔洞，有丝状叶丝；吐丝将嫩梢及叶片连缀在一起；吐丝把叶片卷成筒状，或纵向折叠成“饺子”状，幼虫藏在里面为害；叶边缘向背面纵卷成绳状；幼虫潜入叶肉为害，叶表面可见隧道；幼苗的幼芽和幼叶被咬坏。

（4）为害花蕾、花瓣、花蕊的症状　蛀入花蕾或花朵中为害；在花蕾表面为害；在花朵中为害花瓣、花蕊。

（5）为害果实的症状　舔食果实表面，留下痕迹；钻蛀果实内部，使果实凹陷、畸形；刺吸果实汁液，果实表面留有斑驳的麻点。

三、害虫监测和防治

（一）害虫监测

害虫对作物的影响与害虫的数量和危害强度成正相关，只有当害虫达到一定数量（即经济阈值）时，才真正影响作物的生理活动和生产量。所以，在有机农业病虫害防治中，并不是见到害虫就喷药，而是当害虫的种群数量达到防治指标时，才采取直接的控制措施。害虫的防治首先应在正确理论指导下，应用正确的监测方法，对害虫的种群动态做出准确的预测。

1. 害虫信息素监测

害虫的信息素是由害虫本身或其他有机体释放出一种或多种化学物质，以刺激、诱导和调节接受者的行为，最终的行为反应可有益于释放者或接受者。在自然界里，大多数害虫都是两性生殖，许多害虫的雄性个体依靠雌性释放性激素的气味寻找雌虫。雌虫是性激素的释放者和引诱者，而雄虫则是接受者和被引诱者，性激素是应用最普遍的一种害虫信息素，也是有机农业允许使用的昆虫外激素。

监测害虫发生期：通常使用装有人工合成的信息素诱芯的水盆诱捕器或内壁涂有黏胶的纸质诱捕器。根据害虫的分布特点，选择具有代表性的各种类型田块，设置数个诱捕器，记录每天诱虫数，掌握目标害虫的始见期、始盛期、高峰期和分布区域的范围大小，按虫情轻重采取一定的防治措施。

监测害虫发生量：根据诱捕器中的害虫数量预测田间害虫相对量。利用信息素诱捕器作为害虫发生期和发生量预测，主要根据诱捕器每天诱捕的数量，确定田间害虫的实际发生量。

2. 黑光灯监测

光与害虫的趋性、活动行动、生活方式都有直接或间接的联系。光照因素包括光的性质（波长或光谱）、光强度（能量）和光周期（昼夜长短的季节变化）。黑光灯是根据害虫对紫外光敏感的特性而设计的，其光波为365 nm，可诱集多种害虫，可以作为监测害虫发生的手段。

3. 取样调查

取样是最直接、最准确的害虫监测方法。其调查结果的准确程度与取样方法、取样的样本数、样本的代表性有密切的关系。田间调查要遵循3个基本原则，即明确调查的目的和内容；依靠群众了解当地的基本情况；采取正确的取样和统计方法。

（二）环境调控

常规农业病虫害防治的策略是治理重于预防（对症下药、合理用药），着眼点是作物-害虫，以害虫为核心，以药剂为主要手段。有机农业病虫害防治的策略是以预防为主，使作物在自然生长的条件下，依靠其自身对外界不良环境的自然抵御能力，提高抗病、虫的能力。人类的工作是培育健康的植物和创造良好的环境，对害虫采取调控而不是消灭的“容忍哲学”。有机农业允许使用的药物也只有在应急条件下才可以使用，而不是作为常规的预防措施。所以，建立不利于病虫害发生而有利于天敌繁衍增殖的环境条件是有机生产中病虫害防治的核心，有机农业病虫害防治技术为生态型技术。

有机体和外界环境条件的统一是我们认识害虫大发生的一个重要理论依据。当外界环境条件适合害虫本身的需要时，害虫就可能猖獗发生。如果人为地打破害虫发生与环境条件的统一，使之产生矛盾，害虫的生长、发育、繁殖或成活等就会受到威胁。

导致害虫数量变动的主要条件有营养因素和物理因素，前者主要涉及害虫的食料条件，例如，植物种类、数量、生育期、生长势和季节演替等；后者主要包括温度、光照、水分和湿度等气候条件，其中，农田小气候的作用尤其值得注意。各种植物既提供给害虫以食料和栖息场所，又影响与害虫发生有关的小气候。通常情况下，害虫长期适应了某些农业环境，沿着一定的规律繁殖为害。如果通过人为活动，改变对害虫大发生的有利条件，轻则抑制了害虫发生的数量；重则使其生存受到影响，这是有机农业害虫防治的根本出发点。

在上述基础上，根据害虫的食性、发生规律等特点和它们与植物种类、栽培制度、管理措施、小气候等环境条件的密切关系，可以确定抑制害虫发生的途径，主要有以下几种。

1. 消灭虫源

虫源指害虫在侵入农田以前或虽已侵入农田但未扩散严重时的集中栖息场所。根据不同害虫的生活习性，可把害虫迁入农田为害的过程分为三种情况。第一种情况，害虫由越冬场所直接侵入农田（或在原农田内越冬）为害。例如，食心虫、桃蚜、玉米螟、蝼蛄、稻瘿蚊、稻纵卷叶螟、三化螟和小麦吸浆虫等。针对这种情况，采用越冬防治是消灭虫源的好办法。首先是销毁越冬场所不让害虫越冬，例如，秋耕与蓄水以消灭飞蝗产越冬卵的基地；除草、清园使红蜘蛛害虫等无处越冬等。其次，当害虫已进入越冬期，可开展越冬期防治，例如，冬灌、刮树皮、清除枯枝落叶等。第二种情况，越冬害虫开始活动后先集中在某些寄主上取食或繁殖，然后再侵入农田为害。消灭这类害虫除采取越冬防治外，要把它们消灭在春季繁殖“基地”里。经调查研究得知，就某一地区而言，虽然植物种类繁多，但春季萌发较早的种类并不多，就一种害虫而言，虽然大发生时或在夏、秋季节的寄主种类很多，但早春或晚秋的寄主却有限。就一个农作物区的总体来看，牧草、绿肥和一些宿根植物是多种害虫早春增殖的基地；水稻区的杂草是多种稻害虫早春发生的集中场所。第三种情况，害虫虽在农田内发生，但初期非常集中，且为害轻微。例如斜纹夜蛾，若能把它们消灭在初发期，作物仍可免受为害。

2. 恶化害虫营养和繁殖条件

害虫取食不同品种的植物，对于同种植物的不同生育期或同一植株的不同部位，常有较严格的选择。作物品种的形态结构不同可直接影响害虫取食、产卵和成活。研究害虫的口器特征和取食习性、产卵器特征和产卵习性及幼虫活动等，参照作物的形态结构，选育抗虫品种，从而为恶化害虫取食条件提供依据。

3. 改变害虫与寄主植物的物候关系

许多农作物害虫严重为害农作物时，对作物的生育期都有一定的选择。例如，小地老虎主要为害作物幼苗；棉蚜主要为害棉苗；棉铃虫主要为害棉蕾、小麦吸杀虫主要在小麦抽穗到开花以前产卵等。改变物候关系的目的是使农作物易遭受虫害的危险生育期，错开害虫发生盛期，从而减轻受害。如在有机水稻栽培中，适当将水稻的插秧期推迟，就会大大减轻水稻害虫的危害。

4. 环境因素的调控

害虫发生除与大气条件有关外，农田小气候的作用也十分明显。在稀植或作物生长较差的情况下，农田内温度增高而湿度相应下降，对适合在高温低湿条件下繁殖的害虫如蚜虫和红蜘蛛是十分有利的。而在作物生长旺盛和农田郁蔽度大的情况下，对一些适于在高湿条件下繁殖的害虫如棉铃虫、夜蛾是有利的。植株密度、施肥、灌水和整枝打杈等，都直接影响农田小气候。因此，通过各种措施，调节农田的小气候，可以创造不利于害虫发生的环境条件。

5. 切断食物链

害虫在不同季节、不同种类或不同生育期的植物上辗转为害，形成一个食物链。如果食物链的每一个环节配合得很好，食料供应充沛，害虫就猖獗发生。因此，采取人为措施，使其食物链某一个环节脱节，害虫发生就会收到抑制，这对单食性、寡食性和多食性的害虫都同样有效。例如，单食性的水稻三化螟，在单纯的一季或双季稻区，螟害发生轻微；在大幅度扩种双季稻后，形成了一季与双季早、中、晚混栽的局面，有利于三化螟的繁殖和猖獗；而有的地区只种纯晚稻，早出现的螟虫无食料可食，发生数量自然很少。寡食性的菜粉蝶和小菜蛾，在其发生的高峰期，不种或仅种少量的十字花科蔬菜，就会截断食物链，造成食物匮乏。多食性的蚜虫、红蜘蛛、粉虱、潜叶蛾、甜菜夜蛾等，春天先在一些木本寄主和宿根杂草上为害，以后向蔬菜田转移，如果把某些寄主铲除，使其食物链脱节，就能抑制其发生。

6. 控制害虫蔓延

害虫的蔓延为害与其迁移扩散能力有关。如红蜘蛛、蚜虫、白粉虱、潜叶蝇等的迁移能力很弱；玉米螟和三化螟等的迁移能力则较强，而黏虫、斜纹叶蛾、飞蝗、地老虎、菜粉蝶等害虫则能远距离迁飞。迁移能力很强的害虫，它们在农田内的蔓延为害不易控制；而迁移能力，很弱的害虫，则可通过农田的合理布局、间作和套作等控制其蔓延为害。

（三）作物的轮作和间作

轮作是指在同一地块上按一定顺序逐年或逐季轮换种植不同的作物或轮换采用不同的复种方式进行种植。间作是指把生长季节相近的两种或两种以上的作物成行或成带地相间种植，如蔬菜的间作。轮作和间作是控制害虫的最实用、最有效的方法，是我国传统农业的精华，也是有机农业病虫害调控的根本措施。

1. 轮作对害虫的影响

合理轮作，不仅可以保证作物生长健壮，提高抗病虫能力，而且还能因食物条件恶化和寄主减少使寄生性强、寄主植物种类单一及迁移能力弱的害虫大量死亡。实施轮作措施时，首先要考虑寄主范围，其次是作物的轮作模式。例如，温室白粉虱嗜食茄子、番茄、黄瓜、豆类、草莓、一串红，所以，上茬为黄瓜、番茄、菜豆，下茬应安排甜椒、油菜、菠菜、芹菜、韭菜等，可减轻温室白粉虱危害。

2. 间作对虫害的影响

间作可以建立有利于天敌繁殖，不利于害虫发生的环境条件，其主要机制表现为以下几种。

（1）干扰寻求寄主行为

① 隐瞒：依靠其他重叠植物的存在，寄主植物可以受到保护而避免害虫的危害（如依靠保留的稻茬，黄豆苗期可以避免豆蝇的危害）。

② 作物背景：一些害虫喜欢一定作物的特殊颜色或结构背景，如蚜虫、跳甲，更易寻求裸露土壤背景上的甘蓝类作物，而对有杂草背景的甘蓝类作物反应迟钝。

③ 隐蔽或淡化引诱刺激物：非寄主植物的存在能隐藏或淡化寄主植物的引诱刺激物，使害虫寻找食物或繁殖过程遭到破坏。

④ 驱虫化学刺激物：一定植物的气味能破坏害土寻找寄主的行为（如在豆科地中，田边杂草驱逐叶甲，甘蓝/番茄、莴苣/番茄间作可驱逐小菜蛾）。

（2）干扰种群发育和生存

① 机械隔离：通过种植非寄主组分，进行作物抗性和感性栽培种的混合，可以限制害虫的扩散。

② 缺乏抑制刺激物：农田中，不同寄主和非寄主的存在可以影响害虫的定殖，如果害虫袭击非寄主植物，则要比袭击寄主植物更易离开农田。

③ 影响小气候：间作系统将适宜的小气候条件四分五裂，害虫即使在适宜的小气候生境中也难以停留和定殖。浓密冠层的遮阴，一定程度上可以影响害虫的觅食或增加有利于害虫寄生真菌生长的相对湿度。

④ 生物群落的影响：多作有利于促进多样化天敌的存在。

（四）诱集和驱避

害虫在进化过程中对自然界形成了很好的适应，由于取食、交尾等生命活动过程中的需求，害虫能够对环境条件的刺激产生本能性的反应。害虫对某些刺激源（如光波、气味等）的定向（趋向或躲避）运动，称之为趋性。按照刺激源的性质又可分为趋光性、趋化性等。

1. 灯光诱杀

害虫易感受可见光的短波部分，对紫外光中的一部分特别敏感。趋光性的原理就是利用害虫的这种感光性能，设计制造出各种能发出害虫喜好光波的灯具，配加一定的捕杀装置而达到诱杀或利用的目的。

2. 黄板诱杀

许多害虫具有趋黄性，试验证明，将涂有黄颜色的黄板或黄盘，放置一定的高度，可以诱杀蚜虫、温室白粉虱和潜叶蝇等害虫。

3. 趋化性诱杀

许多害虫的成虫由于取食、交尾、产卵等原因，对一些挥发性化学物质的刺激有着强烈的感受能力，表现出正趋性反应。

在害虫防治上，目前主要应用人工诱集剂、天然诱集剂、性激素和害虫的嗜食植物等具有诱集作用的物质和不利于害虫生长发育的拒避植物。

① 糖醋诱杀：很多夜蛾类害虫对一些含有酸酒气味的物质有着特别的喜好。根据这种情况，已经设计出了多种诱虫液用以预测和防治害虫。随着有机农业研究和实践的深入，诱虫液的成分和使用技术得到了进一步发展和提高，已成为防治某些害虫的有效方法。成功的关键在于因地制宜，就地取材，如寻找一些发酵产物做酸甜味的代用品配成诱捕剂（有些代用品诱蛾效果甚至超过标准配方），通过试验，找出适当的配方。

② 植物诱杀：杨树、柳树、榆树等高有采种特殊的化学物质，对很多害虫有很好诱集能力；白香草木樨可诱杀黑绒金龟子、蒙古灰象甲、网目拟地甲；利用桐树叶可诱杀地老虎；利用蓖麻和紫穗槐可诱杀金龟子；芹菜、洋葱、胡萝卜、玉米、高粱等作物，不仅提供棉铃虫的营养还可诱集菜粉蝶成虫；芥菜诱集小菜蛾。

4. 性诱剂诱杀

用性诱剂防治害虫，一种途径是利用性诱剂对雄虫强烈的引诱作用捕杀雄虫，这种方法称为诱捕法；另一途径是利用性信息素挥发的气体弥漫干扰、迷惑雄虫，使它不能正确找到雌虫的位置进行交尾，这种方法称为干扰交配法和迷向防治。

① 大量诱捕法：在农田设置大量的信息素诱捕器诱捕杀田间雄虫，导致田间雌雄比例严重失调，减少交配概率，使下二代虫口密度大幅度降低。该法适用于雌雄性比接近于1∶1、雄虫为单次交尾的害虫和虫口密度较低时。

② 交配干扰法：利用信息素来干扰雌雄间交配的基本原理是在充满性信息素气味的环境中，雄虫丧失了寻找雌虫的定向能力，致使田间雌雄虫交配概率减少，从而使下一代虫口密度急剧下降。

5. 陷阱诱捕法

该方法适合于夜间在地面活动的害虫。将一定数量罐头盒或瓦罐等容器埋入土中，罐口与地面相平。罐内可以放入害虫嗜食的食物作为诱饵。被食物引诱来的害虫即落入陷阱中而不能逃出。

6. 害虫的拒避技术

植物受害不完全是被动的，它可利用其本身某些成分的变异性，对害虫产生自然抵御性，表现为杀死、忌避、拒食或抑制害虫正常生长发育。种类繁多的植物次生性代谢产物，如挥发油、生物碱和其他一些化学物质，害虫不但不取食，反而避而远之，这就是忌避作用。台香茅油可以驱除柑橘吸果夜蛾；除虫菊、烟草、薄荷、大蒜驱避蚜虫；薄荷气味驱避菜粉蝶在甘蓝上产卵；闹羊花毒素、白鲜碱、柠檬苦素、苦楝和印楝油均是害虫的驱避剂和拒食剂。

（五）生物防治

1. 天敌的自然保护

（1）天敌的种类和特性

天敌是一类重要的害虫控制因子，在农业生态系中居于次级消费者的地位。在自然界，天敌的种类十分丰富，他们在农业生态系统中，经常起到调节害虫种群数量的作用，是生态平衡的重要负反馈连锁。

（2）天敌自然保护的方法

① 栖境的提供和保护。天敌的栖境包括越冬、产卵和躲避不良环境等生活场所。如草蛉几乎可以取食所有作物上的蚜虫及多种鳞翅目害虫的卵和初孵幼虫，且某些草蛉（大草蛉）成虫喜栖于高大植物。因此，多样性的作物布局或成片种植乔木和灌木可提供天敌的栖息场所，有效地招引草蛉。越冬瓢虫的保护是扩大瓢虫源的重要措施，它是在自然利用瓢虫的基础上发展起来的。

② 提供食物。捕食性天敌可以随着环境变化选择它们的捕食对象。捕食性天敌的捕食量一方面与其体型大小有关，另一方面与被捕食者的种群数量和营养质量有关。对猎物捕食的难易程度和捕食者的搜索力，与猎物种群大小、空间分布型和生境内空间障碍有关，一般说来，捕食者对猎物种群密度的要求比寄生性天敌要高。天敌各时期对食物的选择性有一定差别，如草蛉一龄幼虫喜食棉蚜、棉铃虫卵，而不食棉铃虫幼虫；取食不同食物对其发育历期、结茧化蛹率和成虫寿命及产卵量均有不同程度的影响，草蛉冬前取食时间长短和取食量的大小与冬后虫源基数密切相关：冬前若获得充足营养，则越冬率和冬后产卵量可大大提高。有些捕食性天敌在产卵前除了捕食一些猎物外，还要取食花粉、蜜露等物质后方

能产卵。

③ 环境条件。提供良好的生态条件，不仅有利于天敌的栖息、取食和繁殖，同时也有利于其躲避不良的环境条件，如人类的田间活动，喷洒农药等。

2. 天敌增殖技术

通过生态系统的植被多样化为天敌提供适宜的环境条件，丰富的食物和种内、种间的化学信息联系，使天敌在一个舒适的生活条件下，自身的种群得到最大限度的增长和繁衍。

① 植被多样化：植被多样化是指在农田生态系统内或其周围种植与主栽作物有密切的直接或间接依存关系的植物，通过利用这些植物对环境中的生物因素进行综合调节，达到保护目标植物的目的，同时又不对另外的生物及周围环境造成伤害的技术。它强调植物有害生物的治理措施由直接面对害虫转向通过伴生植物，达到对目标植物与其有害生物和有益生物的动态平衡；强调有害生物的治理策略要充分利用自然生态平衡中生物间的依存关系，达到自然控制的目的。

② 天敌假说：在多样化环境中，由于替代性食物（花粉、花蜜、猎物）的来源和适宜的小生境的增加，自然天敌的数量比单作区增加，害虫种群下降。

3. 天敌人工繁殖技术

① 赤眼蜂繁殖：赤眼蜂是一类微小的卵寄生蜂，具有资源丰富、分布广泛和对害虫控制作用明显等特点。赤眼蜂属于多选择性寄生天敌，寄生范围很广，可以寄生鳞翅目、鞘翅目、膜翅目、同翅目、双翅目、半翅目、直翅目、广翅目、革翅目等10个目近50个科200多属400多种害虫的卵，其中，鳞翅目的天敌最多。近20年来，赤眼蜂已成为世界上应用范围最广、应用面积最大、防治害虫对象最多的一类天敌。

通过改进繁蜂技术，以最少寄主卵和种蜂量的投入，繁殖获得最多适应性强、性比合理的优质赤眼蜂种群，可以达到提高繁蜂效率和田间防治效果的目的。

培育优质蜂种是生产大量优质赤眼蜂的基础。以柞蚕卵作为寄主卵，大量繁殖优质的松毛虫赤眼蜂和螟黄赤眼蜂，关键在于采用发育整齐和生命力强的优质蜂种来繁殖生产用蜂。赤眼蜂的繁殖方式包括卡繁和散卵繁两类。20世纪70年代，多采用大房繁蜂和橱式卡繁方式繁蜂，现已研制成封闭式多层繁蜂柜和滚式繁蜂机。

② 瓢虫和草蛉繁殖：目前大量繁殖的主要技术问题是饲料生产，自然活体饲料，如蚜虫、米蛾因成本高，供应不及时，不能适应工厂化生产的要求，雄蜂儿（即蜜蜂的雄蜂幼虫和蛹）和人工赤眼蜂蛹代饲料将为捕食性天敌的工厂化生产带来新的希望。

4. 天敌释放技术

天敌的增强释放，是在害虫生活史中的关键时期，有计划地释放适当数量的人工饲养的天敌，发挥其自然控制作用，从而限制害虫种群的发展。赤眼蜂的田间增强释放是一项科学性很强的应用技术，必须根据害虫和赤眼蜂的发育生物学和田间生态学原理和赤眼蜂在田间的扩散、分布规律、田间种群动态及害虫的发生规律等，来确定赤眼蜂的释放时间、释放次数、释放点和释放量。以做到适期放蜂，按时羽化出蜂，使释放后的赤眼蜂和害虫卵期相遇概率达90%以上，获得理想的效果。

5. 天敌的招引技术

① 天敌巢箱：利用招引箱，在瓢虫越冬前招引大量瓢虫入箱，可保护瓢虫的越冬安全。

② 蜜源诱集：许多天敌需补充营养，在缺少捕食对象时，花粉和花蜜是过渡性食物。因此，在田边适当种一些蜜源植物，能够诱引天敌，提高其寄生能力。如伞形科荷兰芹等蜜源植物能招引大量土蜂前来取食，并寄生于当地的訾蛴。柑橘园的胜红蓟杂草，花粉和其上的啮虫是柑橘红蜘蛛的天敌——钝铵乡料，因此，橘园种植蓟类杂草，能起到稳定柑橘园中捕食螨种群的作用，有利于控制柑橘害螨发生为害。

③ 以害繁益：利用伴生植物上生活的害虫，为栽培作物上的天敌提供大量食物，使天敌与害虫同步发展，达到以益灭害的效果。如在北方苹果园种植紫花苜蓿、油菜和保留果园的有益杂草，为东亚小花蝽提供植食性的花源；花蜜和动物性猎物蚜虫，能够使小花蝽的数量增加5～10倍、蚜虫和红蜘蛛的密度降低60%以上；同时由于地面游猎性蜘蛛的捕食，使得桃小食心虫的数量一直位于经济危害水平以下，在棉田内冬油菜春种，其上大量的蚜虫、菜青虫等可诱集和繁殖大批捕食性和寄生性天敌，如蜘蛛、草蛉、蚜茧蜂、小花蝽等。

④ 改善天敌的生存环境：利用伴生植物，创造有利于天敌活动，不利于害虫发生的环境条件，也能起到防治害虫的作用。防护林能降低风速，增加湿度，有利于小型寄生蜂活动。甘蔗地套种绿肥，能减少田间温度和湿度的变化幅度，为赤眼蜂活动提供有利条件，从而增加对蔗螟卵的寄生。白菜地间作玉米，能降低地表温度，提高相对湿度，可明显减少蚜虫发生。伴生植物不仅是天敌的繁衍场所，也是天敌躲避不良环境（气候条件和喷洒农药）和人为干扰的庇护场所。试验证明，在种植伴生植物的果园，当喷洒农药后，天敌种群恢复到喷药前水平所需要的时间只有无伴生植物果园的1/2。

6. 天敌诱集技术

天敌的保护、增殖技术对增加天敌的数量，调节益害比具有重要作用，但是，这些措施大部分局限在被动的利用天敌，以发挥天敌的自然调节作用为主。在自然界中，害虫的发生是从局部开始的，有时需要在害虫发生初期，将分散的天敌集中，以集中力量消灭害虫。这就需要更具吸引力的物质或手段，主动或被动地迁移天敌。

喷洒人工合成的蜜露可以主动诱集天敌，经过多年的研究，已经证明了很多植食性害虫的寄生性和捕食性天敌，是通过植食性害虫寄主植物某些理化特性，如植物外观，挥发性物质对它们的感觉刺激来寻找它们的寄主和捕食对象的，如草蛉可被棉株所散发的丁子香烯所吸引；花蝽可被玉米穗丝所散发的气味所引诱而找到玉米螟和蚜虫，另外植物的化学物质可帮助捕食性天敌寻找猎物，如色氨酸对普通草蛉的引诱作用（Hagen. K. S，1976），龟纹瓢虫对豆蚜的水和乙醇提取物也有明显得趋向（宗良炳，1991）。这些植物、动物间的化学信息流，对自然界天敌的诱集作用十分明显。

（六）物理防护

通过物理方法，隔离害虫与寄主，切断害虫迁入途径，从而达到保护植物，防治害虫的目的。在有机农业中，夏秋高温多雨季节，用防虫网覆盖栽培蔬菜，不但能保证蔬菜产品的安全卫生，促进蔬菜生长，而且能有效地抑制害虫的侵入和危害，减少病害的发生。

（七）药物防治

1. 天然植物源杀虫剂防治技术

我国植物源农药资源十分丰富，在我国近 3 万种高等植物中，已查明约有近千种植物含有杀虫活性物质。

① 植物源杀虫剂的特点：植物源杀虫剂的杀虫有效成分为天然物质，而不是人工合成的化学物质。因此，施用后较易分解为无毒物质，对环境无污染。植物源杀虫剂杀虫成分的多元化，使害虫较难产生抗药性。植物源农药有益生物（即天敌）的安全。根据试验，使用鱼藤菊酯植物杀虫剂的常用剂量喷施，对萝卜蚜的防治效果达到 99.85%，而对蚜虫天敌瓢虫的杀伤率仅为 11.58%。含有杀虫活性的植物可以大量种植，而且开发费用也较低。

② 杀虫植物主要代表类群：20 世纪 80 年代以来，我国植物源杀虫剂的研制得以广泛开展，研究得比较深入的有楝科、卫矛科、杜鹃花科、瑞香科、茄科、菊科等植物。

2. 微生物源杀虫剂防治技术

① 微生物的种类：在自然界中，微生物广布于土壤、水和空气中，尤其以土壤中各类微生物资源最为丰富。微生物农药是对自然界中微生物资源进行研究和开发利用的一个方面，此类农药可对特定的靶标生物起作用，且安全性很高，它是由微生物本身或其产生的毒素所构成。在实际应用中，主要包括微生物杀虫剂、微生物杀菌剂和微生物除草剂等。目前已经知自然界中有 1500 种微生物或微生物的代谢物具有条虫活性，很多已真正用于农林害虫的防治，包括真菌、细菌、病毒、原生动物等。

② 害虫病原微生物的特点：在自然界中可以流行，即病原微生物经过传播扩

散和再侵染，可使病原扩大到害虫的整个种群，在自然界中形成疾病的流行，从而起到抑制害虫种群的作用；害虫的病原必须对人类和脊椎动物安全，也不能损害蜜蜂、家蚕、柞蚕以及寄生性和捕食性昆虫，故不是所有的昆虫病原微生物都可以做杀虫剂，病原微生物对害虫应具有专化性。总之，微生物杀虫剂具有专化、广谱、安全和效果好的特点。

③ 害虫病原微生物的流行及致病力：病原微生物引起害虫流行病的发生是控制害虫种群数量的重要因素。在自然条件下，以病毒流行病最为常见，真菌流行病次之，然后是细菌性流行病。线虫、原生动物流行病偶尔可见。

3. 矿物源杀虫剂防治技术

矿物油乳剂：用于防治果树害虫的矿物油，其商品药剂有蚧螨灵乳剂和机油乳剂，是由95%机油和5%乳化剂加工而成的。机油乳剂对害虫的作用方式主要是触杀。

参考文献

[1] 徐洪富主编．植物保护学．北京：高等教育出版社，2003.

[2] 董金皋主编．农业植物病理学．北京：中国农业出版社，2001.

[3] 郭春敏，李秋洪，王志国主编．有机农业与有机食品生产技术．北京：中国农业科学技术出版社，2005.

[4] http：//www.nercita.org.cn/xinghuo/zsll/zuowu/corn%20page/chonghai/maiya.htm.

[5] 雷朝亮，荣秀兰主编．普通昆虫学．北京：中国农业出版社，2003.

[6] 李云瑞主编．农业昆虫学．北京：高等教育出版社，2006.

[7] 李照会主编．农业昆虫鉴定．北京：中国农业出版社，2002.

[8] 吕佩珂，高振江等．中国粮食（经济）作物、药用植物病虫原色图鉴．呼和浩特：远方出版社，1999.

[9] 徐洪富主编．植物保护学．北京：高等教育出版社，2003.

[10] 姚建仁等．在某些害虫防治中起用林丹前景的探讨．中国农业科学，1990，23（2）：34-38.

[11] 袁锋主编．农业昆虫学．第三版．北京：中国农业出版社，2001.

[12] 张玉聚，李洪连，陈汉杰等．中国植保技术大全（第一卷：病虫草害原色图谱）．北京：中国农业科学出版社，2007.

[13] 朱恩林，赵中华．小麦病虫防治分册．北京：中国农业出版社，2004.

[14] 吕佩珂，苏慧兰，高振江．中国现代蔬菜病虫原色图鉴．呼和浩特：远方出版社，2008.

[15] http：//www.ipmchina.net/meeting98/768.html.

[16] 杜相革．有机农业原理和技术．北京：中国农业出版社，2008.

[17] 高照全，戴雷．有机果园病虫害防治的原理和策略．果农之友，2013（9）：31-33.

[18] 中国农业科学院植物保护研究所主编．中国农作物病虫害．第二版．（上册）．北京：中国农业出版社，1995.

[19] 中国农业科学院植物保护研究所主编．中国农作物病虫害（下册）．北京：中国农业出版社，1995.

[20] 席运官．有机农业生产中杂草综合防治方法探讨．环境导报，1999，6：31-33.

[21] 江佳富，王俊，蔡平，孙江华．杂草生物防治研究回顾与展望．安徽农业大学学报，2003，30（1）：61-65.

[22] 强胜．生物除草剂的研究概况．杂草科学，1996（11）：15-18.

[23] 刘焕禄，刘亦学，刘晓林．微生物除草剂研究概况与建议．天津农学院学报，2000（3）：11-14.
[24] 由振国．杂草科学研究动向．世界农业，1992（5）：35-36.
[25] 由懋正，张喜英．小麦高茬覆盖的生态农业意义．生态农业研究，1999，7（2）：53-54.
[26] 朱有勇，梁旭．控制稻瘟病 水稻混栽有规程．中国农业信息，2004，10：35.
[27] 黄世文，余柳青，罗宽．稻田杂草生物防治研究现状、问题及展望．植物保护，2004，30（5）：5-11.
[28] 朱克明，沈晓昆，谢桐洲等．稻鸭共作技术试验初报．安徽农业科学，2001，29（2）：262-264.
[29] 林章荣，晋焯忠．稻田放鸭防治虫害的初步研究．中国生物防治，2002，18（2）：94-95.
[30] 许德海，禹盛苗．无公害高效益稻鸭共育新技术．中国稻米，2002，（3）：36-38.
[31] 宋庆乃，蒲淑英，于佩锋．稻糠稻作，农业生产的一大飞跃——日本水田除草和水稻施肥的新动向（一，二）．中国稻米，2002，(1)：40-41；(2)：40-41.
[32] 胡飞，孔垂华，徐效华，张朝贤，陈雄辉．水稻化感材料的抑草作用及其机制．中国农业科学，2004，37（8）：1160-1165.
[33] 孔垂华，徐效华，胡飞，陈雄辉，凌冰，谭中文．以特征次生物质为标记评价水稻品种及单植株的化感潜力．科学通报，2002，47（3）：203-206.
[34] 孔垂华，胡飞，陈雄辉，陈益培，黄寿山．作物化感品种资源的评价利用．中国农业科学，2002，35（9）：1159-1164.
[35] 孔垂华，胡飞．植物的化学通讯研究进展．植物生态学报，2003，27（4）：423-428.
[36] 陈企村，朱有勇，李振岐，唐永生，康振生．2008. 小麦品种混种对条锈病发生程度的影响．西北农林科技大学学报（自然科学版），36（5）：119-123.
[37] 朱育菁，冒乃和等，有机农业病虫害防治的核心——可持续植物保护．中国科技论坛，2005（2）：133-136.
[38] Einhellig F. A.，and Leather G. R. Potentials for exploiting allelopathy to enhance crop production. Journal of Chemical Ecology. 1988，14（10）：1829-1843.
[39] Zhu Youyong，Chen Hairu，Fan Jinghua，Wang Yunyue，et. al，Genetic Diversity And Disease Control In Rice，Nature，2000，406：718-722.
[40] Resi E M. Multiplication of Helminthosporium spp. on sensscent tissues of gtaminaceous weeds and soybean under natural conditions. Fitopatologia Brasileita，1985，10（3）：643-648.
[41] Gohbara M. Biological control agents for rice paddy weed management in Japan. Integrated management of paddy and aquatic weeds in Asia，1992，184-194.
[42] Tsukamoto H. Evaluation of fungal pathogens as biological agents for paddy weed，Echinochloa species by drop inoculation. Ann Phytopathol Soc Japan，1997，(63)：366-372.
[43] Zhang W M，Moody K. Watson AK. Responses of Echinochloa species and rice（Oryza sativa）to indigenous pathogenic fungi. Plant Disease，1996，80（9）：1053-1058.
[44] Zhang W M，Watson A K. Efficacy of Exserohilum monoceras For the control of Echinochloa species in rice（Oryza sativa）. Weed Science，1997a，(45)：144-150.
[45] Zhang W M，Watson A K. Characterization of growth and conidia production of Exserohilum monoceras on different substrates. Biocontrol Science and Technology，1997，(7)：75-86.
[46] Jensen L B，Courtois B，Shen L. Locating genes controlling allelopathic effects against Barnyard grass in upland rice. Agronomy Journal，2001. 93（4）：21-26.

第六章
有机种植业生产技术

前面几章介绍了有机农业对产地环境的要求，对生产资料等外来投入物质的要求，还介绍了土壤培肥和植物保护的原则。要理解如何将这些要求和原则贯彻到具体的生产实践中去，要有实际的例子作为说明。我们将针对有机种植业和有机畜牧业的生产过程分别予以介绍。

本章主要介绍有机种植业的生产过程。有机种植业包括粮食、蔬菜、水果的生产。粮食又包括水稻、小麦、玉米、大豆等，蔬菜和水果的种类就更多了。由于篇幅有限，我们在这里不可能一一介绍，只是选取其中的代表作物作为案例，来说明有机种植业生产过程中，如何贯彻有机农业的原则，实施有机农业的技术标准。

第一节 有机粮食生产技术

有机粮食在有机农产品中占有重要地位。我国粮食主要包括水稻、小麦、玉米和大豆。下面选取水稻作为粮食的代表，来介绍主要粮食产品的有机生产技术。

水稻在我国北方和南方均可种植。有机稻适栽区在规划时，基地选点一般应远离工矿区和公路、铁路干线，避开工业和城市污染源的影响，同时有机稻生产基地应具有可持续生产的能力。目前推广的稻田养鱼、蟹稻共生、虾稻共生、鳝稻共生、泥鳅水稻共生等模式都要具备有机水稻生产条件，在生态环境较好的地区，推广这些栽培模式既可保证一定的有机水稻生产面积，又可获得较高的经济效益。

一、产地要求

产地周边 5km 以内无污染源，上年度和前茬作物均未施用化学合成物质；稻农种稻技术好，自觉性高；交通条件好，排污方便，旱涝保收；土壤具有较好的保水保肥能力；土壤有机质含量2.5%以上，pH值为6.5～7.5；光照充足；空气质量、农田灌溉水质及土壤质量符合第二章中提到的有机农业对产地环境的基本要求。

从有机稻栽培所需的环境条件看，除了大部分山区较适宜外，目前平原湖区的几种种养共生模式也是可行的。山区的种植模式类型主要有一季稻区、油稻区、绿肥稻区等，平原湖区的类型模式主要是稻田种养结合型。种养结合型模式以养为主，以种为辅，因此，大田内不用或少用化肥，绝对不用农药，水土基本无污染。从目前看，这种模式生产的水稻可以成为平原湖区有机稻生产的基础。但必须具备优越的生态环境条件和高标准的水源。

二、品种选择

有机稻栽培依据规定必须使用已通过审定，适合当地环境条件的优质高产、抗逆性好、抗病虫能力强、耐储存的品种。

在我国南方地区，早稻品种目前可选用舟优903、嘉育948、鄂早16、嘉育202、中鉴100等，中稻品种目前可选用扬稻6号、鉴真2号、鄂中4号、扬辐糯4号、鄂荆糯6号等品种，一季晚稻品种目前可选用鄂香1号等，双季晚稻品种目前可选用金优928、金优12、湘晚籼13、鄂晚9号等。

在我国北方地区，根据当地积温等生态条件对品种的要求，选用熟期适宜的优质、高产、抗病和抗逆性强的品种。第一、第二积温带选用主茎12～14叶的品种；第三、第四积温带选用10～11叶的品种，保证霜前安全成熟。第一年的种子可从有关科研单位或专业种子公司提供，从第二年起，在有机农场自繁提纯。要保证品种的多样性。严禁使用转基因品种。

种子质量按GB 4404《粮食作物种子质量标准—禾谷类》要求，纯度不低于99%，净度不低于98%，成苗率不低于85%（幼苗），含水量不高于14.5%。不允许使用包衣种子。

若从外地引种，一定不要从有水稻象甲、水稻细菌性条斑病等检疫对象发生的种子繁育基地引种；从国外引种，则严格按照农业部[1993]（农）字第18号文《国外引种检疫审批管理办法》执行，以保护本地水稻生产的安全。

三、培育壮秧

种子处理有关内容如下。

（1）晒种　播种前将种子摊晒1～2天，提高种子发芽率和发芽势。

（2）种子消毒　将晒好的种子用1%的生石灰水浸泡1天。浸种时使石灰水高出谷种10cm。

（3）育秧方式　旱育秧或水育秧。旱育秧可旱地直播或塑料软盘育秧，也可以在水田实行塑料软盘水整旱育。

（4）秧田与大田比例　旱地直播按30m^{2}净面积秧床播1kg杂交稻种或2kg

有机常规稻种，栽 1 亩大田。塑料软盘育秧一般每亩需 361 孔软盘 50 个左右，每孔播杂交稻种 1～2 粒，播有机常规稻种 2～3 粒，也可根据大田所需栽插密度计算育秧盘数。一般每亩塑料软盘秧苗可抛或插 50 亩大田。

水育秧按亩秧田播 7.5kg 杂交稻种或 15kg 有机常规稻种，可栽 7.5 亩大田。

（5）整地与培肥

① 旱育秧。冬翻冬凌或播前 20 天进行翻耕，每平方米施腐熟厩肥 5kg。播种前 2～3 天再次耕耘，并施入腐熟人粪尿 1 担/30m^2，做到田平土细，按 1.3m 宽厢面开沟。

② 水育秧。如果是专用秧田，就实行冬翻冬凌或播种前半月左右结合耕整按每亩施入 2000kg 农家肥，播种前 3～5 天按每亩施入 750kg 腐熟人粪尿再次耕整，做到田平泥烂，按 1.3～1.5m 宽开沟分厢。

（6）播期与秧龄　早、中、晚稻的播期不同，在早稻播期上，南方（湖北）采取先播迟熟，后播早熟，先插早熟，后插迟熟，也就是说，越早熟品种越要注意短秧龄；中稻播种期要注意避开高温阶段抽穗扬花，特别是不耐高温的品种以及易出现高温的区域，必须把预防高温热害，提高结实率，提高稻米品质作为一项重大措施；晚稻播种期在长江中下游地区十分重要，要根据品种的安全齐穗期倒推最佳播种期。至于最佳插秧期一般是在气温许可或适宜的情况下，早插比晚插好，软盘抛秧的秧苗叶龄以三叶左右为宜，最迟抛栽期的秧苗高度不超过 20cm，晚稻抛栽秧龄不超过 25 天（抛栽秧苗一般小苗比大苗效果好）。

我国南方除广东、广西、海南外，早稻一般在 3 月中下旬播种，晚稻 6 月中下旬播种。

（7）浸种催芽　将消毒处理过的种子进行浸种，当种子吸足水分后便进行催芽，催芽标准一般为破胸露白。长江中下游早稻、中稻催芽实行保温催芽，晚稻催芽实行“三漫三滤”（昼浸夜滤）。

（8）播种　将已露白的谷种均匀撒播，播种量根据品种特性、秧龄长短、育秧期间的气温高低而定。一般早稻气温较低，保温育秧的播量稍大一点，中、晚稻育秧气温较高，播量少一点，常规稻稍高一点，杂交稻分蘖力强，播量可少一点。

（9）苗床管理　早春气温低于 12℃时，秧床要盖膜保温。播种至一叶一心苗床密闭，保温保湿，二叶一心开始通风炼苗，使膜内温度保持在 25℃左右，日均气温稳定在 12℃以上时，昼夜通风炼苗，并逐步揭膜，防止失水，青枯死苗。

① 灌水。旱育秧从播种到立针现青不浇水。现青后，床面发白变干，应及时在早、晚喷水，切忌大水漫灌；水育秧，播种到现青，保持沟中有水，厢面无水，现青后，厢面保持薄水层。

② 施肥。以腐熟稀人粪尿为主。二叶一心时施好断奶肥。旱育秧按 50kg/30m^2，水育秧按 250kg/亩；移栽前 5 天施好送嫁肥，旱育秧按 80kg/30m^2，

水育秧按 400kg/亩。

③ 病虫防治。苗期应加强草、禽害防治，病虫害以防为主，山区要注意稻瘟病防治，晚稻要防好稻蓟马，移栽时要做到带药出嫁（病虫害具体防治方法见大田病虫害防治）。

四、栽培技术

1. 大田耕整

在耕整大田之前，首先对田间杂草，残茬进行清除，减少田间杂草和病虫基数，再通过耕耙、耖等田间作业，达到土壤松软，耕层活化，田平泥烂，真正做到灌水棵棵到，排水满田跑，同时田面平整，亦可提高秧苗成活率。

2. 施好施足底肥

结合耕整，每亩施入各类农家肥 2500kg 作底肥。底肥的主要品种有堆肥、沤肥、厩肥、沼气肥、绿肥、作物秸秆肥、泥肥、饼肥、草木灰。

有机肥料的施用技术：绿肥是红花草籽压初花、兰花草籽压盛花，把绿肥全部翻压在土下，然后翻耕耙匀，压青后 10～15 天插秧；秸秆、落叶、山草、青蒿和人粪尿及少量泥土混合堆制发酵分解后作基肥；菜籽饼、花生饼、大豆饼等饼粕是高含氮量的植物性有机质肥料，需经腐熟后施用或在水稻移栽前 10 天结合耕整一并施下。

禁止使用的有机物有城市垃圾和污泥、医院的粪便垃圾和含有害物质的垃圾及各类可能引起污染的废弃物。

3. 移栽

（1）起秧　不论是旱育秧（包括软盘育秧）或水育秧，都必须是当天起秧当天移栽到大田不过夜。

（2）栽插密度　根据早、中、晚稻及常规稻和杂交稻等不同类型，同时按照不同分蘖能力，土壤的肥力水平安排不同的密度。早稻品种：常规稻 3.0 万～3.5 万蔸/亩，杂交稻 2.5 万蔸/亩。中稻（一季晚）品种：常规稻 2.0 万～2.5 万蔸/亩，杂交稻 2.0 万蔸/亩。双晚品种：常规稻 3.0 万～3.5 万蔸/亩，杂交稻 20 万～2.5 万蔸/亩。

杂交稻每蔸插一粒谷苗，常规稻每蔸插 2～3 粒谷苗。

栽植方式可因地制宜，灵活掌握。但都必须是秧苗随取随栽，不插隔夜秧，移栽入泥浅，密度要均匀。免耕抛秧的密度应比翻耕抛秧的密度增加 10%。

4. 大田管理

（1）灌水　常规灌水是浅水（2cm）插秧，寸水（4cm）返青，浅水（1.5cm）分蘖，适时晒田，复水后浅水勤灌，深水（5cm）孕穗，抽穗扬花若遇高温可灌5～7cm 深水降温，灌浆期间干干湿湿，收获前 3～5 天断水。对有二次灌浆特性的品种，要干干湿湿到成熟。

（2）追肥　返青后，每亩施腐熟人粪尿（或沼液）8～10 担作分蘖肥；晒田复水后，每亩施腐熟饼肥 80kg，草木灰 50kg 作穗肥。

（3）中耕除草　插秧后 5～7 天待秧苗返青后，结合追施分蘖肥进行第一次中

(a) 播种、覆土作业

(b) 插秧作业

(c) 育秧苗情

(d) 水稻病虫害防治

(e) 水稻成熟期生长情况（王秀凤摄）

(f) 水稻收割

图 6-1　水稻生长（产）过程

注：图片来源主要参考以下网站：http://www.dhnj.gov.cn/xwzx/xwzx_x2.asp?id=313；http://www.shouxian.gov.cn/include/news_view.php?ty=1&id=10771；http://yx.cnyixing.cn/article/s/580895-298426-0.htm。

耕，分蘖末期进行第二次中耕，把杂草消灭在萌芽状态，同时促使秧苗平衡生长。

（4）晒田 晒田原则是：苗到不等时，时到不等苗，常规稻每亩30万～35万苗，杂交稻每亩22万～25万苗即开始晒田，若是抛秧栽培，晒田时间应提早到要求苗数的80%。晒田程度要看田、看天、看苗。看田是说该田的泥脚深浅，田底肥瘦。深泥脚肥多的田则晒得重一些，浅泥脚瘦田则晒得轻一些。看天是说在晒田期间的天气状况，天气好太阳大则晒田时间短一些，天气不好，晒田效果差，则相对晒田时间就长一些。看苗就是对旺苗田重晒，弱苗田轻晒。总的讲是因田制宜，灵活掌握。

5. 病虫害的防治

水稻病虫害主要有：稻瘟病、纹枯病、白叶枯病、三化螟、二化螟、稻纵卷叶螟、稻飞虱和稻蓟马等。有机水稻栽培在病虫害防治上更要注意依靠病虫测报信息，将农业防治、物理防治、生物防治结合起来。

在以上措施不能有效控制病虫害时，允许使用以下农药。

（1）中等毒性以下植物源杀虫剂、杀菌剂、驱避剂和增效剂，如除虫菊素、鱼藤根、大蒜素、苦楝、川楝、印楝、芝麻素等。

（2）释放寄生性捕食天敌动物，如寄生蜂、捕食螨、蜘蛛及昆虫病源线虫等。

（3）矿物源农药中的硫制剂、铜制剂。

（4）微生物制剂，如真菌及真菌制剂、细菌制剂、病毒制剂等。

第二节 有机蔬菜生产技术

有机蔬菜种类繁多，其生产技术各有特点。尽管技术措施不尽相同，但对产地环境条件、生产用种、用肥以及防治病虫害等方面，有许多共同的技术标准和要求。本节首先介绍这些共同的技术标准，然后介绍二类常见蔬菜的有机生产技术。

一、产地要求

有机蔬菜生产基地附近应没有造成污染源的工、矿企业。基地的灌溉水应是深井地下水或水库等清洁水源，不能使用污水灌溉。基地河流的上游没有排放有毒、有害物质的工厂。菜园距主干公路线50～100m以上。基地未施用过含有毒、有害物质的工业废渣；也可选择交通比较方便，适于种植蔬菜的山区耕地。

初选合格后，应对基地环境进行检测，土壤灌溉水、空气质量应符合有机农业的标准（见第二章）。

有机菜园要与进行常规生产的果园、菜园、棉田、粮田等保持百米以上的距离，或在两者之间设立物理屏障，减少有机菜园外的病虫害传播进来，同时也防止外界的农药、化肥等可能带来污染的物质传播到有机菜园，这包括通过大气、灌溉水、土壤渗透或其他媒介的传播。

有机菜园应当建立在肥力较高的土壤上，以轻壤土或砂壤土为佳，要求熟土层厚度不低于 30cm，土壤质地疏松，有机质含量高，没有特殊障碍（如地下水位过高、土壤含盐量过高、pH 值不适宜等）。基地的土壤肥力需要在检测各项指标的基础上，根据各因素的重要性进行综合评价，有机菜园的土壤肥力建议达到高级肥力水平，若土壤肥力较低，则要增施有机肥，积极培肥地力，保证有机蔬菜生产的持续进行。

二、品种选择

在有机蔬菜栽培中必须选用抗病优质的蔬菜品种。品种的抗病性较强，可以减轻防治病害的压力。只要注意病害发生环境的控制并加强栽培管理，即可实现在不用化学农药的条件下控制病害的发生，保证基本产量，降低生产成本。

三、种植制度

有机蔬菜生产基地应采用包括豆科作物或绿肥在内的至少 3 种作物进行轮作；在 1 年只能生长一茬蔬菜的地区，允许采用包括豆科作物在内的两种作物轮作。

合理轮作、发展间套作是有机蔬菜生产中一项重要的技术措施。有机蔬菜间作、套作的基本原则如下。

① 利用生长“时间差”。选择作物生长前期、后期或利于蔬菜生长但不利于病虫害发生的季节套作。

② 利用生长“空间差”。选用不同高矮、株型、根系深浅的作物间作套种。

③ 利用引起病虫害的“病虫差”。在确定间作套种方式时，为避免病虫害的发生和蔓延，不宜将同科的蔬菜搭配在一起或将具相同病虫害的作物进行间套作。

④ 利用病虫发生条件的“生态差”。综合“土壤-植物-微生物”三者关系，运用植物健康管理技术原理，选择适宜作物间作套种。一方面利用不同科属作物对养分种类的吸收不完全一致的特点，有利于保持地力和防止早衰；另一方面也使病原菌和害虫失去寄主或改变生存环境，减轻、消灭相互间交叉感染和病虫基数积累，使病虫害发生危害轻。此外也可利用不同作物喜阴、喜光等特性，达到阴阳互利。

间作、套种的类型主要有以下几种。

（1）菜菜间、套作　葱蒜类同其他科蔬菜间作；番茄和甘蓝套种；平菇与黄瓜、番茄、豆角间作等。

（2）粮菜间、套作　玉米与瓜果等蔬菜间套作，如玉米行内种黄瓜，可防止黄瓜花叶病发生；玉米行内栽种白菜，可减少白菜的软腐病和霜霉病的发生。

（3）果菜间作、套作　葡萄与蘑菇、草莓间作栽培，枣树与豆类、西瓜等蔬菜间作。另外，还有设施桃与草莓间作、山楂与蔬菜间作、大棚杏与番茄间作栽培等。

（4）花菜间作、套作　万寿菊、切花菊、郁金香、菊花、玫瑰等与蔬菜间套作。如万寿菊等与蔬菜间作后，可预防多种虫害。

（5）草生栽培　即在作物的行间种植各种杂草或牧草，以增加生物的多样性，减少蒸发，保护天敌，培肥土壤，防治病虫杂草等。在日本的许多果园和菜地普遍种植苜蓿属植物红三叶草，生长到30cm左右时进行割草作业，留2～5cm长的基部，其他部分作堆肥后还田，以改善土壤结构提高土壤肥力。

（6）林菜间、套作　分林菌类、林菜类间套作等。

蔬菜间作、套种组合适宜情况参见表6-1。

表6-1　有机蔬菜间作套作组合（北京市科学技术协会，2006）

蔬菜	宜间作、套种作物	不宜间作、套种作物
番茄	洋葱、萝卜、结球甘蓝、韭菜、莴苣、丝瓜、豌豆	苦瓜、黄瓜、玉米
黄瓜	菜豆、豌豆、玉米、豆薯	马铃薯、萝卜、番茄
菜豆	黄瓜、马铃薯、结球甘蓝、花椰菜、万寿菊	洋葱、大蒜
毛豆	香椿、玉米、万寿菊	
（甜、糯）玉米	马铃薯、番茄、菜豆辣椒、毛豆、白菜	
南瓜	玉米	马铃薯
马铃薯	白菜、菜豆、玉米	黄瓜、豌豆、生姜
青花菜	玉米、韭菜、万寿菊、三叶草	
萝卜	豌豆、生菜、洋葱	黄瓜、苦瓜、茄子
菠菜	生菜、洋葱、莴苣	黄瓜、番茄、苦瓜
生姜	丝瓜、豇豆、黄瓜、玉米、香椿、洋葱	马铃薯、番茄、茄子、辣椒
洋葱	生菜、萝卜、豌豆、胡萝卜	菜豆

有机蔬菜栽培中间、套作要注意的问题如下。

（1）注意合理组配　在蔬菜的组配中必须考虑植株高矮、根系深浅、生长期长短、生长速度的快慢、喜光耐阴因素的互补性，选择能充分利用地上空间、地下各个土层和营养元素的作物间套作。并尽量为天敌昆虫提供适宜的环境条件。

（2）注意种间化感作用　蔬菜在生长过程中，根系常向土壤中排出一些分泌物，如氨基酸、矿物质、中间代谢产物及代谢的最终产物等。不同种类的蔬菜，其根系分泌物有一定的差异，对各种蔬菜的作用也不同。因而在安排间作套种组合方式时，要注意蔬菜间的生化互感效应，尽量做到趋利避害。只有掌握各类作物分泌物的特性，进行合理搭配、互补，才能达到防病驱虫的目的。

(3) 搞好病虫害的预测预报　掌握作物病虫害发生规律、主要种类，为害、不为害的作物等情况。在此基础上，选择适宜作物间套作，注意在同一间作套作组合方式中，各种蔬菜不能有相同的病虫害。

(4) 加强田间管理　注意协调作物对光、肥、水需求的矛盾。注意选择高产、易种（省工省力、病虫害轻）或肥水管理相近的作物间套作，并采用大、小畦或大、小行间作，适当加宽行距、缩小株距等方式，合理进行间套作。

(5) 培肥土壤　选择豆科蔬菜及绿肥等能利用根瘤菌固氮的作物间套作，有利于培肥土壤。

除了轮作、间作、套作外，其他系列的栽培技术也都需要有目的地综合运用。通过调整作物合理布局，选择适宜播种期、培育壮苗、嫁接换根、起垄栽培、地膜覆盖、合理密植、优化群体结构、合理植株调整等技术，创造一个有利于蔬菜生长发育的环境条件，使作物生长健壮，增强抗病虫杂草的能力，以达到优质、高产、高效的目的。

四、有机萝卜的生产技术

萝卜（*Raphanus sativus* L.）主要以肉质直根为产品器官，营养丰富，可作蔬菜、水果及加工用，在我国南北均有栽培，为骨干蔬菜种类之一。

1. 品种选择

有机萝卜栽培宜选用的类型和品种如下。

① 秋冬萝卜。秋季播种，冬季收获，生长期60～120天。多为大型和中型品种。产量高，品质好，耐储藏。长江流域一般在8月中旬到9月中旬播种，11～12月大量上市。品种有黄州萝卜、武昌美依、浙长大、德日杂交萝卜等十余个。

② 冬春萝卜。在长江流域及其以南地区冬季不太寒冷的地区栽培。武汉地区一般在10月中旬播种，露地越冬，翌年3月中下旬到4月上旬收获。品种有四月白、春不老等。

③ 春夏萝卜。一般从12月上旬开始，一直可播种至翌年3月上旬，收获期4～5月，生育期70天左右。可露地栽培，也可地膜覆盖栽培。品种有春红1号、春红2号、春白2号、醉仙桃、春罗1号等。

④ 夏秋萝卜。夏季播种，秋季收获，生长期40～70天。一般7月上旬至8月上旬播种，8月下旬至10月中旬收获。品种有双红1号、短叶13号、夏抗40天、豫萝1号等十余个。各有机食品产区可根据具体情况，选择适应性强的品种。

2. 大田准备

整地时，耕深宜为20～30cm，宜耕耙三次，并充分冻垡晒垡，做到畦面细碎平整，同时施用基肥。深沟高畦，畦面宽宜为80～100cm，畦沟宽宜为40cm，畦高宜为20～25cm。畦可为长条形，亦可做成梳子形。基肥宜每亩施用腐熟牛厩肥3300kg或腐熟猪厩肥2500kg、施天然磷矿粉60kg及天然硫酸钾10kg。施用方法宜为沟施或穴施。

3. 播种

直播，穴播，每穴5～7粒种子，每亩用种0.5～0.75kg，播种深度宜为1～2cm，播后覆熟化的细碎菜园土。夏秋播种者，宜覆盖遮阳网保墒、防暴雨。行距宜为40cm，每畦2～3行，穴距宜为20～30cm，视萝卜大小类型适当调整。要求根据品种特性适期播种。

4. 大田管理

（1）间苗与定苗　第1片真叶展开时第1次间苗，每穴留3～4株壮苗；第3～4片真叶展开时第2次间苗，每穴留2～3株壮苗；第5～6片真叶展开时定苗，每穴留1株壮苗。

（2）灌溉　播种时充分浇水，使土壤有效含水量80%以上，保证苗壮出苗后少浇勤浇，土壤有效含水量宜60%以上，切勿忽干忽湿。夏天宜在傍晚浇水。莲座期或叶部生长盛期需水渐多，浇水量较前期为多。根部生长盛期（“露肩”后的一段时期）应充分均匀供水，土壤有效含水量以70%～80%宜为。肉质根生长后期要求适当浇水，防止空心。不论何时，雨水多时均应及时排水。

（3）追肥　第一次追肥宜在植株大“破肚”时进行，第二次肥追肥宜在肉质根膨大盛期“露肩”时进行，最后一次追肥应在产品收获30天前进行。有机生产中天然钾矿粉是允许使用的。对于生长期较短的品种，可将追肥时期适当提前。

（4）中耕除草　有机萝卜栽培过程中，采用人工中耕除草。幼苗期宜浅中耕，莲座期宜深中耕，封行后宜停止中耕。中耕、除草、培土要结合进行。

（5）病虫害防治　萝卜霜霉病、萝卜黑斑病、萝卜白斑病、萝卜白锈病及萝卜炭疽病等病害主要通过轮作、晒垡、冻垡、晒中和温汤浸种消毒等措施防治。药剂防治用氧氯化铜50%可湿性粉剂800倍喷雾，或用石硫合剂、波尔多液等喷雾，安全间隔期15天。

虫害可用频振式杀虫灯、黑光灯、高压汞灯、双波灯等诱杀。还可用昆虫性信息素、黄板或白板诱杀。铺挂银灰膜可驱蚜虫。蚜虫还可用2.5%乳油鱼藤酮400～500倍喷雾防治，安全间隔期30天；菜青虫可用100亿活芽孢/g苏云杆菌可湿性粉剂800～1000倍液喷雾；蚜虫和菜青虫均可用1%水剂苦参碱600～700倍喷雾防治，安全间隔期20天。

5. 采收

一般在肉质根充分膨大、基部已圆、叶色转淡变黄时采收。秋冬萝卜中的三白萝卜、武杂3号等大型萝卜，可据市场情况提前、分批采收，每亩可产4000～5000kg；冬春萝卜宜在薹高15～20cm时采收，也可按大小分批采收。若在薹高1～2cm时摘薹，则可推迟5～7天收获，每亩可产3500kg左右；春夏萝卜采收时。薹高不超过10cm，否则易糠心和木质化。每亩可产1000～1500kg；夏秋萝卜收获期一般 10 天左右，采收过晚易糠心。每亩产 2000～2500kg 以上，但不同品种之间、不同采收期之间产量差异较大。

五、有机大白菜的生产技术

大白菜［*Brassica campestris* L ssp. *pekinensis*（Lour）Olsson］别名结球白菜、黄芽菜等，原产我国，是我国的一类重要蔬菜。

1. 品种选择

有机大白菜栽培可选用的品种有鲁白 8 号、山东 19 号、早熟 5 号、夏阳白、丰抗 80、春夏王、白 4 号及早熟 6 号等 20 多个。大白菜品种繁多，各有机食品基地应根据当地气候条件和市场需求，选择相应的品种。

2. 大田准备

有机大白菜栽培，适宜耕层深厚、土质疏松的砂质壤土和黏质壤土。整地前，充分冻垡晒垡。整地时，耕深宜为 30cm 以上，做到畦面细碎平整，同时施用基肥。深沟高畦，畦面宽宜为 80～100cm，畦沟宽宜为 40cm，畦高宜为 20～25cm。畦可为长条形，亦可做成梳子形。宜每亩施用腐熟牛厩肥 3300kg 或腐熟猪厩肥 2500kg、施磷矿粉 60kg 及硫酸钾 10kg。施用方法宜为沟施或穴施。

3. 栽培方式与播期

大白菜栽培，可以采用大田直播或育苗移栽两种栽培方式，主要取决于前作腾茬时间的早晚。在某一品种的适宜播种时内，若前作已腾茬，并施肥、整地，一般采用直播。若前作不能及时收获腾茬，则应先在苗床播种育苗，然后移栽大田定植。

一般情况下，秋冬大白菜宜在处暑前后播种，视情况灵活掌握。根据当年天气预报，8 月中、下旬平均温度接近或低于常年时，可适当早播，否则适当晚播。抗病、生长期长的晚熟品种可以适当早播；生长期短的中熟品种宜晚播数日。土壤肥沃、肥料充足、病原物较多的菜田，应适当晚播；实行粮、菜轮作，地力较差，病原物较少的菜田可适当早播。育苗移栽的适当早播；直播者适当晚播。

4. 育苗

（1）苗床准备与播种　育苗苗床宜选择地势高、干燥、距水源和大白菜大田较近，前茬不是十字花科蔬菜生产田或留种田的地块作育苗床。苗床内应施入充足的肥料，床土挖松达 15～20cm，使床土与施入的肥料混合均匀，然后耙平床面。初步整平床面后浇水一次，使床土自然沉实后再耙平，然后再浇水、播种。

采用营养土切块法育苗或直接用营养钵育苗亦具有良好效果。营养土可用无病原物园土 6 份、充分腐熟的圈肥 4 份配成，每 $1m^3$ 培养土中再加入充分腐熟的大粪干或鸡粪 30～50kg，充分掺匀，填入苗床或装入营养钵中。

育苗面积较大时，可以采取撒播法，每 $1m^2$ 床面播种 2～3g；切块定植者在床面浇水渗下后，按 8～10cm 见方划格，每方格播种 2～3 粒，宜播于方格中央；营养钵育苗时，在钵内浇透水后，每钵播种种子 4～5 粒。播种后，均宜撒盖 0.8～1cm 厚的细土，且宜覆盖防虫网或遮阳网降温和防止蚜虫传毒。

（2）苗期管理　浇水与排水在幼芽出土前和出土后的 1～2 天内不宜浇水，以免土面板结。高温，旱天气及时浇水，多雨积涝时及时排水。防治蚜虫宜采用尼龙纱、银灰色塑料纱等避蚜。苗出齐后，可于子叶期、拉十字和 3～4 片真叶期进行间苗。撒播育苗的苗床内，最后一次间苗，苗距应达到 10cm 左右。方块或营养钵育苗时，每个方块和每一营养钵中只留一株壮苗。

5. 大田定植或直播

（1）大田定植　育苗移栽定植者，一般以 15～20 天苗龄，幼苗有 5～6 片真叶为移栽定植适宜期。移栽应在下午进行，栽后立即点浇水。以后每天早、晚各点浇一次，连续点浇 3～4 天，以利缓苗。根据品种的生产特性，确定适宜的定植密度。一般行距 50～70cm、株距 30～60cm。每亩种株数：大型晚熟品种为 1200～1300 株、中型中晚熟品种为 1500～1800 株、小型早中熟品种为 2000～2500 株。

（2）直播　直播宜采用穴播方法。播种穴距与大田定植者相同，每穴播种 5～6粒，播深 2～3cm，播后覆肥沃腐熟细土肥。在幼芽出土后分 2～3 次间苗和定苗，一般于 5～6 片真叶时定苗。初期可覆盖遮阳网防止日晒和地面高温。勤浇小水，保持地面湿润、降低地表温度。在无雨的情况下，一般于播种当日或次日浇水一遍，务求将垄面润透。播种第三日浇第二遍水，促其大部分幼芽出土。

6. 大田管理

有机大白菜大田生长期内，追肥 2～3 次。第一次在 3～4 片真叶期，第二次在定苗或育苗移苗后，第三次在莲座末期、结球初期，每次每亩施腐熟人粪尿 200kg，对水稀释后沟施。夏阳白等生育期短的品种宜追肥两次，山东 4 号等生育期长的品种宜追肥三次。

大白菜从团棵到莲座末期，可适当浇水。在莲座末期，适当控水数天，到第三次追肥后再浇水。大白菜进入结球期后需水量最多，天气无雨时，一般 5～6 天浇水一次，保持地面湿润。收获前 7～10 天停止浇水，以利收获和冬季储藏。

大田生长期间，应宜中耕除草 2～3 次。

对于晚熟品种，在结球完成后，若需分期采收，则应将莲座叶扶起，抱住叶球，然后用浸透水的甘薯秧或草绳等将叶束住防冻害。

7. 病虫害防治

霜霉病、黑斑病、白斑病、白锈病等病害主要通过轮作、晒垡、冻垡、晒中和温汤浸种消毒等措施防治。药剂防治可用氯氧化铜50%可湿性粉剂800倍喷雾或石硫合剂，或波尔多液等喷雾，安全间隔期15天。

虫害可用频振式杀虫灯、黑光灯、高压汞灯、双波灯等诱杀。还可用昆虫性信息素、黄板或白板诱杀。铺挂银灰膜可驱蚜虫。蚜虫还可用2.5%乳油鱼藤酮400～500倍喷雾防治，安全间隔期30天；菜青虫可用100亿活芽孢/g苏云杆菌可湿性粉剂800～1000倍液喷雾；蚜虫和菜青虫均可用1%水剂苦参碱600～700倍喷雾防治，安全间隔期20天。

8. 收获

大白菜结球紧实后即可采收。早熟品种宜及时采收，晚熟品种可视需要分期采收。

白菜和萝卜如图6-2所示。

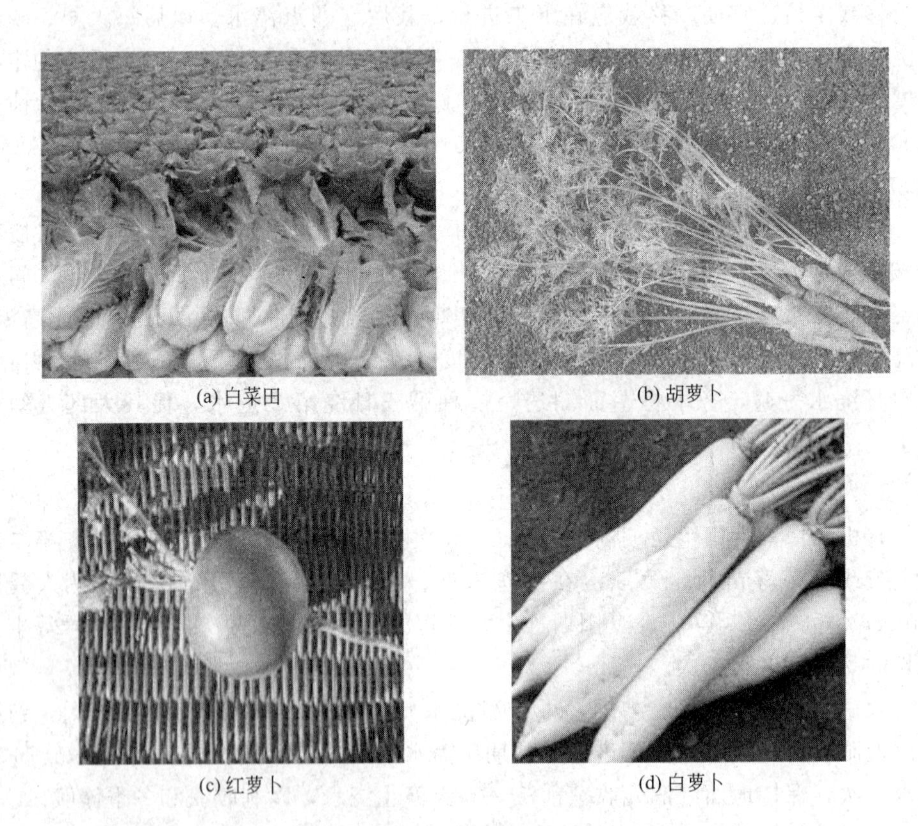

(a) 白菜田　(b) 胡萝卜　(c) 红萝卜　(d) 白萝卜

图 6-2　白菜和萝卜

注：图片来源主要参考以下网站：http://baike.baidu.com/view/17811.htm?func=retitle；http://baike.baidu.com/view/17967.htm?func=retitle；http://baike.baidu.com/view/7937.html?fromTaglist

第三节 有机果品生产技术

我国地域辽阔，南北方的环境条件差异很大，因而南北方的果品也有很大的不同。我国北方的果树品种非常多，常见的有苹果、梨、桃、樱桃、葡萄、杏、李、山楂、板栗、枣、柿、核桃、石榴等。南方果品也很多，包括柑橘、香蕉、菠萝、荔枝等。根据果树的种植面积和产量，本节选取苹果作为北方果树的代表，选取柑橘作为南方果树的代表，介绍其有机生产技术。

一、苹果

苹果是世界上广泛栽培的果树，我国栽培苹果也有近百年的历史。但是，栽培苹果是一项技术性较强的生产活动，而且苹果栽培技术发展和品种的更新也比较快，我国的苹果栽培技术没有及时跟上世界苹果栽培技术的发展，生产中存在不少问题，较为突出的是品种老化，苹果着色差，内在品质不佳，而且由于对病虫害的防治不力，病残果较多，优质果少，整个苹果生产出现丰产不丰收，产高价不高，普通苹果积压，优质苹果脱销的局面。

（一）建园要求

苹果种植要求的气候条件是：年平均气温为 6～17℃；年降水量在 500～800mm，而且分布比较均匀，或降雨大部分在生长季节中。否则须有灌水条件，方可栽培苹果。苹果种植还要求有充足的光照条件。苹果对土壤条件的适应性较强，并可利用不同砧木以增加苹果对土壤的适应性。最适宜的土壤为深厚、肥沃、疏松、有机质含量高、排水良好，pH 值为 6～8 的砂质壤土。土壤环境质量符合 GB 15618 中的二级标准。

苹果树为多年生乔木，占用土地的时间长，因此，必须对果园进行合理规划。苹果园应根据面积、自然条件和树形等进行规划。规划的内容包括：栽植区、道路系统、排灌系统、防护林等。

（二）品种选择

在苹果生产中，苹果的产量高低，品质的优劣，在很大程度上取决于所选栽的苹果品种。所以，选栽适于当地栽种的优良苹果品种，是决定有机苹果生产成败的关键因素。

全世界的苹果品种繁多，约有 8000 多个，但在生产上栽培的主要品种仅为几十个。下面逐一介绍我国主要栽培的和近几年引进的表现较好的一些品种。

（1）富士　富士是一个成熟期晚，品质优良，丰产性好，耐储藏的优良品种，是我国当前主要的发展品种。富士是日本品种，由国光与元帅杂交育成。富士苹果幼树生长旺盛，结果后树势容易衰弱，适宜在土层深厚，光照良好的丘陵山地发展。生产上应提倡发展着色系和短枝类型。

（2）新红星　新红星是元帅系短枝型芽变品系的优良类型。原产美国，是从红星突变而来。

（3）金冠　金冠又称金帅。原产美国，它是一个著名的广适性品种，世界各苹果产区都有大量栽培。

（4）藤木1号　藤木1号又名南部魁，是早熟品种中的佼佼者。美国品种。

（5）嘎啦　嘎啦是新西兰品种，其亲本是基德橙红和金冠。

（6）津轻　津轻为日本品种，是从金冠的实生苗中选出来的。

（7）王林　王林是日本从金冠与印度的自然杂交苗中选育出来的品种。我国20世纪70年代引入，是一个优良的绿色品种。王林苹果生长旺盛，早果性、丰产性好，可适量发展。

（8）秦冠　秦冠是陕西省农科院果树研究所育成的品种，亲本为金冠和鸡冠，1970年定名。秦冠苹果树势强健，树冠高大，适应性广，丰产性和稳产性较强，抗病性也较强，在我国西北地区有大面积栽培。

以上介绍的是一些主要品种，至于在生产上如何确定发展哪些品种，要根据所在地区的土壤、气候条件，离城市的远近和市场的需要来确定。目前苹果品种发展总的趋势是以红色、优质、大果、晚熟、耐储藏的品种为主栽品种。还要注意早、中、晚熟品种合理搭配。不同的地区可以根据当地的特点发展特色品种。

应选择有机种苗。当从市场上无法获得有机种苗时，可以选用未经禁用物质处理过的常规种苗，但应制订获得有机种苗的计划。应选择适应当地的土壤和气候特点、对病虫害具有抗性的品种。在品种的选择中应充分考虑保护作物的遗传多样性。禁止使用经禁用物质和方法处理的种苗。

（三）定植

1. 整地与施肥

平地栽植苹果时进行带状整地，也叫沟状整地。一般按已定好的行向和行距，挖成宽1～1.2m、深0.8～1.0m的连续长条沟，长度依小区长度而定。然后将原表土及行间的表土与有机肥（圈肥、鸡粪等）混匀、施入填平，一般每亩施有机肥3000～5000kg，圈肥量宜大点，鸡粪量可适当小些。最后灌水，将定植沟沉实待用。平均坡度在23°以下的坡面可以建立苹果园。整地方法为：一般田面宽以2～2.5m为宜，梯田的外侧修成高30cm左右的拦水埂，田面修成外高里低的小反坡，内侧作为田面蓄水排水沟。

2. 定植

（1）栽植方式　常用的栽植方式有长方形栽植、正方形栽植和等高栽植3种。

长方形栽植是生产上广泛采用的栽植方式。特点是行距大于株距，作业管理方便，通风透光好，一般采用南北行，行距比株距大 2m 左右。正方形栽植适用于稀植果园。特点是株距和行距相等，优点是土地利用率高，光照好；缺点是不便于密植和机械作业。等高栽植适用于山地、丘陵的梯田、水平沟等果园。特点是每行树都按一定株距栽植在同一等高线上，优点是利于水土保持；缺点是行距受坡度影响大，要根据坡度的变化相应加行或减行。

（2）栽植时期　秋栽在苗木落叶后至土壤封冻前进行；春栽在土壤化冻后至苗木发芽前进行。中、北部地区应在春季定植。

（3）定植方法　定植前，将苗木取出，苗木根系略加修剪，将苗木根部的损伤、劈裂或不整齐的断茬等用剪枝剪剪成平茬。然后在已挖沟施肥整好的定植行内，按株距要求挖 20～30cm 见方的定植穴，将苗木根系舒展开放入穴内，栽植深度以苗木根颈部与地面相平为宜；矮化中间砧苹果苗，中间砧段露出地面部分不能超过 10cm。苗木直立。边填土边压实，栽后浇水并覆地膜。

（四）果园管理

1. 土壤管理

苹果树对土壤要求不很严格。喜微酸性至中性土壤，为了获得高产、稳产，必须改良土壤。除建园时对土壤进行改良外，在苹果的整个生长过程中，还需经常进行深翻、洗盐压碱、调节土壤酸碱度，修整和维护水土保护工程和灌排设施。苹果园土壤管理包括耕翻、间作等方法。

（1）耕翻和改土　从栽后第二年开始，每年或隔年围绕树穴向外挖宽 50cm 左右、深 50～70cm 的长方形沟，把挖出的和四周的表土填入沟的中下部。如土质过于低劣，应换上好土。深翻在雨季或秋季落叶前结合施基肥进行。

（2）间作　幼龄苹果园可利用较宽的行距，在行间种植绿肥或矮秆作物如豆类、薯类、花生等。不宜种植后期需水量大的菜类或高秆作物。种植绿肥进行翻耕或刈割覆盖，可改善土壤结构，增加土壤有机质含量。在北方干旱或半干旱地区，行间间作有利于防风固沙。另外，苹果园地面覆盖可有效地减轻土壤水分蒸发、保墒防旱，防止杂草生长。覆盖物腐烂后还可增加土壤有机物含量。覆盖物可就地选材，地膜、作物秸秆、杂草、稻草、木屑等均可，覆于果园地面上即可，覆盖厚度 5～10cm。在没有水浇条件的苹果园，覆盖对保墒和降低土壤表层温度，保护表层根系不受高温伤害，防止早期落叶十分有利。

2. 施肥

苹果定植后，每年要消耗大量的营养物质，土壤是根系生长的空间，矿质营养的来源，施肥可不断地向园地土壤补充树体生长发育所必需的营养元素，保证树体正常生长发育，改善土壤理化性质。

有机苹果生产施肥既要保证苹果生产优质高效，又要有利于果品及对环境无污染。施肥原则是全部施用有机肥，可秋施或春施，基肥占全年施肥量的60%，追肥为辅，分次施入。有机肥料种类多种多样，总体可以分为堆肥、厩肥、绿肥、沼渣、沼液、沤肥、作物秸秆肥、未经污染的泥炭肥、饼肥、生物有机肥等，使用时要经过充分发酵、腐熟。

（1）基肥　可秋施也可春施，以秋施为好。每年果实采收后及早施肥对于恢复树势、增加储备营养十分有利。有机肥应施在根系分布层稍深稍远处，诱导根系向深广发展。撒施翻耕或沟施，通常采用沟施法，一般在距植株50～80cm处，挖深、宽各40～60cm的沟施入基肥。可在施入有机肥前，先在施肥沟底铺垫一层厚10～20cm的秸秆或碎草。施入后及时灌水。施基肥方法有环状沟施、放射状沟施、条状沟施和全园撒施等，可结合果园土壤改良进行。1～2年幼树株施农家肥50～80kg。结果期的树每结100kg果实，施入优质农家肥200kg。

（2）追肥　每年在生长季节追肥，分别于落花后、花芽分化前和早秋施入。土施：第一次追肥在开花前进行，施肥后覆土浇水。沙土地种苹果，漏水漏肥，可在苹果生长季节冲施鸡粪或沼液。

3. 水分管理

在北方早春或晚秋灌水，可缓解霜冻的危害。灌水可促进土壤有机物的分解等。灌溉水的质量要符合GB 5084的规定。

（1）灌水方法和次数　果园灌水方法包括漫灌、沟灌、喷灌、滴灌等。科学的灌水次数是按土壤含水量灌水。苹果园灌水次数，一般是结合苹果生命活动周期对水分的需求，并根据土壤水分状况决定的。

（2）排水　土壤水分过多时，根系因缺氧而受到抑制或减少对养分的吸收，轻者引起早期落叶，重者导致枯叶，出现永久性萎蔫而死亡。低洼盐碱地的苹果园，如果没有三级排灌系统，不能种植苹果。排水系统不健全时，抬高畦面可增加植株根际土层，利于植株生长发育。

4. 整形修剪

有机苹果主要树形有：a. 基部三主枝疏散分层形；b. 双层五主枝自然半圆形；c. 自由半圆形（单层半圆形）；d. 自由纺锤形；e. 细长纺锤形。

不同时期树的修剪技术要点如下。

（1）幼树（1～4年生）修剪　幼树时期整形修剪的主要任务是培养树体结构，促进树体尽快生长，早成形早结果。

（2）初果期树修剪　初果期的树，营养生长仍很旺盛，树冠扩大迅速，结果数量逐年上升。修剪的主要任务是继续培养各级骨干枝，基本完成整形；采用适宜的修剪方法，使之多成花结果，以果压冠，使生长和结果相当；保持树势平衡，充分利用辅养枝结果，取得速生丰产，使树体尽快进入盛果期。

（3）盛果期树修剪　改善树冠光照，树高控制在行距的80%左右，以保证上下午树冠东西两面各有3h的直射光。通过落头，控制上层枝量，使上下层的总枝量比为5∶2～5∶3。

5. 大树改造

高接换优的过程，不仅仅是将劣质品种换成优良品种的过程，同时还是将不合理的树体结构改造成良好树体结构的过程。大树改造的方法是，基本保留原有骨干枝数量，在骨干枝上每间隔30cm左右嫁接1个接穗，每个骨干枝根据大小粗细嫁接6～10个接穗，高接方位选用背斜枝且均匀配备在骨干枝的两侧。骨干枝数量一般保留9～12个，每株树体平均嫁接数量100个左右，接穗长度一般为5个芽。嫁接方法采用插皮接和腹接，骨干枝的枝头一般采用插皮接，并且采用双穗以提高成功率。骨干枝秃裸，没有适宜嫁接部位时，可采用插皮接进行补位。接穗一般采用蘸蜡密封保湿。缠绑材料使用0.03～0.04mm的塑料薄膜。嫁接时间为春季萌芽前5～15天。

一般改接造型时，改良纺锤形树形每株树的接头数不少于30个，接穗数不少于40个；自由纺锤形树形每株树的接头数不少于12个，接穗数不少于20个；主干疏层形树形每株树接头数不少于50个，接穗数不少于90个。

6. 花果管理

(1) 授粉

① 利用有益昆虫授粉。生产上用得较多的有蜜蜂和壁蜂。可在花期放蜂，以借助蜜蜂传粉进行授粉。每10亩园放一箱蜂，于开花前2～3天置于园中间。

② 毛巾棒授粉。在长杆前端绑一个内装麦秸的毛巾筒，形成毛巾棒。授粉时，先在授粉品种树开始散粉的花序上滚动，让其沾满花粉，再到需授粉树初开花序上滚动，反复进行，互相授粉。

③ 人工、机械授粉。首先采花制粉，于授粉树的花朵呈气球状时采下花序和花朵，去掉花瓣，取出花药，置于干燥、通风的室内，室温保持20～27℃，1～2天后，花粉散出，用细筛除去杂质，装在瓶内备用。授粉时间以主栽品种开花后1～2天内最好。

(2) 疏花　疏花宜早，一般自花序伸出期开始。大型果按25～30cm间距留1个花序，中型果疏花从显蕾期开始，首先将30cm以上长果枝及二年生枝段的花蕾全部疏掉，花序分离后30cm以内果枝顶花全部疏为双花。

(3) 疏果　落花后15～20天内进行疏果。先疏去病虫、伤残果和畸形果，然后再根据果型大小和枝条壮弱决定留果多少。

(4) 果实套袋　果实套袋可以促进果实着色，减轻果锈，提高果面的光洁度。

(5) 疏除徒长枝　为使树体通风透光，促进果实着色，于生长季节将枝干上剪锯口处及背上的旺长枝、直立枝从基部疏除。一年进行两次，分别于6月和8～9月进行。

(6) 摘叶转果　适时适量摘叶。摘叶的时间在果实开始着色期进行。中熟品种在采前10～15天，晚熟品种在采前30～40天进行。摘除果实周围5～15cm内

（主要为果台叶）的遮光叶及贴果叶，使60%以上的果面受到直射光的照射，摘叶时要保留叶柄。

（7）铺反光膜　红色品种于果实着色期，在树下沿行向于树冠外缘向内铺设银白色反光膜。

7. 病虫害防治

苹果是病虫害发生较多的果树，每年因病虫为害造成的损失巨大。科学有效地防治好病虫害，尤其是病害，是提高苹果产量和质量的重要措施，同时也是生产有机果品的重要环节。

防治方法应从以下几个方面考虑：a. 减少病源；b. 加强栽培管理，增强树势，增强抗性；c. 加强预测预报；d. 采用生物农药。

（1）采用农业栽培措施防治病虫害　加强栽培管理，增强树势，增强抗性。选用抗性品种及合理密植、科学施用有机肥，除草、加强夏季树体管理，保持冠内通风透光等，从而增强树势，提高抗病性。

果实套袋，可有效阻止病菌及害虫的侵入，从而减少用药次数和用药量。

（2）采用物理机械方法防治病虫害　一些害虫如地老虎、蛴螬、金龟子等，可以采用人工捕杀的方法，集中人力捕捉并消灭害虫。还利用频振式多功能杀虫灯、黄板、黏虫胶等诱杀、捕杀害虫，同时根据诱集的害虫进行分类，可起到虫情预报的作用。

（3）利用天敌防治病虫害

① 瓢虫。一是以捕食蚜虫为主的瓢虫。主要有七星瓢虫、龟纹瓢虫、异色瓢虫等，主要捕食绣线菊蚜、苹果瘤蚜、梨二叉蚜等。二是捕食叶螨为主的瓢虫，主要有深点食螨瓢虫等。

② 草蛉。常见的有大草蛉、丽草蛉、中华草蛉、叶色草蛉、普通草蛉等。草蛉是一类分布广，食量大，能够捕食蚜虫、叶螨、叶蝉、介壳虫等的重要捕食性天敌。

（4）利用药剂防治病虫害　药剂防治仍是目前苹果病虫害防治中不可缺少的防治手段，但有机果品生产必须严格掌握使用生物农药进行防治。

苹果的主要病虫害主要有锈病、苹果白粉病、褐斑病、轮纹病、腐烂病、根腐病、炭疽病、梨小食心虫、尺蠖等。对这些病虫害的药剂防治方法分别介绍如下。

① 锈病。锈病又名赤星病。多为害苹果、梨树、山楂等的新梢、果实。防治方法：苹果园周围避免栽植桧柏、龙柏类树木。如果苹果树在桧柏、龙柏附近，在春季前应剪除桧柏、龙柏上的病枝，并喷洒1∶2∶150倍波尔多液。发病时可用0.3～0.5波美度的石硫合剂、45%的晶体石硫合剂300倍液进行喷雾防治。

② 苹果白粉病。病斑圆形，染病叶片背面有白色粉状物及多个病斑。防治方法：a. 落叶后剪除病枝、病芽，清除落叶集中烧毁，减少越冬菌源；b. 加强管

理，改善膛内通风透光条件，增强树势，控制灌水，多施有机肥；c. 苹果开花前后各喷一次45%的晶体石硫合剂300倍液进行防治。

③ 褐斑病。主要为害叶片和果实。防治方法：a. 冬季清除落叶集中烧毁，减少病源；b. 加强栽培管理，增强树势，提高树体自身抗病能力；c. 苹果开花后喷1∶2∶200倍波尔多液进行防治，15～20天1次，连续防治2～3次。

④ 轮纹病。又名粗皮病。主要为害枝干和果实，少量为害叶片。侵染枝干，削弱树势，造成整株枯死；侵害果实导致果腐，损失严重。防治方法：a. 休眠期清除落叶、病僵果，修剪时修掉被害枝梢并集中烧毁；b. 对发病果园，可喷施1∶2∶200倍波尔多液进行防治，15～20天1次，连续3～4次。

⑤ 腐烂病。又名臭皮病。主要为害树皮，严重时可造成整枝或整株死亡。防治方法：a. 加强栽培管理，增强树势，提高树体的抗病力；b. 休眠期清除病残枝叶，集中烧毁或深埋，消灭病源；c. 发病初期刮除树体上的病组织和粗皮，及时涂药。可选用45%的晶体石硫合剂20倍液、1%硫酸铜溶液等进行涂抹防治。

⑥ 根腐病。为害根系，以幼根为主。受害根系首先变成褐色，逐渐坏死，而后停止发育或腐烂。防治方法：a. 育苗用土要经过消毒，尽可能避免将病菌带入果园；b. 加强栽培管理，推广滴灌，避免大水漫灌，尽量减少根部浸水时间；c. 对发病株，挖出病根部位，刮除病斑；d. 用0.5%的硫酸铜溶液或3～4波美度的石硫合剂涂抹。

⑦ 炭疽病。主要为害果实，也可为害枝条。防治方法：a. 加强管理，合理增施有机肥，以提高树体抗病能力；b. 对低洼果园要及时排除积水，降低园内湿度；c. 春季萌芽前，喷5波美度石硫合剂，以消灭越冬病菌；d. 在疏果后果实锈斑出现前进行果实套袋。

⑧ 梨小食心虫。以幼虫为害果实，多从萼、梗洼处蛀入，早期被害果蛀孔外有虫粪排出，晚期被害果则无虫粪。遇到高湿环境，蛀孔周围常变黑腐烂。防治方法：a. 及时摘除被害虫果烧毁或深埋；b. 在整个卵期释放天敌赤眼蜂4～5次，每次每亩用蜂2万～3万头；c. 果实套袋，这是防治食心虫最有效的方法，既可防止食心虫为害，又有利于生产有机果品。

⑨ 尺蠖。以幼虫食害花、嫩叶成缺刻或孔洞，严重时可将叶片吃光，对树势及产量有很大影响。防治方法：a. 3月下旬成虫羽化前，在每株树下堆50cm高的沙土堆并拍打光滑，或树干上绑塑料膜，或在树干上涂10cm宽的不干胶，可阻止雌蛾上树产卵；b. 5月上旬，用苏云金杆菌孢子粉喷雾。

（五）果实采收与采后处理

1. 采收时期

苹果果实采收期的判定方法可按果实生育日数，即盛花至果实成熟所需天数。也可依据成熟的外观标准和内含物标准。

① 果实外观标准。主要根据果实着色指数和底色，表现出品种固有色泽，果实萼洼处由绿变黄为成熟的标志。

② 内含物标准。表现出品种固有的含糖量、含酸量以及香味。达此标准时可选择好天气进行采收，雨天或雨后不宜采收。

2. 采收方法

采收要分期进行，每次选择着色好和成熟度适宜的果实采收，一般分 3 次采完，采收间隔期视成熟情况而定，一般间隔 3～5 天。采收时用手托住果实，从果柄部轻轻带果柄摘下，采果时间最好在晴天上午或傍晚。用于储藏的苹果须在库外预冷一个晚上，次日早晨入库。采收应注意保证果实完整无损，防止折伤果枝；采果时，按先冠外、后冠内，先下层、后上层的顺序进行。

3. 果实质量要求

果实外观要洁净，无可见的附着物。果形端正，果梗完整，成熟良好。果实发育充分，具本品种固有的特征。无非正常的外来水分，具本品种的正常色泽。苹果如图 6-3 所示。

图 6-3 苹果

注：图片来源主要参考以下网站
http：//www.fruits.ha.cn/edit/UploadFile/200812/2008121116758378.jpg

4. 包装、运输、储藏

产品采后，应按规定标准进行分级，中间处理环节应减少二次污染，禁用污水清洗商品苹果，禁用有害物包装苹果，最大限度保持产品新鲜，提高商品率，以取得更好的经济效益。

苹果采后应按下列程序进行：适时采收—按标准分级—预冷—包装—储藏保鲜—测试—封袋包装—上市销售。

包装容器必须清洁，无污染，无霉变，保鲜袋无毒无污染。外包装设计要有品牌、品种、果重等标志。推广应用纸箱小包装，箱内分割，单果用素白纸包装。运输时应轻装轻卸，储藏场所应阴凉、通风、清洁，进入超市的苹果要进行小包装（1kg）、精包装、礼品式包装。

选择无环境污染的地方修建储藏库。在储藏过程中，推广使用中草药保鲜剂，如野菊花、艾叶等浸出液。

二、柑橘

柑橘类属芸香科（Rutaceae）柑橘亚科（Amantioideae）柑橘族（*Citreae*）柑橘亚族（*Citrinae*）。栽培上重要的是柑橘属，目前我国种植最多的是宽皮柑橘类和甜橙类，柚类有少量栽培，柠檬类和金柑类仅有零星分布。到 2007 年底，我国柑橘种植面积已经达到 191 万公顷，产量达到 2059 万吨，种植面积和产量均居世界第一位。目前，我国人均消费柑橘鲜果 10.5kg，比 1978 年的 0.3kg 增加了 35 倍。

我国具有发展柑橘产业得天独厚的自然条件，适宜栽培柑橘的地域广阔，柑橘是中国南方栽培面积最大、涉及就业人口最多的果树。中国长江以南湖北、湖南、福建、广东、四川、江西等 19 个省、市均有柑橘栽培，形成了赣南、湘南、桂北、长江上中游等 4 条优势柑橘带。

（一）环境条件

柑橘只有在一定的环境条件下才能生长、发育、开花、结果，才能保持一定的产量和质量，因此在生产有机食品柑橘时，必须着重考虑生产地的环境条件，做到“适地适栽”。由于柑橘的种类和品种相当丰富，要根据不同种类和品种的生态适应性来进行生产。

1. 适宜宽皮柑橘生长的环境条件

温州蜜柑是我国栽培最为广泛的宽皮柑橘，包括极早熟、早熟和中熟温州蜜柑，其中又以中熟温州蜜柑栽培最多。温州蜜柑要求年平均气温 16.5～18℃，≥10℃积温 5000～6500℃。春季气温缓慢回升，至开花期温度在 15～22℃的年份，花器发育充分，有叶花数量多。现蕾至开花期出现 30℃以上高温，花器发育不充实，开花早，坐果率低。开花至稳果期间一遇高温干旱、干热风天气，往往引起恶性落花落果。开花时低于 15℃，则会产生无效花粉，降低坐果率。果实膨大期适温为 20～25℃。果实着色期适温为 15～20℃，25℃以上或 10℃以下的温度都能抑制叶绿素的分解而使着色不良。冬季要有一定的低于 12.8℃的低温，才能迫使进入休眠，柑橘休眠有利于花芽分化和开花整齐。一般认为，温州蜜柑在 -5℃以下低温持续 3 小时以上，第二年生长量将减少 20%。温州蜜柑要求年日照时数 1200h 以上，最适的光照强度为 12000～20000lx。温州蜜柑要求生长季节空气相对湿度为 75%～85%，土壤适宜的含水量为田间持水量的 60%～80%，并要求土层深厚、疏松，土壤 pH 值为 5.5～6.5，有机质含量 3%以上。

椪柑是宽皮柑橘中重要的栽培良种，是典型的亚热带常绿果树，性喜温暖湿润的环境条件。它适应性强，分布广，在南亚热带至中亚热带均有种植，在年平均气温 20～22℃，≥10℃积温 7000～7500℃的地区，表现高产、稳产、优质；而年平均气温大于 22℃，≥10℃积温高于 7500℃的地区，或年平均气温低于 20℃，≥10℃积温少于 7000℃，虽也能高产，但果形、果皮、果肉均有变化，品质下降，失去了椪柑应有的特点及风味。

2. 适宜甜橙生长的环境条件

脐橙作为我国甜橙类中的重要成员，要求年平均温度在 15℃以上，适宜年平均温度为 17～19℃，冬季最冷月平均气温为 7℃左右。在 3～11 月份生长季节中，要求≥12.8℃有效积温1700～1900℃为宜，1400℃以下太低，2800℃以上过高。脐橙最低生长温度为12.5℃，适宜生长的温度为13～36℃，最适宜的温度为23～32℃，春梢抽生和开花初期的温度在13～23℃之间，果实生长期温度28～38℃。果实成熟期温度降到13℃左右有利于果实着色。脐橙能耐－6.5℃的低温，气温降至－7℃时新叶及新梢受冻，－11～－9℃则全株冻死。脐橙要求空气相对湿度为40%～75%，相对湿度63%～72%为脐橙理想产区。

脐橙对热量条件的要求较严格，一般在年均温18℃以上地区和积温稍高的小区气候带表现品质好；在年均温17℃以下，日照不足地区，则表现品质较差。

（二）品种选择

在选择品种时，必须首先考虑其抗病性、抗虫性和生态适应性。原产地表现优良的品种，在其他地区不一定表现优良；所以保持优质与丰产的统一是选择适应当地条件的优良品种时必须注意的重要原则。优良品种具有生长强健，抗逆性强、丰产、质优等较好的综合性状。此外，还必须注意其独特的经济性状，如果形、颜色、熟期的早晚、种子的有无或多少、风味或肉质的特色等，这是生产名、优、特、新水果的种质基础。

目标市场的销售状况及消费习惯应成为品种选择的依据。以大、中城市为目标市场的果园，应以周年供应鲜果为主要目标，距离城市较远或运输条件差的地区，则应从实际出发选择耐储运的树种、品种。外向型商品果园，选择品种时应与国外市场的消费习惯和水平接轨。生产加工原料的果园，则宜选择适宜加工的优良品种。当一个果园适宜栽培多种品种时，应根据市场的需要及经济效益，选择市场紧俏、经济效益高的品种。

（三）培育壮苗

培育壮苗是有机柑橘生产的首要环节。品种选定后，首先要有针对性地选择无病毒的母树采集接穗，将繁育出的苗木用于建立采穗圃。柑橘苗木的繁育宜采用容器育苗法进行，苗木的出圃标准必须达到国家规定的一级苗木标准。

培育壮苗时必须确保所使用的砧木种子和接穗达到有机的要求，在得不到有机生产的种子和种苗的情况下（如在有机种植的初始阶段），经认证机构许可，可以使用未经禁用物质和方法处理的非有机来源的种子和种苗，但必须制订获得有机种子和种苗（含接穗、芽）的计划。

（四）栽培技术

1. 定植与大田管理

柑橘苗的定植必须注意如下几个问题：

① 品种纯正，质量达到国家规定的一级苗木标准。

② 定植前将苗木消毒，未带土的苗木用泥浆沾根，确保定植成活。

③ 定植密度应根据品种的生长结果习性确定合适的密度，有机食品柑橘的生

产不主张密植，采用计划密植的柑橘园应及时间苗，要留有足够的空间供通风透光。

④ 未在苗圃内整形的苗木，定植后及时定干整形，培养合理的树体骨架。

2. 合理灌溉

（1）灌水 柑橘对土壤含水量的要求，一般以土壤最大持水量的60%～80%为宜。果园灌水要抓住几个关键时期：a. 开花前可结合施肥进行灌水；b. 新梢生长和幼果膨大期只有在特别少雨年份才有灌水的必要；c. 果实膨大期需水较多，但早熟品种此时正值降雨集中之时，除极个别年份外，需注意排除渍水，以利改良土壤的供水状况；d. 夏秋干旱期柑橘果实需大量水分，必须灌水；e. 果实成熟期则应适当控水，以提高柑橘果实可溶性固形物含量。合理的灌水量，以完全浸润果树根系分布层内的土壤为准。沙土保水力差，宜少量多次灌水。但灌溉水的质量必须符合相关规定。

（2）排水 果园要迅速排除土壤积水，或降低地下水位。一般平地果园排水应“三沟”配套，排水入河。丘陵、山地果园则应做好水土保持工程，采用迂回排水，降低流速，防止土壤冲刷。急流涌泉，需经跌水坑、拦水坝，导入排水沟，流入溪河或水库。

3. 土壤管理与施肥技术

土壤管理的基本技术是，在不破坏土壤结构的前提条件下，疏松改良土壤，增加土壤有机质含量，创造正常的物质循环系统和生物生态系统，保证果树健康生长发育，提高产量与品质。

（1）生草栽培 即在果树的行间种植杂草或牧草，树盘覆盖稻草，以增加生物的多样性，减少蒸发，保护天敌，培肥土壤，防治病虫杂草等。目前，许多果园普遍种植红三叶、白三叶、草木樨、禾本科绿草等。当草生长到30cm左右时留2～5cm刈割。割草时，先保留周边1m不割，给昆虫（天敌）保留一定的生活空间，等内部草长出后，再将周边杂草割除，割下的草直接覆盖在树盘周围的地面上，可以减少对土壤结构和微生物环境的破坏，减少水土流失，降低物质投入。

（2）土壤施肥与EM技术 土壤施肥时，首先要认真做好土壤分析和叶片分析，以确定果园施肥量；其次要根据不同品种的需肥特性制订合理的施肥配方；第三要根据配方严格按照有机柑橘生产的要求配肥；最后在有关专家的指导下科学施用。

① 基肥。是较长时期供应果树多种养分的基础肥料。通常以迟效性的有机肥料为主，如腐殖酸类肥料、堆肥、厩肥、鱼肥及作物秸秆、绿肥等。此次施肥量应占全年施肥总量的70%以上。

② 追肥。追肥又分为花前肥（催芽肥）、花后追肥（稳果肥）、果实膨大期追肥（壮果肥）和果实生长后期追肥。此次施肥量应占全年施肥总量的30%左右。

③ 根外追肥。根外追肥主要是将肥液喷于叶面，通过叶片的气孔和角质层进

入叶内，而后运送到树体的各个器官。

④ EM 技术。EM 实际上是一群来源于自然的微生物，包括乳酸菌、酵母菌、光合细菌、放线菌等。向土壤中加入 EM，可使土壤机能得到强化，增加有机营养；同时伴随着土壤微生物的增加，可使硬土层分解，土壤肥力状况得到改善，达到持续生产的目的。但短期效果不明显，需坚持 2～3 年之后，效果才会显著增加。

（五）病虫草害综合防治

有机栽培是通过有机的、生物的、物理的手段来控制病虫害的发生与蔓延。具体做法如下。

① 选择抗病品种，使用 EM 有机肥、合理负载、合理修剪、增强树体的自身抗逆能力。在使用 EM 的同时，接种 VA 菌根真菌来增加土壤根际微生物，促进果树生长发育，提高抗病性。

② 采取完善的果园卫生管理措施，防止病原菌的扩散，包括冬季清园消毒、果园适当翻耕、树干涂白、挖除病株残余，将病虫枝条、病果、病叶和落叶烂果等清出园外集中深埋或烧毁，以消灭越冬病虫源，减少来年病虫害发生基数。

③ 生长季节使用 EM 喷洒树冠，可有效抑制蚜虫、螨类的发生与蔓延，产量比平常增加 20%，优果率上升 10%，显著减少了农药的使用量。

④ 利用性引诱剂扰乱昆虫的交配信息，减少二代昆虫的虫口密度。

⑤ 保护天敌，生物防治。引入、繁殖和释放捕食性和寄生性天敌如瓢虫、捕食螨等，可以有效防治蚧类、蚜虫及红蜘蛛等害虫，达到以虫治虫的目的；同时，也可以利用白僵菌、绿僵菌防治吉丁虫（以菌治虫），或者以禽治虫、以鸟治虫等。由于有机栽培中农药使用量大大减少，再加上地面生草栽培，给许多益虫提供了良好的栖息环境，从而有效抑制了害虫的发生。

⑥ 配合使用少量生物农药。可以使用矿物源农药中的硫制剂、铜制剂等进行防治，也可以使用有药效作用的中草药等植物的水提取液防治柑橘病害；还可以有限度使用活体微生物农药或使用中等毒性以下的植物源杀虫剂防治柑橘害虫，禁止在其中混配有机合成的各种制剂。

⑦ 日本提倡利用机能水和汉方药。所谓的“机能水”，就是用电解水生成器生产一种高碱或高酸的水，对人畜无害。强酸性水的 pH 值可达 2.5～2.7，强碱性水的 pH 值可达 11.3～11.7，一般每周喷洒 1 次，具有很强的抗菌防病作用。日本的“汉方药”实际上就是利用中草药配制的一种植物源生物农药，如将黄柏、陈皮、甘草、薄荷、大蒜、辣椒、木酢液、黄连等按一定的比例直接加工后使用，具有很强的刺激气味。通常用强酸性机能水加中草药来喷洒植株，待叶面干燥后再喷碱性机能水，对防治轮纹病、黑星病及常见虫害有很好的效果。另外，日本近两年开始推广无害波尔多液，用人体必需的有机铜及钙生产而成，对人畜无害。

种植可以抑制有害杂草生长的作物，或用可生物降解的材料如塑料薄膜或其他的合成材料覆盖以防止果园草害的发生，但这些覆盖材料必须在柑橘收获后从果园移走并进行无害化处理。

（六）采收、运输、储藏

1. 采收

采收期是根据果实的成熟度与采收后的用途来决定的。近距离鲜销宜于果实成熟时采摘，远距离运输或储藏用的果实宜于果实八成熟时采摘。柑橘类果实用圆头剪剪断果梗，将果实装入随身背带的特制帆布袋内，盛满后打开袋底的扣子，将果实倾入装运箱内。

同一株树上的果实由于花期不一致，其果实的成熟期也有不同，故应分期采收。柑橘如图 6-4 所示。

图 6-4　柑橘

注：图片来源主要参考以下网站

http://baike.baidu.com/view/117811.htm?re=1#1

2. 储藏与运输

① 禁止采用化学储藏保护剂。

② 禁止采用化学物质和辐射的方法促进后熟。

③ 不得与非有机产品一起储藏和运输。

④ 除室温储藏外，允许使用低温与气调储藏方法，储藏条件应调节到有利于保持有机产品质量的最适状态。

思　考　题

1. 有机种植业生产过程主要包括哪几个环节？
2. 有机种植业对产地环境有什么要求？
3. 有机种植业对品种选择有什么原则？试举例说明。
4. 有机水稻生产的田间管理应注意哪些事项？
5. 我国北方有机蔬菜生产中可以采取哪些间套作组合？

6. 我国主要栽培的苹果品种有哪些？苹果果园管理有哪些环节？

7. 柑橘的果园管理与苹果的果园管理有哪些异同？

参考文献

[1] 吴大付，胡国安主编．有机农业．北京：中国农业科学技术出版社，2007.

[2] 陈声明，陆国权编著．有机农业与食品安全．北京：化学工业出版社，2006.

[3] 蒋卫杰等编著．蔬菜无土栽培新技术．北京：金盾出版社，2008.

[4] 张放主编，有机食品生产技术概论．北京：化学工业出版社，2006.

[5] 席北斗，魏自民，夏训峰主编，农村生态环境保护与综合治理．北京：新时代出版社，2008.

[6] 徐洪富主编，植物保护学．北京：高等教育出版社，2003.

[7] 董金皋主编．农业植物病理学．北京：中国农业出版社，2001.

[8] 郭春敏，李秋洪，王志国主编．有机农业与有机食品生产技术．北京：中国农业科学技术出版社，2005.

[9] 北京市科学技术协会．有机食品与有机农业．北京：中国农业出版社，2006.

[10] 张玉聚，李洪连，陈汉杰等．中国植保技术大全（第一卷：病虫草害原色图谱）．北京：中国农业科学出版社，2007.

[11] 朱恩林，赵中华．小麦病虫防治分册．北京：中国农业出版社，2004.

[12] 吕佩珂，苏慧兰，高振江．中国现代蔬菜病虫原色图鉴．呼和浩特：远方出版社，2008.

第七章
畜禽的有机生产技术

有机畜禽业生产就是在动物生长过程中不使用激素、抗生素、兽药、饲料添加剂和基因工程产物等物质，并在饲养过程中尽可能地为畜禽创造良好的生活环境使其在保持“自然”行为的条件下健康生长，满足动物福利。在有机管理中要严格按照有机生产体系标准和规范进行生产管理，以保证有机畜禽产品的品质。有机畜禽养殖的目标：一是保证动物福利；二是要保证畜禽产品是有机的。

第一节 动物育种

一、畜禽品种要求

有机畜牧生产中应当引入有机畜禽，但是在没有有机畜禽品种时，允许引入常规畜禽，但必须符合以下条件：肉牛、马属动物、驼，已断奶但不超过6月龄；猪、羊，不超过6周龄且已断奶；乳用牛、出生不超过4周龄，吸允过初乳且主要以全乳喂养的犊牛；肉用仔鸡，不超过3日龄（其他类可放宽到2周龄）；蛋鸡，不超过18周龄。在引入常规畜禽品种时，每年引入的数量不能超过同种成年有机畜禽总量的10％，但有以下几种情况之一时可以将数量放宽到40％：a. 不可预见的严重自然灾害或人为事故；b. 养殖规模大幅度扩大；c. 养殖场养殖新的畜禽品种。

所有引入的畜禽都不能受到转基因生物及其产品的污染，包括涉及基因工程的育种材料“疫苗”、“兽药”饲料和饲料添加剂等。引入常规种公畜后，应立即按照有机方式饲养，且所有引入的常规畜禽必须经过相应的转换期。

二、本地和世界品种

畜禽遗传资源是生物多样性的重要组成部分，是长期进化形成的宝贵资源，是实现畜牧业可持续发展的基础，也是有机畜牧业发展的基本保障。当前世界家畜禽品种储量约2738个。各国累计品种资源数其数量的排序则是黄牛、绵羊、鸡、猪、马和山羊，都超过1000个以上的累计数，当然这与该畜禽品种资源与分布国家或地区广有关，同时也反映人们对这些畜禽类型在各国不同的生态条件所采取不同的选育方法而培育的地方品种或引进的优良品或配套系。中国是世界上畜禽遗传资源最丰富的国家之一，有畜禽品种、类群576个，约占世界畜禽资源总量的1/6，其中地方品种占75%以上，我国的地方畜禽品种不仅种类多，而且具有优异的种质特性，具有繁殖力高、抗逆性强、耐粗饲等特点。这是由于中国多样化的地理、生态、气候条件，众多的民族及不同的生活习惯，加之长期以来经过广大劳动者的驯养和精心选育形成的（陈伟生，2004）。

三、育禽育种的基本原则

畜牧业是通过饲养畜禽以及水生动物，将植物产品及其副产品转化为肉、蛋、奶、毛等动物性产品。在影响畜牧业生产效率的诸多因素中，畜禽品种或种群的遗传素质起主导作用。育种就是利用现有畜禽资源，采用一切可能的手段，改进家畜的遗传素质，以期生产出符合市场需求的数量多、质量高的畜产品。在有机生产体系中，维持禽畜生命力，生产高品质有机畜禽产品的基本策略就是要在自然界找出并优化维持健康的基本要素和条件。即维持健康、自然和比常规养殖更好的生产力。这不仅表现在良好的环境和生活条件、合理的营养和科学的饲养管理系统等方面。还应表现在畜禽健康、育种方法和育种目标、繁殖和繁殖率等方面。遗传和环境是决定动物生长发育、繁殖力和生产力的两个因素，遗传组成是内因，环境是外因，外因是通过内因起作用的。

遗传是决定因素，如果遗传基础不好，即使最好的环境也不能产生健康和性状优良的动物。遗传物质是能够传递给后代的，并通过育种工作可在后代中固定，因此，通过选留优秀的种畜进行交配可以选育出优良的后代，进一步提高畜禽的生产水平。在有机畜禽生产过程中，和常规畜禽生产一样，也要制订育种目标，但所制订的育种目标要遵循有机生产体系的标准和规范要求。应选择能适应当地环境条件的动物品种。育种目标不能对动物自然行为有抵触，且对动物健康有帮助。育种不能包含那些使农场依赖于高技术和资金集约生产的方法，不允许使用基因工程技术和品种。

有机畜禽生产的育种目标主要考虑以下几方面。

1. 抗病能力

选择的有机畜禽品种除了应有较快的生长速度外，还应考虑其对疾病的抗御能力，尽量选择适应当地自然环境，抗逆性强，并且在当地可获得足够的生产原料的优良畜禽品种。

有机养殖应该首先考虑选择本地区的畜禽种类和品种，一般来说，地方品种都是长期人工选择和自然选择的结果，适应性好、抵抗力强、耐粗饲、繁殖率高。优良品种多是单纯人工选择的结果，生长快、饲料报酬率高，饲料和饲养条件要求高。选择有机养殖的畜禽品种时，要综合考虑当地的土壤和气候、饲养条件和管理水平、饲料生产基地面积和饲料供应能力等，选择适合的种类和品种（杜相革，董民，2006）。

2. 遗传多样性

有机畜禽养殖提倡基因多样性，追求基因简化会导致许多其他品种的消失。遗传多样性是蕴藏在动物、植物和微生物基因中生物遗传信息的复杂多样性。畜禽是生物圈的一部分，当然也是生物多样性的组成部分。由于世界人口剧增，对肉、蛋和奶等动物产品的需求量相应增加，促进了动物生产的快速发展，选育出了高产的专用品种和专门化品系，从而使原有的地方品种逐渐被高产的少数品种所代替，造成品种单一化的后果，例如全世界范围的奶牛已经发展为或改良为荷斯坦牛的类型。英国养猪业大量使用优势品种大白猪和长白猪，导致许多其他猪种灭绝或数量锐减。有机农业强调保护畜禽地方品种，维持生物多样性。

3. 禁止纯种繁育，提倡杂交育种

纯种繁育是指在品种内进行繁殖和选育，而杂交育种就是用两个或两个以上的品种进行各种形式的杂交，使彼此的优点结合在一起，从而创造新品种的杂交方法。通过杂交，能使基因和性状实现重新组合，原来不在同一个群体中的基因集中到同一个群体中来。也使分别在不同种群个体上的优良性状集中到同一种群个体上来。从而可以改良性状和改造性能。杂交育种的优点主要在于：a. 可培育适应性强、生产力高的品种；b. 可培育抗病、抗逆性品种；c. 培育耐粗饲、饲料利用率高的品种；d. 可培育能提供新产品的品种。

四、繁殖方法

繁殖是生命活动的本能，是生物物种延续最基本的活动之一。动物繁殖是动物生产的关键环节，动物数量的增加和质量的提高都必须通过繁殖才能实现，在畜牧生产中，通过提高公畜和母畜繁殖效率，可以减少繁殖家畜饲养量，进而降低生产成本和饲料、饲草资源占用量。传统繁殖技术主要包括繁殖调控、人工授精（AI）、胚胎移植（ET）、体外受精、性别控制、转基因和动物克隆等技术，这些技术是提高动物繁殖效率、加快育种速度的基本手段，但是有些方法对动物造成了痛苦和伤害。在有机畜牧业中必须要给畜禽创造舒适的环境，让它们能够按照自然的习性与行为自由地生活。因此，畜禽繁殖方法也应是自然的。

在有机生产当中，不适当的管理会影响家畜的繁殖力，其因素包括饲养密度、

营养、公母畜比例等。提倡保持动物本性，进行自然交配和分娩，也可以采用不对畜禽的遗传多样性产生严重限制的各种繁殖方法。人工授精（AI）对动物的繁殖力有重要的损害，在自然种群中意味着基因多样性的减少。因此，在有机养殖中受到一定的限制，在人工养殖条件下，有机奶牛农场允许使用人工授精技术，但是禁止使用胚胎移植、克隆和发情激素处理等技术进行繁殖。不允许使用基因工程品种或动物类型。

另外，在幼畜出生以后，饲喂初乳是幼畜的基本福利，通过初乳提供免疫力以预防疾病。禁止早期断乳，提倡自然断奶，鼓励小猪逐渐吃团体饲料。自然断奶的时间各不相同。各种动物哺乳期至少需要：猪、羊，6 周；牛、马，3 个月。

第二节 动物饲养

一、有机畜牧业中动物福利

实行动物福利是有机畜牧业中动物饲养的基本要求，动物福利（animal welfare），简单地说就是让动物在无任何疾病、无行为异常、无心理紧张压抑和痛苦的康乐状态下生存和生长发育。目前，国际上普遍认同的动物福利包括：享有不受饥渴的自由；享有生活舒适的自由；享有不受痛苦伤害和疾病威胁的自由；享有生活无恐惧和悲伤的自由；享有表达天性的自由。

动物福利理念建立的前提，是认为动物和我们人类一样有感知、有痛苦、有恐惧、有情感需求。动物福利论所要求的是，不可以带给动物不必要的痛苦，以及对待它们的方式要符合人道。在满足动物康乐的同时，最大限度地提高生产力水平，并且改进生产中那些不利于动物生存的生产方式，使动物尽可能免受不必要的痛苦。Fraser 认为，动物福利的目的就是在极端的福利与极端的生产利益之间找到平衡点。由此可见，保护动物免受杀害，是指保护动物免受“不必要的杀害”，并非指完全不宰杀动物，那些完全不能杀害的动物是指濒危的珍稀动物。对于有些非野生动物，如家禽家畜，这些动物本生是为宰杀而养殖的，必须将其控制在一定的均衡数目内，以保持生态平衡。为我们提供食物的动物虽然无法回避被宰杀的命运，但我们至少有责任减少它们在生命过程中所受的痛苦。因此，我们可以说动物福利立法宗旨在于保障动物免受额外痛苦。动物福利不是片面地保护动物，而是在兼顾对动物利用的同时，考虑动物的福利状况，并反对使用那些极端地利用手段和方式（郭琪，2005）。

动物福利法是根据动物种类的不同而制定相应法律的。根据饲养目的的不同，将动物分为：为了食品生产并获得经济利益而饲养的“农场动物”；为了科学研究而饲养的“实验动物”；为了解除寂寞或个人爱好而饲养的“伴侣动物”；为了帮助工作而饲养的“工作动物”；以及为了娱乐而饲养的“娱乐动物”。针对有机养殖，这里我们主要介绍“农场动物”，因为绝大多数农场动物最终会成为人类的食品，在饲养、运输和屠宰过程中其福利不容忽视。动物的饲养环境应符合有机饲养要求，即满足它们的自然生活习性；在整个运输过程中要善待动物；在屠宰的过程中，应尽量减少动物的痛苦，为此，应尽快使动物陷入无知觉的状态，通常是先电击或枪击致晕，然后迅速刺死。

二、有机畜牧业生产系统中家畜饲养的基本原则

（一）有机畜牧业生产系统中家畜饲养的基本原则

国际有机农业运动联合会（IFOAM）表明维护生物多样性，为家畜提供自由和表达自然行为，并促进建立一个均衡的作物和家畜生产体系，在有机养殖业中建立封闭和可持续养分循环。而且，发展有机畜牧业可防止环境污染，而环境污染的防治可以为畜牧业生产建立良好的生态环境，并可获得资源和生态平衡以及人与自然的和谐。发展有机畜牧业的最终目标是保持动物健康和更加重视动物福利，更注意畜产品从畜牧场到餐桌的全程质量控制。为了达到这些目标，有机畜牧业生产系统中动物饲养的基本原则有以下几点。

① 家畜饲养系统必须提供保持畜禽健康、行为自然的生活条件，满足动物的最高福利标准

有机生产者必须创建能保持畜禽健康、行为自然的生活条件，满足动物最高福利。动物福利就是让动物在康乐的状态下生存，也就是为了使动物能够健康、快乐、舒适而采取的一系列的行为和给动物提供的相应的外部条件。动物福利是认为动物和人类一样有情感需求，要求不能给动物造成不必要的痛苦。有机畜禽饲养除了保证家畜良好的健康、合理的饲养和良好的房舍环境外，还要考虑动物的生理和心理感受状态，包括无疾病，无行为异常，无心理的紧张、压抑和痛苦等。在最大限度地发挥动物作用，更好地为人类服务同时，应当重视动物福利，改善动物的康乐程度，使动物尽可能免除不必要的痛苦。

② 饲喂方式必须适合动物的生理学特性，饲料应是有机的且大部分来自本农场

饲喂方式应该适合动物的生理特性。饲料应是完全由有机方式生产和加工的，在保证饲养的动物能充分发挥潜力及消化能力的前提下，要尽可能减少外来添加物质和精饲料，过度喂饲精料对反刍动物有不良的影响。农场中反刍动物所需的大部分（草）饲料应在本农场内生产。

③ 疾病控制必须避免使用永久性常规预防药物，应建立和维持预防畜禽疾

病、保证畜禽健康的措施。

在现代畜牧生产中，动物总是依赖日常用药如驱虫剂、抗生素、疫苗、微量元素、促生长素等，这些物质来帮助维持自身的健康，在有机养殖过程中，应避免日常性和预防性常规药物的使用，应通过有效的预防措施、良好的环境和生活条件、合理的营养和科学的饲养管理系统来保证畜禽健康。

(二)家畜有机饲养的技术要求

① 必须为动物提供足够的自由空间和适宜的阳光，以确保适当的活动和休息，并保护动物免受暴晒和雨淋。

② 饲料：饲料必须百分之百是有机的。

③ 粪肥的管理：粪便储存和处置的设施必须防止土壤、地下水和地表水的污染。此外，肥料必须是循环利用的。

④ 家畜健康：为动物提供舒适的畜舍，适当的营养，足够的水源，新鲜的空气和洁净的生活环境。

⑤ 繁殖：使用自然繁殖的方法，并禁止胚胎移植。

⑥ 运输：在整个运输过程中要善待畜禽。如运输车厢要清洁和宽阔。在装卸、运输过程中禁用镇静剂和兴奋剂。

⑦ 屠宰：屠宰应尽量减少动物的痛苦。

⑧ 跟踪审查：养殖过程中所有投入物都必须保持跟踪审查记录，以使能追查到所有的饲料、添加补充物质的来源和数量、用药情况、繁殖方式、运输、屠宰和销售。

(三)家畜有机饲养的基本方法

1. 保持家畜健康状况的有机生产方法

维持禽畜生命力的有机生产基本策略与作物生产相同，就是要在自然界找出并优化维持健康的那些要素和条件。原则上，必须提供三个因素：最佳营养，低应激生活条件，并有一个合理的生物安全水平。使这三个要素在实践有机生产中，尤其是在混合生产和放牧为基础的生产中得到体现，有许多重要的方法，包括以下内容。

(1) 提供均衡的营养　这反映在有机生产标准对有机饲料的要求中。正如有机倡导者认为，有机食品更有益于人类健康，他们同样主张有机饲料更有益于动物健康。在混合作物和家畜生产中，轮作丰富了饲料的多样化。同样，在有机放牧家畜生产中，合成氮减少了，豆科牧草就增多，矿物质丰富的禾草增多；这些都有助于家畜采食的多样性。需要说明的是人工饲料如合成尿素在有机生产中是明确禁止的，因为这些不利于动物健康。

(2) 限制接触毒素　限制毒素是有机饲料的另一要求。农药残留及其细分产品对畜禽健康尤其对肝脏、肾脏及其他负责排毒的器官会产生额外的应激。

（3）禁用性能增强剂　在有机生产中是不容许使用合成激素和抗生素。这种投入助长了畜牧业向非自然性能水平的发展，并掩饰了非健康生产的效果。

（4）避免过分胁迫式管理　所有形式的胁迫都会增加损伤和疾病的易感性。好的有机经营者尽可能地减小对动物产生应激的处理。这也适用于动物本身身体的改变，如去势、打耳号、断喙、烙印等。

（5）预防性管理　良好的有机家畜管理也包括使用预防性管理标准，其中包括卫生，接种疫苗，益生菌的饲喂，病畜和新购进动物的隔离，以及其他生物安全预防措施，以防止病虫害和疾病感染有机家畜。经营者的有机体系方案应该能反映出全面健康的管理计划，利用其中的原则和措施作为基础。还必须说明用哪些方法、步骤和原料来处理病畜。最后，有一方面在有机动物健康中很少讨论，即在特定的气候条件和环境下，家畜种类和品种与它在有机生产中的适应性之间的关系。

（6）有机饲料　所有经过认证的有机家畜必须饲喂百分之百的有机饲料。在理想条件下，大多数饲料在农场生产。混合（即综合作物和家畜）生产和放牧体系，在接近自然环境条件下，放牧家畜生产独特的优势在于允许动物采食饲料。放牧生产也减少了矿物燃料能源的使用和收割、饲喂、散播粪便过程所产生的污染。

有机标准中允许当有机饲料短缺时，可饲喂常规饲料。但每种动物的常规饲料消费量在全年消费量中所占比例不得超过以下百分比：a. 草食动物（以干物质计）为10%；b. 非草食动物（以干物质计）为15%。畜禽日粮中常规饲料的比例不得超过总量的25%（以干物质计）。出现不可预见的严重自然灾害或人为事故时，可在一定时间期限内饲喂超过以上比例的常规饲料。饲喂常规饲料应事先获得认证机构的许可。

初生幼畜在初乳期必须由母畜喂养并能以自然方式吸吮母乳。禁止过早（仔猪在4周内，犊牛在3个月内，羔羊在6周内）断奶，或用奶替代品喂养幼畜。不允许在饲料中添加或以任何其他的方式给农场动物饲喂合成的生长促进剂、开胃剂、防腐剂、人工色素、尿素、用于反刍动物的农场动物的副产品（如屠宰场的废弃物）、各种粪便或其他肥料、接触过溶剂的饲料或添加其他化学试剂的饲料、纯氨基酸、基因工程生物或其产品。

（7）家畜的生活条件、设施和管理　按照有机标准，有机畜禽生产者必须建立和维持适合动物健康和自然行为的生活条件。这个要求反映了动物福利和可持续发展及环境质量的关系。满足这些要求所使用的手段似乎很灵活，并采纳了广泛的生产理念。而调整可能要适应生产阶段、气候条件、环境。标准规定所有家畜要获得：户外区域、荫棚、畜舍、运动空间、新鲜空气和直接接触阳光。畜舍设计必须让动物：有机会运动；免遭极端的温度；适当的通风；舒适行为；天然修饰及保养；低危险环境以防止伤害。草垫适合畜种，如果是常用的消耗品必须是有机的，所有家畜的舍饲只允许临时性使用。允许有机家畜临时性舍饲的环境是：恶劣天气；动物特殊的健康和安全需要；有风险的土壤或水质；动物的生产阶段。

2. 粪肥管理与环境影响

有机农业包括有机畜禽养殖业的起源就在于保护环境，促进可持续发展，从而更好地为人类健康服务。目前，畜禽养殖废弃污染物对环境的污染日趋严重，已引起人们的高度重视。畜禽养殖业由过去的分散经营逐渐转向规模化、集约化生产，而且随着兽药、饲料添加剂等化学合成试剂的大量使用，畜禽养殖废弃污染物对环境的污染日趋加剧。有机畜禽生产与常规畜禽生产的一大区别也在于充分考虑各种因素对环境的影响，保证畜禽饲养对环境不造成或尽可能小的造成影响，从而达到保护环境的效果。

畜禽生产对环境造成的污染主要包括以下几个方面：畜禽粪便污染、水资源污染、空气污染、土壤污染以及药物残留潜在污染。有机畜禽养殖针对上述几个方面都有良好的处理方式，首先有机养殖倡导的种养平衡，将畜禽粪便经过无害化处理作为有机肥用于种植业，还有一些条件好的企业可采取以“中心畜牧场＋粪便处理生态系统＋废水净化生态系统”的人工生态畜牧场模式，利用粪便处理生态系统产生沼气，并对产生沼气过程中的产物直接或间接利用。利用废水净化处理生态系统将畜牧场的废水和尿水集中控制起来，进行土地外流灌溉净化，使废水变为清水循环利用，从而达到畜牧场的最大产出，又保持了环境污染无公害处于生态平衡中，这样就解决了粪便污染、水资源污染和土壤污染的问题。其次，有机养殖要求杜绝使用化学合成的添加剂以及兽药等产品，也基本解决了药物残留的污染。再次，有机养殖对动物福利高度重视，更好地营造了卫生舒适的饲养环境，从而也减少了对空气的污染。

除了减少对环境的污染之外，有机养殖还要求对生态的保护。标准提出了不可过度放牧、保证畜禽数量合理等要求。内蒙古、青海等地区近年来草地退化愈演愈烈，跟草地过度放牧有很大关系。欧盟标准中特别规定每公顷土地上的动物粪便的含氮量不得超过 170kg，以此来限制放牧场地上的载畜量。在进行有机检查时，要根据养殖的品种、数量以及放牧草场的面积，借鉴欧盟标准的规定计算相应的载畜量，以保证经济效益与生态平衡相协调。同时，应当要求生产企业出示当地环保部门出具的相关合格证明，证明该养殖企业污染物的排放符合《畜禽养殖业污染物排放标准》(GB 18596)。

3. 转换期

对于非草食动物如猪、家禽等动物活动所需的牧场和草场的转换期可缩至 12 个月，即按照有机标准要求管理满 12 个月就可通过有机认证。如果有充分的证据表明这些区域 12 个月以上的时间未使用过禁用物质，则转换期可缩短至 6 个月。这里的证据指土地使用历史的证明和记录等，这些证据必须真实、有效且经得起追踪，而且要经过检查员的现场核实，并通过认证机构的评估审核。

4. 动物来源

畜禽的引入主要是针对刚开始从事有机畜禽养殖、大规模扩大或增加新的养殖品种的企业。标准对于畜禽的引入还是留有余地，允许在无法获得有机幼畜的情况下，引入符合标准要求的日龄、周龄或月龄的常规幼畜。但引入后的畜禽仍要经过相应的转换期。

这里要区分转换期和引入时间两个概念，转换期是指常规畜禽养殖向有机畜禽养殖转换所需要的时间，而引入时间是指对引入的常规畜禽的日龄、周龄和月龄的要求。

来源于传统养殖的家禽允许用于生产有机肉蛋，但必须是孵化后第二天，就要进行有机饲养，也就是说“一日龄仔鸡”。在传统方式下饲养的成年鸡只允许用作产受精蛋的种禽。

来源于传统饲养的产奶动物，它的奶和奶产品可以作为有机产品出售、标识和使用。但要在此一年前就要进行持续有机管理。如果是一个完全的、独特的奶牛群要转换为有机管理群，在转换的前 9 个月允许饲喂 20%的转换料，其后饲喂 100%的有机饲料。奶牛在妊娠的后 3 个月，有机饲料没有达到 100%，其后代不能作为有机肉用型家畜进行销售。根据标准，一旦完全转换为有机生产群，所有的产奶畜群从妊娠的后 3 个月起，必须进行有机化管理。对于后备母牛问题的解决，有机生产标准委员会推荐一种保守的解释，他们推荐的规定为“对现有的有机畜牧场全部更换或扩群，产奶动物从妊娠的最后 3 个月起，进行连续的有机管理”。如果这种保守的解释是被迫的，很明显暗示了提高产奶动物转群的条件。

在任何时候，幼畜不得接受抗生素或其他任何违禁药品的治疗。除了在紧急情况外，不允许使用传统的代乳料。有机生产者也不得将有机母犊牛、母羔羊或母山羊羔出售或“逐出农场”，将其转入传统饲养群中，以期将来再重新转入有机群中。

第三节　有机畜禽疾病防控技术

动物疾病的防治是现代化养殖业的一项重要工作。各种化工药物和疫苗的残留、副作用、经济等问题，危害着畜牧业和人类的健康。发展有机畜禽疾病防治技术可以减少或消除这些影响。有机畜禽疾病防治技术提倡通过较温和的治疗和预防手段，帮助畜禽增加其自然抵抗力；或用自然的产品或方式去刺激畜禽机体本身的愈合能力。

一、有机畜禽疾病预防原则

有机畜禽疾病预防应依据以下原则进行：

① 根据地区特点选择适应性强、抗性强的品种；

② 根据畜禽需要，采用轮牧、提供优质饲料及合适的运动等饲养管理方法，增强畜禽的非特异性免疫力；

③ 确定合理的畜禽饲养密度，防止畜禽密度过大导致的健康问题。

很多生产者对有机养殖疾病“防重于治”的原则没有给予足够的重视。从有机理念的角度出发，以有机饲养的方式就是要使动物增强自身免疫力以获得对疾病的最大抗性。有机生产关于病害防治的原则都是一样的，强调预防为主、治疗为辅，基本策略是采取综合性预防措施控制动物疾病发生，保障动物健康。牧场应采取各方面措施如提供优质饲料、良好饲养环境和条件、合理的运动和放牧以及完备的疫病预防措施，以促进畜禽的抗病能力。

在有机养殖方面，动物健康和动物福利紧密相关，欧洲有关于有机牧场中动物健康和动物福利的相关研究，研究表明有机牧场中的动物健康状况要好于常规生产，这就说明有机养殖场注重动物福利，为动物提供良好的生长条件，可增强动物的健康情况，因此，可在很大程度上避免动物的疾病和疫情。

二、有机畜禽疾病的治疗方法

当畜禽患病或受伤的情况下，如何采取治疗措施？有机养殖强调自然疗法，要求首先使用中草药、蒙药、藏药等植物源物质或针灸、顺势治疗等方法。相比抗生素等常规兽药，中草药具有自然多功能性、复方优势、抗药性小、简便价廉等优势，此外，中草药作为抗生素替代品，其研究和开发领域更是发展的一个趋势。

所谓自然疗法，即运用各种自然的手段来预防和治疗疾病。具体而言，畜禽疾病的自然疗法是应用与畜禽生活有直接关系的物质与方法，如食物、空气、水、阳光、运动、休息以及有益于畜禽健康的其他因素等来保持和恢复畜禽健康的一种科学方法。

自然疗法是以机体健康为核心，强调维持机体健康和预防疾病。指导思想是：深信机体的自愈能力，在其医疗过程中尽量避免使用任何削弱机体自愈能力的医疗手段，不能忽视机体的自愈能力，更不能用各种疗法取而代之。因此自然疗法的指导原则是：恢复患病畜禽自然健康的生活方式，增强机体的自愈能力，应用自然和无毒的疗法。

应用于畜禽的自然疗法有植物疗法、顺势疗法与酸疗法等。植物药疗法是应用植物作为药物防病治病，它也可以称为草药疗法。植物药疗法日趋受到人们的重视。在使用植物药治病时，不仅依据该植物在传统医学中的传统药性，而且还要掌握它的现代药理学作用及其作用机理。这样使得该疗法更加科学化、现代化。许多自然疗法所使用的已不是未加工的植物原生药材，而是使用的从植物中提取出来的有效成分。顺势疗法是使用可以诱发健康畜禽机体产生某种疾病的药物来治疗患有该疾病的畜禽。这一疗法的基本原则是：大剂量的药物可以诱发疾病，但该药物在小剂量时，却可治疗该疾病。顺势疗法所使用的药物可以是植物药、矿物药和化学品。酸疗法是使用特定的有机酸以改善身体内部酸的运用，使器官运转更有效率，并在畜禽四周创造一个微酸性的环境使病原菌的存活率降低。

现代疫苗的研制、开发与应用极大地降低了动物传染病发病率，对保障畜牧业生产发展发挥了重要作用。有机养殖业并不拒绝接种疫苗，有机标准中规定可以使用疫苗预防接种，但同时强调不得使用转基因疫苗，除非为国家强制接种的疫苗。

在有机养殖生产中，要优先考虑使用中草药等中医的方法来对患病畜禽进行治疗，但在实际生产中，很多畜禽疾病采用上述方法难以控制和治愈，为减少动物本身的痛苦并且降低经济损失，标准中规定可以在兽医指导下使用常规兽药，但要经过 2 倍停药期后才能作为有机产品出售。但前提是只是在采用多种预防措施都无效的情况下，才允许使用常规兽药，并不是要生产者利用此条规定来毫无顾忌地使用药物治疗。值得关注的是，禁止使用抗生素和常规的化学合成的兽药进行预防性治疗，也就是说在畜禽没有患病的情况下，不得给畜禽饲喂此类药物。在常规养殖生产中，为预防畜禽患病，生产者往往将一些常规兽药混到饲料中饲喂给动物，以起到预防疾病的作用。这一点是有机与常规养殖重要的区别之一。

抗生素一直以来都是我国养殖业面临的难题之一，由于在近些年的常规养殖过程中大量使用各种抗生素，由此产生了很多关于抗生素、激素等药物残留的食品安全重大事故，此外，这也是导致我国畜禽产品出口受到限制的主要原因之一。如前些年我国向日本出口肉鸡，因克球粉残留超标相继被退回；向德国出口蜂蜜，曾由于杀虫脒超标被退回；内地运往香港的生猪，也曾由于用了法律禁用的“瘦肉精”，造成了内脏和肌肉里的残留超标等。因此，尽管标准允许在一定条件下使用常规兽药，生产者在实际生产中对抗生素的使用也要慎重。

为刺激畜禽生长或提高畜禽产品中一些营养性指标而使用抗生素、化学合成药物以及生长促进剂在有机养殖生产中是严格禁止的。比如，“瘦肉精”就是一种用于提高猪瘦肉生长的一种药物促进剂，学名为“盐酸克伦特罗”，饲料中添加此类物质可以提高瘦肉率并使肉色红润，但其残留性很强，可引起人类中毒，因此，国家已明令禁止使用，在有机生产中更是不能使用。使用激素来控制畜禽生殖行为是现代畜禽生产技术的进步，在很大程度上可以提高经济效益。如同期发情，就是利用某些激素制剂人为地控制并调整一群母畜发情周期的进程，使之在预定时间内集中发情，这样有利于人工授精、便于生产者组织生产，同时也可以提高繁殖率。但这些科技手段违背了动物的自然繁殖规律，也违背了有机生产的理念，因此不得使用。但如果动物患了疾病，可以在兽医的监督指导下使用激素进行治疗。

标准明确地规定了养殖期不足 12 个月的畜禽只可接受一个疗程的抗生素或化学合成的兽药治疗，也就是说生长期短的畜禽要尽量减少接受常规兽药的治疗，比如肉用家禽，其生长期短，因此就不能接受 2 次常规兽药的治疗，否则就不能作为有机产品进行销售。而对于养殖期较长的畜禽来说，比如奶牛或肉牛，每 12 个月也不得接受超过 3 次常规兽药的治疗，否则其产品也不能作为有机产品出售。从此条标准不难看出，尽管标准允许在特殊情况下使用常规兽药，但仍是有严格的限制条件的，目的就在于尽量减少或免于使用此类物质，从而保证有机生产的完整性。

三、寄生虫的管理与防治

防止寄生虫的第一道防线是保持最佳营养。在家畜生长阶段提供足量的优质有机饲料，为家畜生长提供了最好的时机。尤其是在内部寄生虫滋生之前。

第二道防线是生物多样性。一个管理良好的有机农场或牧场的多样性，是防止内部和外部寄生虫的一个长期效应，生物防治是以生物多样性为基础。此外，也是以不同的培育方式、限制放牧和减少这些害虫繁延寄生地为基础。但是，许多有机农业生产者认为控制寄生虫是他们的一个最大的挑战，往往需要更多的人力和物力。

放牧时寄生虫管理有许多策略和技术，农牧民可以用来减少的内部和外部寄生虫。大多数需求一个高程度的管理技能和一个放牧控制的环境。举例来说：通过控制最低载畜量，可以减少内部寄生虫的摄入，因为这些寄生虫喜欢寄宿在植物茎叶的底部。通过适时轮牧，在宿主家畜返回牧场前，允许内部寄生虫孵化直至到死亡是一个自我清洁的方式。

由于多数内部寄生虫不会在畜种之间传播，多畜种放牧或不同畜种轮牧都可减少寄生虫的着生。首先让年幼的，寄生虫易感家畜在新鲜的草场放牧，然后，在草较低寄生虫较多时，老的，不是易感的家畜再接着放牧。放牧完牛，放牧鸡是减少内部和外部寄生虫（特别是苍蝇）的一个策略。家禽散布的粪便堆可以破坏虫卵，家禽也可以以幼虫为食。

四、对动物的非治疗性手术

对动物的非治疗性手术标准在此单独列出，足以表明有机养殖对动物福利的关注。但是，动物福利是指人类应最大限度地给畜禽提供良好的生存待遇，最终目的还是要满足人类的需要，更好地为人类提供优质畜禽产品。这里提到的可以使用的几种非治疗性手术主要就是考虑到实际生产的需要，同时也兼顾了动物福利的要求。

身体改造是指改变自然外观或动物功能的不可逆转过程。通常用在家畜管理中，基于五个理由：为了识别，例如，烙印，刺字，耳朵标签，打耳号；为了防止动物间搏斗或相残的伤害，例如，断喙，切角，断尾，阉割；为防止破坏草地，例如，公猪的鼻环；以提高产品质量和销路，例如阉公畜，阉鸡；为了家畜的健康，例如羊断尾。

根据有机产品标准规定，有机养殖强调尊重动物的个性特征。应尽量养殖不需要采取非治疗性手术的品种。在尽量减少畜禽痛苦的前提下，可对畜禽采用以下非治疗性手术，必要时可使用麻醉剂：a. 物理阉割；b. 断角；c. 在仔猪出生后24h内对犬齿进行钝化处理；d. 羔羊断尾；e. 剪羽；f. 扣环。

针对一些并不是生产中必须进行的手术，而且这些手术严重违背了动物福利的要求，会对动物的生理造成很大的痛苦，因此，在有机养殖中严格禁止。不应进行以下非治疗性手术包括：a. 断尾（除羔羊外）；b. 断喙、断趾；c. 烙翅；d. 仔猪断牙；e. 其他没有明确允许采取的非治疗性手术。

思考题

1. 有机畜禽生产的育种目标主要考虑哪些方面？
2. 有机畜牧业生产系统中家畜饲料的基本原则有哪些？
3. 在有机畜牧养殖中为什么要提倡动物福利？
4. 有机畜禽疾病的治疗方法有哪些？

参考文献

[1] 喻庆国主编，生物多样性调查与评价．昆明：云南科技出版社，2007.
[2] 田民，王育新．生物多样性保护现状及发展趋势．河北林果研究，2008，23（4）.
[3] 常宏志．浅论我国生物多样性保护的对策．河北农业科学，2008，12（6）.
[4] 中国畜禽遗传资源状况编委会编著．中国畜禽遗传资源状况．北京：中国农业出版社，2004.
[5] 陈伟生，徐桂芳主编．中国家畜地方品种资源图谱（上、下）．北京：中国农业出版社，2004.
[6] 昝林森主编．牛生产学．北京：中国农业出版社，2007.
[7] 孙振钧．我国有机畜牧业如何与国际接轨（三）——IFOAM有机生产与加工基本标准中相关规定．农村实用工程技术，2002，6.
[8] 杜相革，董民主编．有机农业导论．北京：中国农业大学出版社，2006.
[9] 赵锁劳，彭玉魁主编．有机农业技术概论．西安：西北农林科技大学出版社，2004.
[10] 国家认证认可监督管理委员会编 GB/T 19630—2011《有机产品》国家标准理解与实施，中国标准出版社，2012.

第八章 有机果蔬产品的采后处理技术与管理规范

第一节 果蔬的采后病害与控制方法

我国是果品蔬菜生产大国，产量居世界第一位，但每年因采后病害造成的损失高达数十亿美元。如何有效控制果蔬采后病害，减少采后损失，是农业领域亟待研究解决的重大课题。长期以来，人们在病害防治中大量使用化学农药，给环境和生态带来了巨大负担，也给人类健康和生物安全造成严重威胁。有机果蔬的生产中要求不使用违禁的化学物品，采后处理中同样要求使用安全的方法和措施。

果蔬储运过程中的侵染性病害由病原微生物引起，是导致采后果蔬商品腐烂与品质下降的主要原因之一。在生产实践中，侵染性病害普遍发生。在美国等发达国家，采后腐烂损失在24%左右；在发展中国家，由于缺乏储运冷藏设备，其腐损率高达30%～50%，有时甚至超过50%；在我国，荔枝、龙眼、芒果的采后损失约为20%～50%，梨为30%左右，番茄为30%～50%，蒜薹为10%～30%，西藏自治区水果平均烂损率高达50%～70%。采后损失原因与品种布局、种植和管理水平、采后商品化处理能力、储运条件等有关，但由侵染性病害引起的采后损失占总采后损失的50%以上。

一、果蔬采后病害的类型与发病过程

根据果蔬病害发病时期的不同可将果蔬病害分为生长期感病与发病、生长期感病或带菌而储运期发病、储运期感染与发病三大类。

1. 生长期感病与发病型

生长期感病与发病型的病害是指病原物在植物生长期间侵入寄主体内，并引起寄主发病的病害类型。此类病害的病原物种类繁多，病害涉及面广，对果蔬的产量和质量均会造成很大的影响。

2. 生长期感病或带菌而储运期发病型

生长期感病或带菌而储运期发病型病害是指病原物于果蔬生长期间侵入果蔬体内或与果蔬接触，但不引起或引起果蔬部分发病，而在果蔬采后的储运期间，引起果蔬彻底发病的病害类型。

针对不同的病害类型应采取不同的防治方法。如针对采前发病为主或采前采后同等发病的病害应在整个生长期进行防治，特别是关键时期的防治，比如菠萝小果褐腐病在花期侵入，因此要加强花期的防治措施。而针对储藏期或以储藏期为主的病害则应注重对具有潜伏性的病原物的侵入和带菌量的控制，比如采取采前喷药与采后浸药相结合的方法进行防治。

此类病害多具有病原菌具潜伏侵染性、储前病斑不明显、不易发现等特点，对果蔬产品在储运中质量的保存危害很大，因此是病害防治中的一大重点。

3. 储运期感染与发病型

此类病害的病原菌主要是通过采后果蔬表面的机械损伤和一些生理性伤口对果蔬进行侵染的。导致此类病害发生的病原菌多属弱寄生菌及伤夷菌。细菌性病害及相当一部分真菌性病害都发生于储运期。如柑橘青绿霉和酸腐病，草莓灰霉病和细菌性软腐病等。

对此类病害进行防治有以下几点方针：

① 在储藏前对果蔬进行严格挑选，去除机械伤果和病虫果；

② 储藏前后一切操作要轻拿轻放，防治人为损伤；

③ 在储运前对果蔬进行处理，杀灭病原菌并提高果蔬抗病能力；

④ 改善储藏条件，通过对温度、湿度、气体环境等的控制为果蔬提供良好的环境以提高其抗病能力，同时抑制病原菌的滋生。

二、果蔬采后病害的防治

病原菌、寄主和环境是果蔬病害的三个主要因素。在病害系统中，三者相互依存，相互影响，其中任何一个发生变化均会影响到另外两个。正是三者的协同作用导致果蔬病害的发生，因此称之为“病害三角”或“病害三要素”。

病害防治的基本原则是：预防为主，综合防治。这也是我国植保工作的总方针。所谓预防即在病害发生前采取各种措施阻断病害循环的过程，把病害消灭在未发生前或初发阶段。综合防治有两方面的含义：一是对一种或多种病害进行综合治理；二是利用各种防治措施，取长补短，综合治理，创造不利于病害发生而利于产品生长或储藏的环境条件，从而达到防治病害的目的。

具体的防治方法有以下几种。

1. 物理防治

果蔬采后病害的物理防治方法，主要包括改善储运环境的温湿度、气体成分和储运前预处理。

(1) 低温储运　众所周知，果蔬储、运、销过程中引起的损失表现在三个方面：即病原菌为害引起腐烂的损失；蒸发失水引起重量的损失；果蔬生理活动自我消耗引起养分、风味变化造成商品品质上的损失。温度是上面三大损失的主要影响因素，采后低温储运，不仅可以直接控制病菌为害，还可以通过保持果蔬新鲜状态而延迟衰老，因而具有较强的抗病力，间接地减少损失。同时必须注意，果蔬由于种类、品种不同，对低温的敏感性也不同，如果用不适当的低温储运，果蔬将遭受冷害而降低对微生物的抗病力，那么，低温不但起不到积极作用，而且适得其反，有可能造成更严重的损失。

(2) 储运前低温预处理　低温预处理又叫作预冷。通过预冷，可以在采收后储运前迅速地消除果蔬的田间热，降低其代谢速度，有效地减轻微生物为害程度，特别对代谢旺盛而储运寿命短的果蔬，如桃、草莓、荔枝、芒果、番荔枝、番石榴、芦笋、甜玉米等更有必要。

(3) 储运前高温处理　高温处理指用热蒸汽或热水对果蔬进行短时间处理，是近年来发展起来的一种非化学药物控制果蔬采后病害的方法。目的在于杀死或抑制表面微生物以及潜伏在表皮下的病原菌。大量的试验证明，采后高温处理可以有效地防治果实的某些采后病害，有利于果实硬度保持，加速伤口的愈合，减少病菌侵染。最常见的例子是芒果，采后用 52～55℃ 热水处理对芒果炭疽病有一定抑制作用，如在热水中加进适量的杀菌剂或 $CaCl_2$ 则效果更佳。

高温处理的方法分为热水浸泡和热蒸汽处理。使用的温度和时间因不同水果和处理方法而异（表 8-1）。

表 8-1　热处理对果蔬采后病害的控制

品种	处理温度/℃	处理时间/min	处理方法	控制病害	参考资料
苹果	45 38	15 96h	热气 热水	青霉病	Edney 和 Burchill，1967；Fallik 等 1995
梨	47	30	热水	毛霉病	Michailides 和 Ogawa，1989
桃	52 54	2.5 15	热水 热气	褐腐病； 软腐病	Smith 和 Anderson，1975；Sommer 等 1967
李	52	3	热水	褐腐病	Jones 和 Burton，1973
樱桃	52	2	热水	褐腐病	Johnson，1968
草莓	43	30	热气	灰霉病，黑腐病	Smith 和 Worthington，1965
甜橙	53	5	热水	蒂腐病	Smoot 和 Melvin，1965

续表

品种	处理温度/℃	处理时间/min	处理方法	控制病害	参考资料
柠檬	52	5～10	热水	青霉病	Houck，1967
葡萄柚	48	3	热水	疫病	Schiffmann-Nadel 和 Cohen 1966
荔枝	52	2	热水	霜疫霉病	Scott 等 1982
芒果	52	5	热水	炭疽病	Spalding 和 Reeder，1972
甜瓜	30～90	35	热气	霉菌病	Teitel 等，1989
辣椒	53	1.5	热水	细菌软腐	Johnson 等，1968
青豆	52	0.5	热水	白腐病	Wells 和 Harvey，1970

（4）储运前高温高湿处理　高温高湿对马铃薯和甘薯形成愈伤组织都是必要的条件。如甘薯愈伤在 32～35℃、湿度 85%～90%下 4 天完成；马铃薯在 13～18℃、湿度 95%下 10～14 天伤口迅速木栓化。这些都是生产上常用的措施。

（5）控制储运环境相对湿度　储运环境的相对湿度非常重要，不仅是对于微生物活动的抑制，而且对于防止果蔬失水都有非常好的效果。不同种类的果蔬对环境湿度高低要求不同，绝大多数果蔬要 80%～90%的中等湿度；少部分如洋葱、大蒜头、南瓜、凉薯、姜等要求 50%～70%的低湿度环境；还有相当一部分要求 90%～100%的高湿环境。一般来说，高湿度对病菌活动有利，高温高湿，病菌为害更甚。但是在要求高湿度的果蔬中几乎绝大部分都是耐低温的，因此可利用低温来减少果蔬损失。

控制环境湿度有多种方法，可以整体控制，也可以局部甚至是单体控制。采用塑料薄膜大包装、小包装、单体包装，或者使用表面涂膜剂，既可以防止病菌的蔓延，也可以减少水分损失。目前生产上应用广泛的是柑橘等果实的薄膜单果包装。

（6）储藏期间进行气调处理　果蔬采后用高 CO_2 短时间处理或采用低 O_2 和高 CO_2 的条件储藏对保持果蔬生理状态、抑制采后病害发生有明显的作用。如用 30% CO_2 处理柿子 24h 可以控制黑斑病（*Alternaria alternata*）的发生。

（7）其他处理措施

一定波长、一定量的紫外线处理能减少苹果、桃、柑橘等果实采后病害的发生，如用 254nm 的短波紫外线可诱导果蔬产品的抗性，延缓果实成熟，减少对灰霉病、软腐病、黑斑病等的敏感性。

2. 生物防治和抗性诱导

（1）生物防治　生物防治是指通过微生物之间固有的拮抗作用，利用一些对果蔬不造成危害的微生物或具有抑菌作用的天然物质来抑制病原菌的侵染的方法。生物防治是近年来所探索出的可代替化学防治的一种有效的新途径。与化学防治相比，生物防治对环境和农产品没有污染，对人体没有毒害作用，是一种值得探索的新方法。对生物防治的研究包括以下两大部分。

① 对拮抗微生物的研究和利用。生物防治中很重要的一部分就是利用具有病原菌拮抗作用的微生物来进行病害防治。目前，已经从土壤和植物中分离出包括细菌、小型丝状真菌和一些酵母菌在内的很多对引起果蔬病害的病原菌具有拮抗作用的微生物。这些微生物拮抗病原菌的机理目前还不是完全清楚，但大多数人认为具有拮抗作用的细菌和真菌是通过自身分泌的一些抗菌物质来抑制病原菌的生长的，我们称这种抗菌物质为抗菌素。比如枯草芽孢杆菌（*B. subtilis*）可以产生一种被称之为伊枯草菌素的物质，这种物质对引发核果类采后腐烂的褐腐病菌（*M. fracticola*）、草莓灰霉菌（*B. cinerea*）和柑橘青霉菌（*P. italicum*）均有抑制作用。而可拮抗病原菌的酵母菌则多是通过竞争抑制而起作用的，它们的繁殖能力很强，可在果蔬表面的伤口处大量快速繁殖，与病原菌竞争生存空间和营养物质，从而达到抑制病原菌生长的效果。利用酵母菌进行生物防治的优点是可以避免病原菌对抗菌素产生抗性而降低生物防治的抑病效果。

目前，利用微生物进行生物防治还存在一些有待解决的问题。大多数拮抗菌的生活能力和拮抗能力在一些常用的储藏条件（如低温、高 CO_2 等）下都会有所下降，甚至不能发挥其作用，而一些病原菌却仍然能够生存。如在低温条件下 *B. subtilis* 对 *B. cinerea* 和 *P. italicum* 病菌的抑制效果明显的下降。可见，生物防治用微生物对采后储藏环境的适应能力还有待加强，在今后的研究中可通过诱变选育、基因工程等技术开发拮抗能力强、适应性好、更稳定的广谱性优良拮抗菌种。

② 对天然抗病物质的研究和利用　很多植物本身就可以分泌一些抗菌抗虫物质，如一些植物的根和叶的提取物具有明显的抑菌效果。目前全世界至少有2%的高等植物被证明具有明显的杀虫作用。

利用植物天然抗病物质来控制果蔬产品采后的病害是近年来研究的热点问题。早在1959年Ark和Thompson就报道了大蒜的提取物对引起桃采后腐烂的 *M. fracticola* 病菌有明显的抑制作用。Wilson及其合作者们发现有43个科的300多种植物的提取物对 *B. cinerea* 病菌有拮抗作用。另外植物产生的一些油和挥发性物质对产品的采后病害也有明显的抑菌功效，如EI-Ghoauth和Wilson报道以红棕榈、红百里香、樟树叶和三叶草为原料制作的烟熏剂可有效减少果实和蔬菜的采后病害。

近来人们发现动物产生的一种聚合物——脱乙酰几丁质是很好的抗真菌剂，它能形成半透性的膜，抑制多种病菌的生长。同时，还能激化植物组织内几丁质酶的活性增高，植物防御素的积累，蛋白质酶抑制剂的合成和木质化的增加，脱乙酰几丁质中的多聚阳离子被认为是提供该物质生理化学和生物功能的基础。目前，脱乙酰几丁质已经被应用于许多水果的采后处理，如利用它来防止 *B. cinerea* 和 *P. stolonifer* 病菌引起的采后腐烂，以及利用它成膜的透气性来延迟草莓、辣椒和黄瓜的成熟。许多研究证明脱乙酰几丁质对哺乳动物没有毒性，但它对人体来说是否安全还需要进一步验证。

利用动植物产生的天然物质来抗菌具有针对性强（很多植物在生长期可分泌一些抗其自身病害的天然物质，将这些天然物质提取出来用于其自身采后病害的防治具有很强的针对性，效果显著）、适应性好、安全性高等特点。因此，这是一种极具发展潜力的新方法。

（2）采后产品抗性的诱导　如前所述，植物在遭遇病原物侵染时，自身也会产生防御作用，如产生一些疾病相关蛋白、积累木质素和胼胝体等物质，迅速合成抗菌素等，我们称之为植物的抗性。抗性越强，植物被侵染和发病的程度越小。因此，诱导植物产生很强的抗性也是一种防治病害的有效途径。

与生长期时一样，采后的植物组织也可以产生一定的抗性，但可能没有生长期产生的抗性高，采用某些无毒的生物和非生物的诱导处理能够刺激这些防御反应的发生，从而使采后的果蔬组织产生很强的抗性，以此达到控制病害的目的。如在储藏前用抗真菌素——脱乙酰几丁质处理果实，或用 UV 光照射和采后热处理等技术都能增强组织的抗病性，减少储藏期间的病害。

可见通过抗病机能来控制采后的腐烂是一条行之有效的途径。

3. 综合防治

综合防治包括采前、采后、物理、化学多种防治方法相结合，运用一系列保护性和杀灭性结合的综合性防治措施，并贯彻“以防为主，防治结合”的原则。

根据以上原则，可以运用的综合防治方式有 3 种。

（1）采前采后相结合　对花期或幼果期侵入的病害，或整个生长期均可发生的病害，应抓住关键时期，使用允许的药物处理；对于近成熟期为害的，可以采前喷施结合采后浸泡，因为对于田间侵入的病害，单靠采后处理往往难以达到理想的效果。

（2）生物方法与物理方法相结合　把经过生物杀菌剂防腐处理的果蔬再在低温条件下储运与销售，使低温的抑制作用与药物效力协同作用。此外，还可以提高防腐剂处理温度，发挥药力和热力两种杀菌协同作用。这样，都可以适当降低生物杀菌剂使用浓度，而保证原有效果。

（3）杀灭与保护相结合　在果蔬病害防治方面比较细致的做法是在采前关键时期喷药，并进行套袋，既杀死现有病菌，又杜绝以后再感染。如香蕉和芒果采用此法，效果显著，柑橘的单果包装也属此类。

第二节 有机农产品采后处理技术

蔬菜水果是人们食物营养的重要来源，本节以蔬菜水果为例介绍有机产品的采后处理与储藏保鲜技术。

一、水果蔬菜储藏的采后生理变化

采收以后的果蔬是一个活的植物体，它具有呼吸、排泄（乙醇和乙烯等成分）、出汗（蒸腾）、睡觉（休眠）等特点。

收获后的果蔬，其呼吸代谢等一系列生理生化变化和全部的生命活动，与周围的环境条件密切相关。研究和控制环境条件，采用适合果蔬特性的处理方法，把果蔬呼吸代谢和衰老进程抑制到最低限度，从而达到延长果蔬的储运寿命，降低腐烂和衰老造成的损耗，保持其新鲜的品质，就是果蔬贮运保鲜的基本原理。

要使收获后的果蔬在储运过程中得以有效的保存，就要注意以下几方面的问题：

① 果蔬原料品种是否具有耐储运的特性，其对环境条件具有怎样的生理要求；

② 果蔬生长的自然条件和农业技术措施是否适宜；

③ 果蔬采收成熟度和采摘时间、方式以及品质质量；

④ 收获后保鲜处理技术的应用；

⑤ 包装、运输和储存条件，它包括包装方式（形式）、运输方式、环境温度和湿度等条件，储运的及时性、储存方式（简易或机械冷藏）、储存方法和管理水平等诸多因素；

⑥ 辅助保鲜技术措施的应用。

必须强调的是，果蔬采后仍像生长在植株上（或土壤中）一样，保持着生理活性和呼吸代谢等活动，所不同的是不能再从植株（或土壤中）上得到水分和其他养分的补充。因此，它将不断地失去自身的水分和消耗生长时所积累的各种物质，并逐渐开始自身的衰老代谢。这就是果蔬收获后品质、风味等不断变化（或下降）的内在原因。而微生物等侵染是造成果蔬腐烂的外在因素（当然十分重要）。如果储运环境条件适宜，则能够延缓其自身生理变化和衰老进程；如果不适宜，就会加速其采后变质、败坏和有利于微生物的侵染，使储运寿命大大缩短。因此，一切延长果蔬储运寿命和减少腐烂损失的储运保鲜技术，都必须以果蔬的生理特性要求、延缓衰老、减少微生物侵染的伤害为首要条件。而适宜的低温，则是最有效的先决条件，其他措施则必须以“适宜的低温”为基础。可见，果蔬储运保鲜最关键的是温度问题。

二、果蔬采后处理技术与手段

果蔬收获后到储藏、运输前，根据种类、储藏时间、运输方式及销售目的，还要进行一系列的处理，这些处理对减少采后损失，提高果蔬的商品性和耐储运性能具有十分重要的作用。果蔬的采后处理就是为保持和改进产品质量并使其从农产品转化为商品所采取的一系列措施的总称。园艺产品的采后处理过程主要包括整理、挑选、预储愈伤、药剂处理、预冷、分级、包装等环节。可以根据产品的种类，选用全部的措施或只选用其中的某几项措施。事实上，这些程序中的许多步骤可以在设计好的包装车间生产线上一次性地完成。即使目前设备条件尚不完善，暂不能实现自动化流水作业，但仍然可以通过简单的机械或手工作业完成园艺产品的商品化处理过程，使园艺产品做到清洁、整齐、美观，有利销售和食用，从而提高产品的商品价值和信誉。通过采后处理，有利于改善外观、方便包装、延长储藏寿命和货架寿命，并且是果蔬实现商品化、标准化不可缺少的必需环节。

果蔬的采后处理，采收后越及时处理则效果就越好。如果不能及时处理则会显著降低产品的商品性和耐储运性能。

1. 整理与挑选

整理与挑选是采后处理的第一步，其目的是剔除有机械伤、病虫危害、外观畸形等不符合商品要求的产品，以便改进产品的外观、改善商品形象、便于包装储运、有利于销售和食用。

果蔬从田间收获后，往往带有残叶、败叶、泥土、病虫污染等，必须进行适当的处理。因为这些残叶、败叶、泥土、病虫污染的产品等，不仅没有商品价值，而且严重影响产品的外观和商品质量，而且更重要的是携带有大量的微生物孢子和虫卵等有害物质，因而成为采后病虫害感染的传播源，引起采后的大量腐烂损失。清除残叶、败叶、枯枝还只是整理的第一步，有的产品还需进行进一步修整，并去除不可食用的部分，如去根、去叶、去老化部分等。叶菜采收后整理显得特别重要，因为叶菜类采收时带的病、残叶很多，有的还带根。单株体积小，重量轻的叶菜还要进行捆扎。其他的茎菜、花菜、果菜也应根据新产品的特点进行相应的整理。以获得较好的商品性和储藏保鲜性能。

挑选是在整理的基础上，进一步剔除受病虫侵染和受机械损伤的产品。很多产品在采收和运输过程中都会受到一定机械伤害。受伤产品极易受病虫、微生物感染而发生腐烂。所以必须通过挑出病虫感染和受伤的产品，减少产品的带菌量和产品受病菌侵染的机会。挑选一般采用人工方法进行。在果蔬的挑选过程中必须戴手套，注意轻拿轻放，尽量剔除受伤产品，同时尽量防止对产品造成新的机械伤害，这是获得良好储藏保鲜效果的保证。

2. 预冷

（1）预冷的作用　预冷是将新鲜采收的产品在运输、储藏或加工以前迅速除去田间热，将其品温降低到适宜温度的过程，大多数果蔬都需要进行预冷。恰当的预冷可以减少产品的腐烂，最大限度地保持产品的新鲜度和品质。预冷是创造良好温度环境的第一步。

果蔬采收后，高温对保持品质是十分有害的，特别是在热天或烈日下采收的产品，危害更大。所以，果蔬采收以后在储藏运输前必须尽快除去产品所带的田间热。预冷是农产品低温冷链保藏运输中必不可少的环节，为了保持果蔬的新鲜度、优良品质和货架寿命，预冷措施必须在产地采收后立即进行。尤其是一些需要低温冷藏或有呼吸高峰的果实，若不能及时降温预冷，在运输储藏过程中很快就会达到成熟状态，大大缩短储藏寿命。而且未经预冷的产品在运输储藏过程中要降低其温度就需要更大的冷却能力，这在设备动力上和商品价值上都会遭受更大的损失。如果在产地及时进行了预冷处理，以后只需要较少的冷却能力和隔热措施就可达到减缓果蔬的呼吸，减少微生物的侵袭，保持新鲜度和品质的目的。

（2）预冷方法及设备　预冷的方式有多种，一般分为自然预冷和人工预冷。人工预冷中有冰接触预冷、风冷、水冷和真空预冷等方式。

① 自然降温冷却。自然降温预冷是最简便易行的预冷方法。它是将采后的果蔬放在阴凉通风的地方，使其自然散热。这种方式冷却的时间较长，受环境条件影响大，而且难于达到产品所需要的预冷温度，但是在没有更好的预冷条件时，自然降温冷却仍然是一种应用较普遍的好方法。

② 水冷却。水冷却是用冷水冲、淋产品，或者将产品浸在冷水中，使产品降温的一种冷却方式。由于产品的温度会使水温上升，因此，冷却水的温度在不使产品受冷害的情况下要尽量低一些，一般为0～1℃。目前使用的水冷却方式有两种，即流水系统和传送带系统。水冷却器中的水通常是循环使用的，这样会导致水中病源微生物的累积，使产品受到污染。因此，应该在冷却水中加入一些化学药剂，减少病源微生物的交叉感染，如加入一些次氯酸或用氯气消毒。此外，水冷却器应经常用水清洗。用水冷却时，产品的包装箱要具有防水性和坚固性。流动式的水冷却常与清洗和消毒等采后处理结合进行；固定式则是产品装箱后再进行冷却。商业上适合于水冷却的果蔬有胡萝卜、芹菜、甜玉米、菜豆、甜瓜、柑橘、桃等。直径7.6cm的桃在1.6℃的水中放置30min，可以将其温度从32℃降至4℃，直径5.1cm的桃在15min内可以冷却到4℃。

③ 冷库空气冷却。冷库空气冷却是一种简单的预冷方法，它是将产品放在冷库中降温的一种冷却方法。苹果、梨、柑橘等都可以在短期或长期储藏的冷库内进行预冷。当制冷量足够大及空气以1～2m/s的流速在库内和容器间循环时，冷却的效果最好。因此，产品堆码时包装容器间应留有适当的间隙，保证气流通过。如果冷却效果不佳，可以使用有强力风扇的预冷间。目前国外的冷库都有单独的预冷间，产品的冷却时间一般为18～24h。冷库空气冷却时产品容易失水，95%或95%以上的相对湿度可以减少失水量。

④ 强制通风冷却。强制通风冷却是在包装箱堆或垛的两个侧面造成空气压力差而进行的冷却，当压差不同的空气经过货堆或集装箱时，将产品散发的热量带走。如果配上的机械制冷和加大气流量，可以加快冷却速度。强制通风冷却所用的时间比一般冷库预冷要快4～10倍，但比水冷却和真空冷却所需的时间至少长2倍。大部分果蔬适合采用强制通风冷却，在草莓、葡萄、甜瓜、红熟番茄上使用

效果显著，0.5℃的冷空气在75min内可以将温度24℃的草莓冷却到4℃。

⑤ 包装加冰冷却。包装加冰冷却是一种古老的方法，就是在装有产品的包装容器内加入细碎的冰块，一般采用顶端加冰。它适于那些与冰接触不会产生伤害的产品或需要在田间立即进行预冷的产品，如菠菜、花椰菜、抱子甘蓝、萝卜、葱等。如果要将产品的温度从35℃降到2℃，所需加冰量应占产品重量的38%。虽然冰融化可以将热量带走，但加冰冷却降低产品温度和保持产品品质的作用仍是很有限的。因此，包装内加冰冷却只能作为其他预冷方式的辅助措施。

⑥ 真空冷却。真空冷却是将产品放在坚固、气密的容器中，迅速抽出空气和水蒸气，使产品表面的水在真空负压下蒸发而冷却降温。压力减小时水分的蒸发加快，当压力减小到613.28Pa（4.6mm汞柱）时，产品就有可能连续蒸发冷却到0℃。因为在101325Pa（760mm汞柱）下，水在100℃沸腾，而在533.29Pa（4mm汞柱）下，水在0℃沸腾。在真空冷却中产品的失水范围为1.5%～5%，由于被冷却产品的各部分等量失水，所以产品不会出现萎蔫现象，果蔬在真空冷却中大约温度每降低5.6℃，失水量为1%。

真空冷却的速度和温度很大程度上受产品的表面积与体积之比、产品组织失水的难易程度和抽真空的速度等。所以不同种类的真空冷却效果差异很大。生菜、菠菜、苦苣等叶菜类最适合于真空冷却。纸箱包装的生菜用真空冷却，在25～30min内可以从21℃冷却至2℃，包心不紧的生菜只需15min。还有一些蔬菜如石刁柏、花椰菜、甘蓝、芹菜、蘑菇、甜玉米等也可使用真空预冷。但一些表面积小的产品，如水果、根菜类和番茄最好采用其他冷却方法。真空冷却对产品包装有特殊要求，要求包装容器能够透气，便于水蒸气散发。

总之，这些预冷方法各有优缺点，在选择预冷方法时，必须根据产品的种类、现有的设备、包装类型、成本等因素选择使用。

3. 清洗和涂蜡

果蔬由于受生长或储藏环境的影响，表面常带有大量泥土污物，严重影响其商品外观。所以果蔬在上市销售前常需进行清洗、涂蜡。经清洗、涂蜡后，可以改善商品外观，提高商品价值；减少表面的病原微生物；减少水分蒸腾，保持产品的新鲜度；抑制呼吸代谢，延缓衰老。

4. 分级

分级是提高商品质量和实现产品商品化的重要手段，并便于产品的包装和运输。产品收获后将大小不一、色泽不均、感病或受到机械损伤的产品按照不同销售市场所要求的分级标准进行大小或品质分级。产品经过分级后，商品质量大大提高，减少了储运过程中的损失，并便于包装、运输及市场的规范化管理。

果蔬作为生物产品，在生产栽培期中受自然、人为诸多因素的影响和制约，产品间的品质存在较大差异。收获后产品的大小、重量、形状、色泽、成熟度等方面很难达到一致要求。产品的分级则成为解决这一问题，实现产品商品化的一个重要手段。通过分级可区分产品的质量，为其实用性和价值提供参数；等级标准在销售中作为一个重要的工具，给生产者、收购者和流通渠道中各个环节提供贸易信息；分等分级也助于生产者和经营管理者在产品上市的准备工作和议价。等级标准还能够为优质优价提供依据，推动果蔬栽培管理技术的发展；能够以同一标准对不同市场上销售的产品的质量进行比较，有利于引导市场价格及提供信息；有助于解决买卖双方赔偿损失的要求和争论。产品经挑选分级后，剔除掉感病和机械损伤产品，减少了储藏中的损失，减轻了病虫害的传播；残次品则及时加工处理减少浪费，标准化的产品便于进行包装、储藏、运输、销售，产品附加值大，经济效益高。

5. 包装

果蔬包装是标准化、商品化，保证安全运输和储藏的重要措施。有了合理的包装，就有可能使果蔬在运输途中保持良好的状态，减少因互相摩擦、碰撞、挤压而造成的机械损伤，减少病害蔓延和水分蒸发，避免果蔬散堆发热而引起腐烂变质；包装可以使果蔬在流通中保持良好的稳定性，提高商品率和卫生质量。同时包装是商品的一部分，是贸易的辅助手段，为市场交易提供标准的规格单位，免去销售过程中的产品过秤，便于流通过程中的标准化，也有利于机械化操作。所以适宜的包装不仅对于提高商品质量和信誉是十分有益的，而且对流通也十分重要。因此，发达国家为了增强商品的竞争力，特别重视产品的包装质量。而我国在商品包装方面不十分重视，尤其是果蔬等鲜活产品。

6. 预储愈伤

果蔬采后含有大量的水分和热量，必须及时降温，排除田间热和过多的水分，愈合收获或运输过程中造成的机械损伤，才能有效地进行储藏保鲜。其主要目的如下。

① 散发田间热，降低品温，使其温度尽快降低到适宜的储运温度。

② 愈合伤口，在适宜的条件下机械损伤能自然愈合，增强组织抗病性。

③ 适当散发部分表面水分，使表皮软化，可增强对机械损伤的抵抗力。

④ 表面失水后形成柔软的凋萎状态可抑制内部水分继续蒸发散失，而有利于保持产品的新鲜状态。

⑤ 经过适当预储后，已受伤的表皮组织往往变色或腐烂，易于识别，便于挑选时剔除，可以保证商品质量。

预储是部分果蔬采后重要的预处理环节。预储一般用于含水量很高，生理作用旺盛的产品。因为此类产品采收时含水量很高，组织脆嫩，因此储运中很容易发生机械损伤。此外，它们的呼吸作用和蒸腾作用很旺盛，如不经预储，直接包装入库或运输，就会增大库内或车内相对湿度，有利于微生物的生长繁殖，从而导致产品的大量腐烂。如在北方，叶菜类在储藏之前都要经适当预储，从菜体内排出部分水分，使外叶适度萎蔫，以减少以后的机械损伤，同时还可降低储藏环境的湿度，从而可以获得较好的储藏效果。

果蔬在采收过程中，很难避免各种机械伤害，即使很小的损伤，也会招致微生物侵染而引起腐烂。收获后的果蔬如薯类受到机械损伤，在预储过程中条件适宜时，轻微伤口会自然产生木栓愈伤组织，逐渐使伤口愈合，这是生物适应环境的一种特殊功能。利用这种功能，人为地创造适宜的条件可以加速产品愈伤组织的形成，即称为愈伤处理。

薯类和葱蒜类果蔬，如马铃薯、洋葱、大蒜、芋、山药等果蔬采收后在储藏前常进行愈伤处理来增强其耐储性和抗病性。可以获得很好的储藏效果。

总之，果蔬的采后处理对提高商品价值，增强产品的耐储运性能具有十分重要的作用。果蔬的采后处理流程可简要总结如图 8-1 所示，以供参考。

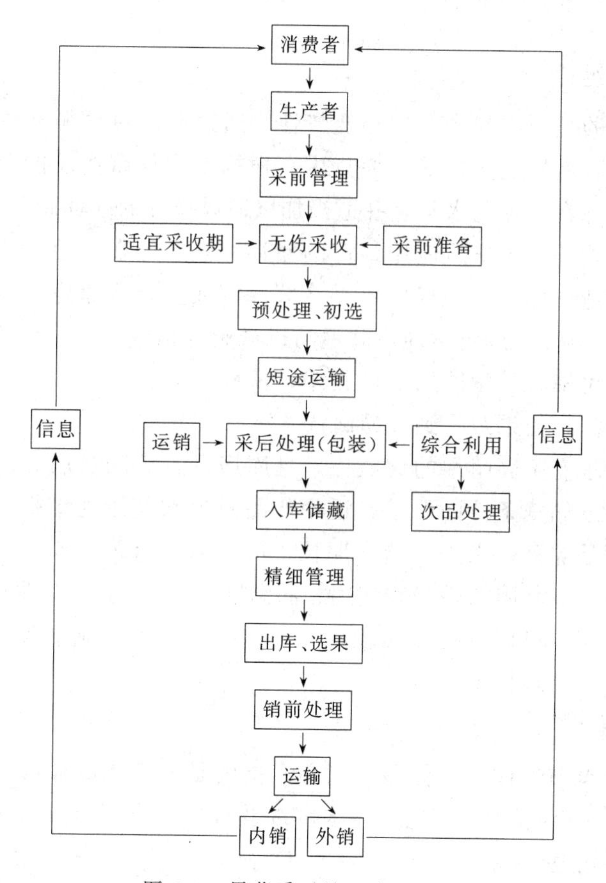

图 8-1　果蔬采后处理流程示意

三、有机果蔬保鲜的方式与方法

随着果蔬生产的迅速发展和鲜销与加工生产的需要，传统的储运保鲜方式和技术普遍得到改进和完善，并随着现代科学技术的广泛应用，新的储运方式、方法和保鲜技术也在不断出现，在有机果蔬上也得到广泛应用。

果蔬储藏方法或保鲜技术，是指在特定的储藏方式（或条件）下进行的保鲜处理和有关的管理，其中最主要的是尽可能地在能够达到的最短时间里，将果蔬的温度和储藏的环境温度降至（或接近）果蔬适宜的条件。

1. 简易储藏保鲜

这是目前生产中仍广泛使用的主要方法。即根据当地的自然条件和现有设施(如产地的地沟、土窑洞、地窖、通风库和厂区的库房、人防工事等)，通过合理的管理方式和防腐保鲜处理（如符合标准要求的药剂处理、薄膜包装等）使果蔬达到良好的保鲜效果。其优点是简便、易行、投资少，可在产地进行。对一些耐藏果蔬（如山楂、苹果、柑橘）可获得明显的效果。缺点是水分损耗大，易出现腐烂，储存期短。

2. 机械冷藏保鲜

机械冷藏指的是利用制冷剂的相变特性，通过制冷机械循环运动的作用产生冷气并将其导入有良好隔热效能的库房中，根据不同储藏商品的要求，控制库房内的温、湿度条件在合理的水平，并适当加以通风换气的一种储藏方式。

这是目前国内外果蔬采后应用最广的储存方法。即在产地（或原料基地）或加工厂和销地建造一栋一定规模的机械冷藏库（或复合冷凉库、节能型通风冷藏库等)。通过人工制冷（或自然通风降温与机械制冷相结合）将果蔬温度迅速降至适宜储温下，并可辅以化学防腐保鲜技术、薄膜气调保鲜技术、果蔬涂被包膜技术等辅助保鲜方法，使果蔬得到长期储藏。

机械冷藏要求有坚固耐用的储藏库，且库房设置有隔热层和防潮层以满足人工控制温度和湿度储藏条件的要求，适用产品对象和使用地域扩大，库房可以周年使用。其优点是储藏效果好，储存期长，可供多种果蔬（如一些不耐储藏的品种）储存（但切忌混装同一库房和使用相同温度)。缺点是一次性投资较大，机械冷藏的储藏库和制冷机械设备需要较多的资金投入，运行成本较高，且储藏库房运行要求有良好的管理技术。

3. 气调储藏

气调储藏是调节气体成分储藏的简称，指的是改变果蔬储藏环境中的气体成分（通常是增加 CO_2 浓度和降低 O_2 浓度以及根据需求调节其气体成分浓度）来储藏产品的一种方法。

正常空气中 O_2 和 CO_2 的浓度分别为 20.9%和 0.03%，其余的则为氮气（N_2）等。在 O_2 浓度降低或/和 CO_2 浓度增加等改变了气体浓度组成的环境中，果蔬的呼吸作用受到抑制，降低了呼吸强度，推迟了呼吸峰出现的时间，延缓了新陈代谢速度，推迟了成熟衰老，减少营养成分和其他物质的降低和消耗，从而有利于产品新鲜质量的保持。同时，较低的 O_2 浓度和较高的 CO_2 浓度能抑制乙烯的生物合成、削弱乙烯生理作用的能力，有利于果蔬储藏寿命的延长。此外，

适宜的低 O_2 和高 CO_2 浓度具有抑制某些生理性病害和病理性病害发生发展的作用，减少产品储藏过程中的腐烂损失。以上低 O_2 和高 CO_2 浓度的效果在低温下更为显著，因此，气调储藏应用于果蔬储藏时通过延缓产品的成熟衰老、抑制乙烯生成和作用及防止病害的发生能更好地保持产品原有的色、香、味、质地特性和营养价值，有效地延长产品的储藏和货架寿命。有报道指出，对气调反应良好的果蔬运用气调技术储藏时其寿命可比机械冷藏增加一倍甚至更多。正因为如此，近年来气调储藏发展迅速，储藏规模不断增加。

需要指出的是气调储藏虽然技术先进但由于有些果蔬对气调反应不佳，过低 O_2 浓度或过高 CO_2 浓度会引起低 O_2 伤害或 CO_2 伤害，不同种类、不同品种的果蔬要求不同的 O_2 和 CO_2 配比应单独储存而需增加库房，及气调库建筑投资大、运行成本高等原因制约了其在发展中国家的果蔬储藏生产实践中的应用和普及。

气调储藏自进入商业性应用以来，大致可分为两大类，即自发气调（modified atmosphere storage，MA）和人工气调（controlled atmosphere storage，CA）。MA 指的是利用储藏对象——果蔬自身的呼吸作用降低储藏环境中的 O_2 浓度，同时提高 CO_2 浓度的一种气调储藏方法。MA 的方法多种多样，在我国多用塑料袋或密封储藏对象后进行储藏，如蒜薹简易气调，硅橡胶窗储藏也属 MA 范畴。

CA 指的是根据产品的需要和人的意愿调节储藏环境中各气体成分的浓度并保持稳定的一种气调储藏方法。CA 由于 O_2 和 CO_2 的比例严格控制而做到与储藏温度密切配合，故其比 MA 先进，储藏效果好，是当前发达国家采用的主要类型，也是我国今后发展气调储藏的主要目标。

4. 临界低温高湿保鲜

又叫冰点储藏法，即采用临界点低温高湿储藏果蔬。果蔬在不发生冷害的前提下，采用尽量低的温度以有效控制果蔬在保鲜期内的呼吸强度，使某些易腐烂的水果品种达到休眠状态；可以有效降低水果水分蒸发，减少失重。

临界低温高湿环境下结合其他保鲜方式进行基础研究是水果中期保鲜的一个方向。

5. 冷温高湿结合杀菌储藏法

把冷库的温度调到 0～1℃，湿度调到 95%，并注入负离子和臭氧的混合气体。这种储藏方法的好处在于，有些水果不能承受低温，但高湿度可解决这一难题。低浓度臭氧不能杀菌，但加上负离子后杀菌能力明显提高，同时消除并抑制乙烯的产生，抑制水果的后熟作用；水果表皮的气孔收缩，降低水果的水分蒸发，减少失重，而对水果不会造成不良影响。

6. 涂膜保鲜

通过不同的膜材料，提供选择性的阻气、阻湿、阻内容物散失及阻隔外界环境的有害影响、抑制呼吸，延缓后熟衰老，抑制表面微生物的生长，提高储藏质量等多种功能，从而达到食品保鲜、延长其货架期的目的。

膜材料有纳米材料、糖类、蛋白质、多糖类蔗糖脂、聚乙烯醇、单甘酯，以及多糖、蛋白质和脂类组成的复合膜。

7. 高压保鲜

通过正压阻止水果水分和营养物质向外扩散，减缓呼吸速度和成熟速度，从而有效地延长果实的储藏期。该技术的抗菌效果与水果中的微生物类型以及水果中的天然成分有关，一些浆果中的有机酸有助于提高高压保鲜技术的效果。此外，高压保鲜技术与冷藏技术结合使用效果更佳，例如：可使葡萄在5℃下保存5个月，草莓在8℃下保存30天。

8. 低压保鲜

通过真空泵抽气，使果蔬储藏容器获得较低的绝对压力（10mm汞柱、20mm汞柱、70mm汞柱），其压力大小根据果蔬特性及储藏温度而定。当所要求的低压值达标后，新鲜空气不断通过压力调节器、加湿器，带着近似饱和的湿度进入储藏室，真空泵不断地工作，果蔬就不断地得到新鲜、潮湿、低压、低氧的空气，使果蔬长期处于最佳休眠状态。其优点有：a. 实现真空预冷和减压储藏的同库并行，既能减少果蔬因倒运而产生的机械损伤，又大大降低了入储费用，为果蔬保鲜奠定了良好的基础；b. 降低O_2浓度，从而降低果蔬的呼吸强度和乙烯的产生速度；c. 利用真空系统实现快速降氧和高精密度控制氧含量；d. 迅速排出CO_2和乙烯等有害气体，并使少量新鲜空气置换进入，因此有力地控制了果蔬后熟过程；e. 杀菌方便彻底。

9. 细胞膨压调控保鲜

通过温度、相对湿度、表面控制程度、通风气流速度等有关的热动力学特性调控技术以及相应的组织膨压变化的测试技术，可维持水果细胞膨压的完好，实现其质构的调控保鲜。对苹果、梨的组织膨压调控保鲜，取得了较好的中长期保鲜效果。

第三节 有机食品储藏技术要求与规范

一、有机食品储藏技术要求

参照“中华人民共和国国家标准”对有机产品的储藏有如下的要求。

① 经过认证的产品在贮存过程中不得受到其他物质的污染，要确保有机认证产品的完整性。

② 储藏产品的仓库必须干净、无虫害，无有害物质残留，在最近一周内未经任何禁用物质处理过。

③ 除常温储藏外，允许以下储藏方法：a. 储藏室空气调控；b. 温度控制；c. 干燥；d. 湿度调节。

④ 有机产品应单独存放。如果不得不与常规产品共同存放，必须在仓库内划出特定区域，采取必要的包装、标签等措施确保有机产品不与非认证产品混放。

⑤ 产品出入库和库存量必须有完整的档案记录，并保留相应的单据。

二、有机食品储藏技术规范

安全是有机食品最突出的特点，其整个生产过程的控制是质量控制的关键，在有机果蔬保鲜中应遵循以下通用原则和要求。

① 食品仓库在存放有机食品前要进行严格的清扫和灭菌，周围环境必须清洁卫生，并远离污染源。

② 禁止使用会对有机食品产生污染或潜在污染的建筑材料与物品。严禁食品与化学合成物质接触。

③ 食品入库前应进行必要的检查，严禁与受到污染、变质以及标签、批号与货物不一致的食品混存。

④ 食品按照入库先后、生产日期、批号分别存放，禁止不同生产日期的产品混放。有机食品与普通食品应分开储藏。

⑤ 定期对储藏室用物理或机械的方法消毒。不使用对有机食品可能带来污染的物质消毒。

⑥ 管理和工作人员必须遵守卫生操作规定。所有的设备在工作和使用前均要进行灭菌。

⑦ 食品储藏期限不能超过保质期，包装上应有明确的生产、储藏日期。

⑧ 储藏仓库必须与相应的装卸、搬运等设施相配套，防止产品在装卸、搬运等过程中受到损坏与污染。

⑨ 有机食品在入仓堆放时，必须留出一定的墙距、柱距、货距与顶距，不允许直接放在地面上，保证储藏的货物之间有足够的通风。禁止不同种类有机产品混放。

⑩ 建立严格的仓库管理情况记录档案，详细记载进入、搬出食品的种类、数量和时间。

⑪ 根据不同食品的储藏要求，做好仓库温度、湿度和管理，采取通风、密封、吸潮、降温等措施，并经常检测食品温湿度、水分以及虫害发生的情况。

⑫ 仓库管理必须采用物理与机械的方法和措施，有机食品的保质储藏必须采用干燥、低温、密封与通风、低氧（充 CO_2 或 N_2）、紫外光消毒等物理或机械方法，禁止使用人工合成化学物品以及有潜在危害的物品。

⑬ 保持有机食品储藏室的环境清洁，具有防鼠、防虫、防霉的措施，严禁使用人工合成的杀虫剂。

⑭ 未做特殊说明的，以国家卫生法为准。

思考题

1. 引起果实生理病害的原因及防治方法有哪些？
2. 常见采后果蔬的主要病害种类及引起病害的病原菌有哪些？
3. 影响果蔬采后病害发生与发展的主要因素和防治措施有哪些？
4. 有机果蔬采后生物防治的特点、意义和应用前景有哪些？
5. 按照国家对于有机食品的要求，有机果蔬的储藏规范有哪些？

参考文献

[1] 罗云波，蔡同一，生吉萍，陈昆松，蒲彪．园艺产品储藏加工学．北京：中国农业大学出版社，2004.

[2] 冯双庆．果蔬贮运学．北京：化学工业出版社，2008.

[3] 戚佩坤．果蔬贮运病害．北京：中国农业出版社，1994.

[4] 张维一，毕阳．蔬采后病害与控制．北京：中国农业出版社，1996.

[5] 生吉萍，申琳，胡小松，任文华，周刚刚，刘一和，罗云波．冬枣黑腐病抑菌试验研究，中国食品学报，2003，3（2）：83-86.

[6] 田世平，范青．果蔬采后病害的生物学技术．植物学通报，2000，17（3）：193-203.

[7] 胡朋，申琳，范蓓，于萌萌，生吉萍．番茄灰霉病拮抗细菌 Bacillus-1 的筛选和鉴定．食品科学，2008，29（6）：276-279.

第九章
有机食品加工

第一节 有机食品加工的基本原则与基本原理

一、有机食品加工的基本原则

有机食品的加工不同于普通食品和绿色食品的加工，它对原料和生产过程的要求更加严格，不仅要考虑产品本身的质量与安全，还要兼顾环境影响，做到安全、优质、营养和无污染。因此，有机食品的加工应遵循一定的原则。

1. 可持续发展原则

在全球范围内，生态环境退化、食物和能源短缺是整个人类目前所面临的共同问题。为了给子孙后代留下一个可持续发展的地球，使环境保护与经济发展相协调，联合国环境与发展会议提出了环境与经济协调的可持续发展战略。以食物资源为原料进行的有机食品加工，必须坚持可持续发展的原则，节约能源，综合利用原料。

2. 营养物质最小损失原则

有机食品加工应能最大程度地保持原料的营养成分，使营养物质的损失达到最小程度。因此，加工有机食品所采用的加工工艺要求较高，尽量保持食品天然的色、香、味，并赋予产品一定的形状，还可根据不同的加工方式提高食品营养价值和食品的吸引力。

3. 加工过程无污染原则

食品的加工过程是一个复杂的过程，从原料入库到产品出库的每一个环节和步骤都要严格控制，防止因加工而造成的二次污染。具体要注意以下几个方面。

（1）原料来源明确　要求加工的主要原料必须是有机食品认证机构认证的有

机食品，辅料也尽量使用已经得到认证的产品。

（2）企业管理完善　有机食品加工企业要求地理位置适合，建筑布局合理，具有完善的供排系统，卫生条件良好，企业管理严格而有序，并且要经过认证人员考察。

（3）加工设备无污染　有机食品的加工设备应选用对人体无害的材料制成，特别是与食品接触的部位，必须保证不能对食品造成污染。另外，设备本身还应清洁卫生，以防油污和灰尘等造成污染。

（4）加工工艺合理　有机食品加工尽量选用先进的技术手段，采用合理的工艺，选用天然添加剂及无害的洗涤剂，避免交叉污染。近年来开发的生物方法、酶法等一些新的技术用于有机食品的加工和储藏，可在避免污染的同时，改善食品风味，增加食品营养。

（5）选用适宜的储藏和运输方法　有机食品的储藏是加工的重要环节，包括加工前原料的储藏、加工后产品的保藏以及加工过程中半成品的储藏。储藏应选用安全的储藏方法及容器，防止在此过程造成产品的污染。有机食品的运输过程也同样要求无杂质和污染源污染，严禁因混装而造成的污染。

（6）加强人员培训　对生产人员进行有机食品生产的知识培训，让他们了解有机食品加工的原则，严格按规定操作，加强责任心，避免人为污染，保证食品安全。

4. 无环境污染原则

有机食品加工企业不仅要注意自身的洁净，还须考虑对环境的影响，应避免对环境造成污染。加工后生产的废水、废气、废料等都需经过无害化处理，以避免对周边环境造成污染。

5. 产品的可追踪原则

有机食品要求产品具有可追踪性，即通过建立从原料到终产品的全程质量控制系统和追溯制度，提高有机食品生产者的安全意识和责任意识，切实保障产品的质量安全。

二、有机食品加工的基本原理

（一）食品败坏的原因

食品是以动、植物为主要原料的加工制品，多数食品营养丰富，是微生物生长活动的良好基质，而动、植物机体内的酶也常常继续起作用，因而造成食品败坏、腐烂变质。如何控制和防止食品败坏，以保证成品质量，是食品工业中的重要研究课题。

食品败坏——广义地讲是指改变了食品原有的性质和状态，而使质量变劣，不宜或不堪食用的现象。一般表现为变色、变味、长霉、生花、腐烂、混浊、沉淀等现象，引起食品败坏的原因主要有以下三方面。

1. 微生物败坏

有害微生物的生长发育是导致食品败坏的主要原因。由微生物引起的败坏通常表现为生霉、酸败、发酵、软化、腐烂、产气、变色、浑浊等，对食品的危害最大，轻则使产品变质，重则不堪食用，甚至误食造成中毒死亡。

2. 酶败坏

如脂肪氧化酶引起的脂肪酸败，蛋白酶引起的蛋白质水解，多酚氧化酶引起的褐变，果胶酶引起的组织软化等。造成食品的变色、变味、变软和营养价值下降。

3. 理化败坏

如在加工和储存过程中发生的各种不良理化反应，如氧化、还原、分解、合成、溶解、晶析、沉淀等，理化败坏与微生物败坏相比，一般程度较轻，一般无毒，但造成色、香、味和维生素等营养组分的损失，这类败坏与果蔬所含的化学组分密切相关。

（二）食品保藏方法

针对上述败坏原因，按保藏原理不同，可将食品保藏方法分为五类。

1. 维持食品最低生命活动的保藏方法

主要用于果蔬等鲜活农副产品的储藏保鲜，采取各种措施以维持果蔬最低生命活动的新陈代谢，保持其天然免疫性，抵御微生物入侵，延长储藏寿命。这要求了解果蔬储藏的原理、基本储藏方法和储藏设施。新鲜果蔬是有生命活动的有机体，采收后仍进行着生命活动。它表现出来最易被察觉到的生命现象是其呼吸作用。必须创造一种适宜的冷藏条件，将果蔬采后正常衰老进程抑制到最缓慢的程度，尽可能降低其物质消耗的水平。这就需要研究某一种类或某一品种的果蔬最佳的储藏低温，在这个适宜温度下能储藏多长时间以及对低温的忍受力等。在储藏保存中注意防止果蔬在不适宜的低温作用下出现冷害、冻害。温度是影响果蔬储藏质量最重要的因素，湿度是保持果蔬新鲜度的基本条件，适当的氧气和二氧化碳等气体成分是提高储藏质量的有力保证。做好果蔬原料的储藏，对满足加工材料的供应有重要的意义。

2. 抑制微生物活动的保藏方法

利用某些物理、化学因素抑制食品中微生物和酶的活动。这是一种暂时性保藏措施。属这类保藏方法的有冷冻保藏，如速冻食品；高渗透压保藏，如腌制品、糖制品、干制品等。

（1）大部分冷冻食品能保存新鲜食品原有的风味和营养价值，受到消费者的欢迎。预煮食品冻制品的出现以及耐热复合塑料薄膜袋和解冻复原加工设备的研究成功，已使冷冻制品在国外成为方便食品和快餐的重要支柱。产销量已达到罐头食品的水平。我国冷冻食品工业近些年发展迅速，速冻蔬菜、速冻春卷、烧卖及肉、兔、禽、虾等已远销国外。

果蔬速冻是目前国际上一项先进的加工技术，也是近代食品工业上发展迅速且占有重要地位的食品保存方法。

(2) 果蔬干制是通过减少果蔬中所含的大量游离水和部分胶体结合水，使干制品可溶性物质浓度增高到微生物不能利用程度的一种果蔬加工方法。果蔬中所含酶的活性在低水分情况下受到抑制。脱水是在人工控制条件下促使食品水分蒸发的工艺过程。干制品水分含量一般为5%～10%，最低的水分含量可达1%～5%。

(3) 糖制和腌制都是利用一定浓度的食糖和食盐溶液来提高制品渗透压的加工保藏方法。

食糖本身对微生物并无毒害作用，它主要是减少微生物生长活动所能利用的自由水分，降低了制品水分活性，并借渗透压导致微生物细胞质壁分离，得以抑制微生物活动。为了保藏食品，糖液浓度至少要达到50%～75%，以70%～75%为合适，这样高的糖液浓度才能抑制微生物的危害。1%的食盐溶液能产生0.618MPa的渗透压。如果15%～20%的食盐溶液就可产生9.27～12.36MPa的渗透压。一般细菌的渗透压仅为0.35～1.69MPa。当食盐浓度为10%时，各种腐败杆菌就完全停止活动。15%的食盐溶液可使腐败球菌停止发育。

3. 利用发酵原理的保藏方法

利用发酵原理的保藏方法称发酵保藏法或生化保藏法。利用某些有益微生物的活动产生和积累的代谢产物，抑制其他有害微生物活动。如乳酸发酵、酒精发酵、醋酸发酵。发酵产物乳酸、酒精、醋酸对有害微生物的毒害作用十分显著。这种毒害主要是氢离子浓度的作用，它的作用强弱不仅取决于含酸量的多少，更主要的是取决于其解离出的氢离子的浓度，即pH值的高低。发酵的含义是指在缺氧条件下糖类分解的产能代谢。

随着科学技术的不断发展，发酵食品的花色品种将不断增加以满足社会需要。发酵食品常常是糖类、蛋白质、脂肪等同时变化后形成的复杂混合物。对某类食品发酵必须控制微生物的类型和环境条件，以形成所需的特定发酵食品。

4. 运用无菌原理的保藏方法

运用无菌原理的保藏方法即无菌保藏法，是通过热处理、过滤等工艺手段，使食品中腐败菌的数量减少或消灭到能使食品长期保存所允许的最低限度，并通过抽空、密封等处理防止再感染，从而使食品得以长期保藏的一类食品保藏方法。食品罐藏就是典型的无菌保藏法。

最广泛应用的杀菌方法是热杀菌。基本可分100℃以下70～80℃杀菌的巴氏杀菌法和100℃或100℃以上杀菌的高温杀菌法。超过一个大气压力的杀菌为高压杀菌法。冷杀菌法即是不需提高产品温度的杀菌方法，如紫外光杀菌法、过滤法等。

5. 应用防腐剂的保藏方法

防腐剂是一些能杀死或防止食品中微生物生长发育的药剂，有机食品加工对防腐剂有特殊的要求（参见第三节），应着重注意利用天然防腐剂，如大蒜素、芥子油等。

第二节 有机食品加工厂建设与环境要求

有机食品加工的环境条件是有机食品产品质量的有力保障。特别是企业的良好的位置和合理的布局构成有机食品加工环境条件的基础。

一、有机食品加工厂厂址的选择

1. 基本要求

有机食品企业在新建、扩建、改建过程中，食品厂的选址应满足食品生产的基本要求。

（1）地势高　为防止地下水对建筑物墙基的浸泡和便于废水排放，厂址应选择地势较高并有一定坡度的地区。

（2）水源丰富，水质良好　食品加工厂需要大量的生产用水，建厂时应该考虑供水方便和充足的地方。使用自备水源的企业，需对地下水丰水期和枯水期的水质、水量经过全面的检验分析，证明能满足需要后才能定址。水质要符合国家饮用水标准的要求。另外，用于有机食品生产的容器、设备的洗涤用水也必须符合国家饮用水标准。

（3）土质良好，便于绿化　良好的土质适于植物的生长，也便于绿化。绿化树木和花草不仅可以美化环境，而且可以吸收灰尘、减少噪声、分解污染物，形成防止污染的良好屏障。

（4）交通便利　有机食品加工企业应选在交通方便但与公路有一定距离的地方，以便于食品原辅材料和产品的运输。

2. 环境要求

有机食品企业在厂址选择时，除了基本要求外，还要考虑周围环境对企业的影响和企业对周边环境的影响。

（1）远离污染源　一般情况下，有机食品企业选址时应远离重工业区。如果必须在重工业区选址时，要根据污染范围设 500～1000m 防护林带。在居民区选址时，25m 以内不得有排放尘、毒作业场所及暴露的垃圾堆、坑或露天厕所，500m 以内不得有粪场和传染病医院。为了减少污染的可能，厂址还应根据常年主导风向，选在污染源的上风向。

（2）防止企业对环境的污染　某些食品企业生产过程中排放的污水、污物、污气等会污染环境，因此，要求这些企业不仅设立“三废”净化处理装置，在工厂选址时还应远离居民区。间隔的距离可根据企业性质、规模大小，按工业企业设计卫生标准的规定执行，最好在1km以上，其位置还应在居民区主导风向的下风向和饮用水水源的下游。

二、有机食品企业的建筑设计与卫生条件

1. 建筑布局

根据原料和工艺的不同，食品加工厂一般设有原料预处理、加工、包装、储藏等场所，以及配套的锅炉房、化验室、容器洗消室、办公室、辅助用房和生活用房等。各部分的建筑设计要有连续性，避免原料、半成品、成品和污染物交叉感染。锅炉房应建在生产车间的下风向，厕所应为便冲式并远离生产车间。

2. 卫生设施

有机食品工厂必须具备一定的卫生设施，以保证生产达到食物清洁卫生、无交叉污染。加工车间必须具备以下卫生设备。

（1）通风换气设备　为保证足够的通风量，驱除蒸汽、油烟和二氧化碳等气体，通入新鲜洁净的空气，工厂一般设置自然通风口或安装机械通风设备。

（2）照明设备　利用自然光照明要求窗户采光好，适宜的门窗与地面的面积比例为1∶5。人工照明一般要求达50lx的亮度，而检验操作台等位置要求达到300lx。照明灯泡或灯管要求有防护罩，以防玻璃破碎进入食品。

（3）防尘、防蝇、防鼠设备　食品车间需要安装纱门、纱窗，货物频繁出入口可安装排风幕或防蝇道，车间外可安装诱蝇灯，车间内外墙角处可设捕鼠器，产品原料和成品要有一定的包装，减少裸露时间。

（4）卫生缓冲车间　根据企业卫生要求，工人在上班以前在生产卫生室内完成个人卫生处理后再进入生产车间。卫生缓冲车间是工人从车间外进入车间的通道，工人可以在此完成个人卫生处理。卫生缓冲车间内设有更衣室和厕所。工人穿戴好鞋、帽、工作服和口罩等后，先进入洗手消毒室，在双排脚踏式水龙头洗手槽中洗手消毒，在某些食品如冷饮、罐头、乳制品等加工车间入口处设置低于地面10cm、宽1m、长2m的鞋消毒池。

（5）工具、容器清洗消毒车间　工具容器等的消毒是保证食品卫生的重要环节。消毒车间要有浸泡、刷剔、冲洗、消毒等处理的设备，消毒后的工具、容器要有足够的储藏室，严禁露天存放。

3. 地面、墙壁处理

地面应有耐水、耐热、耐腐蚀的材料铺设而成，地面还应有一定的坡度以便

排水，地面有地漏和排水管道。

墙壁表面要涂被一层光滑、色浅、抗腐蚀的防水材料，离地面 2m 以下的部分要铺设白瓷砖或其他材料作为墙裙，生产车间四壁与屋顶交界处应呈弧形以防结垢和便于清洗。

4. 污水、垃圾和废气物排放处理

有机食品加工厂在设计时更要求加强废弃物的处理能力，防止污物对工厂的污染和周围环境的污染。

5. 有害生物防治

按照 GB/T 19630.1—19630.4—2005 的要求，有机加工和贸易必须采取有效管理措施来预防有害生物的发生。措施包括消除有害生物的滋生条件，防止有害生物接触加工和处理设备，通过对温度、湿度、光照、空气等环境因素的控制，防止有害生物的繁殖。

对有害生物的防治，允许使用机械类的、信息素类的、气味类的、黏着性的捕害工具、物理障碍、硅藻土、声光电器具，作为防治有害生物的设施或材料。允许使用以维生素 D 为基本有效成分的杀鼠剂。在加工储藏场所遭受有害生物严重侵袭的紧急情况下，提倡使用中草药进行喷雾和熏蒸处理；限制使用硫黄，禁止使用持久性和致癌性的农药和消毒剂。

第三节　有机食品加工过程要求

一、有机食品加工配料、添加剂和加工助剂

1. 有机食品生产的加工配料、添加剂和加工助剂的基本要求

食品加工方法较多，其性质相差较大，不同的加工方法和制品对原料均有一定的要求，优质高产、低耗的加工品，除受工艺和设备的影响外，更与原料的品质好坏以及原料的加工适性有密切的关系，在加工工艺和设备条件一定的情况下，原料的好坏就直接决定着制品的质量。食品加工对原料总的要求是要有合适的种类、品种，适当的成熟度和良好、新鲜完整的状态。

有机食品加工的原料应有明确的原产地、生产企业或经销商。固定的、良好的原料基地能够为企业提供质量和数量上都有保证的加工原料。现在，有些食品加工企业投资农业，建立自己的原料基地，有利于质量的控制和企业的发展。

按照国家质量技术监督检验检疫总局 2005 年发布的有机食品国家标准 GB/T 19630—2005，对有机食品生产的加工配料、添加剂和加工助剂有如下要求。

（1）加工所用的配料必须是经过认证的有机原料，这些配料在终产品中所占的重量或体积不少于配料的95%。

（2）在有机配料的数量或质量得不到保证时，允许使用常规的、非人工合成的配料，但总量不得超过5%。非有机配料不能是基因工程产品，并必须获得认证机构的许可，该许可需每年更新。一旦有条件获得经认证的有机配料时，应立即用有机配料替换非有机配料。所有使用了非有机配料的单位都必须提交将其配料转换为100%有机配料的计划。

（3）有机产品中的同一种配料不允许既有有机来源又有非有机来源的。

（4）作为配料的水和食用盐，只要符合国家食品卫生标准可免于认证，但不计入所要求的有机原料中。

（5）允许使用GB 2760食品添加剂使用卫生标准中指定的天然色素、香料和添加剂，但禁止使用人工合成的色素、香料和添加剂。

（6）允许使用标准规范所列的添加剂和加工助剂（表9-1），一般不得使用超出此范围的非天然来源的添加剂和加工助剂。允许使用的添加剂和加工助剂应当按照评估有机食品中添加剂和加工助剂的程序对此物质进行评估。

（7）禁止在有机食品加工中使用来自基因工程产品的配料、添加剂和加工助剂。

2. 评估有机食品添加剂和加工助剂的准则

允许使用的食品添加剂和加工助剂不能涵盖所有符合有机生产原则的物质。当某种物质未被列入允许使用的名单时，认证机构应根据以下准则对该物质进行评估，以确定其是否适合在有机食品加工中使用。

（1）必要性　每种添加剂和加工助剂只有在必需时才允许在有机食品生产中使用，并且应遵守如下原则：

① 遵守产品的有机真实性；

② 没有这些添加剂和加工助剂，产品就无法生产和保存。

（2）核准添加剂和加工助剂的条件　添加剂和加工助剂的核准应满足如下条件。

① 没有可用于加工或保存有机产品的其他可接受的工艺。

② 添加剂或加工助剂的使用应尽量起到减少因采用其他工艺可能对食品造成的物理或机械损坏。

③ 采用其他方法，如缩短运输时间或改善储存设施，仍不能有效保证食品卫生。

④ 天然来源物质的质量和数量不足以取代该添加剂或加工助剂。

⑤ 添加剂或加工助剂不危及产品的有机完整性。

⑥ 添加剂或加工助剂的使用不会给消费者留下一种印象，似乎最终产品的质量比原料质量要好，从而使消费者感到困惑。这主要涉及但不限于色素和香料。

⑦ 添加剂和加工助剂的使用不应有损于产品的总体品质。

（3）使用添加剂和加工助剂的优先顺序 在食品加工过程中，应优先选择如下方案以替代添加剂或加工助剂的使用，即按照有机认证标准的要求生产的作物及其加工产品，而且这些产品不需要添加其他物质，例如作增稠剂用的面粉或作为脱模剂用的植物油，或者仅用机械或简单的物理方法生产的植物和动物来源的食品或原料，如盐。

第二选择是用物理方法或用酶生产的单纯食品成分，例如淀粉、酒石酸盐和果胶。或者是非农业源原料的提纯产物和微生物，例如金虎尾（acerola）果汁、酵母培养物等酶和微生物制剂。

在有机食品中，不允许使用以下种类的添加剂和加工助剂：

① 与天然物质“性质等同”的物质；

② 基本判断为非天然的或为“食品成分新结构”的合成物质，如乙酰交联淀粉；

③ 用基因工程方法生产的添加剂或加工助剂；

④ 合成色素和合成防腐剂。

另外，添加剂和加工助剂制备中使用的载体和防腐剂的安全性也必须考虑在内。

3. 有机食品加工中允许使用的加工配料、添加剂和加工助剂的常见种类

（1）非农业源食品添加剂和加工助剂 常见的非农业源食品添加剂和加工助剂见表 9-1 和表 9-2。表中所列的产品往往会随着发展进行修订，但在一定的时间范围是必须遵守的规范。

表 9-1 食品添加剂列表

序号	名称	使用条件	INS
1	阿拉伯胶（arabic gum）	增稠剂，用于 GB 2760—2011 表 A.3 所列食品之外的各类食品，按生产需要适量使用	414
2	刺梧桐胶（karaya gum）	稳定剂，用于调制乳和水油状脂肪乳化制品以及 GB 2760—2011 表 A.3 所列食品之外的各类食品，按生产需要适量使用	416
3	二氧化硅（silicon dioxide）	抗结剂，用于脱水蛋制品、乳粉、可可粉、可可脂、糖粉、固体复合调味料、固体饮料类、香辛料类，按 GB 2760—2011 限量使用	551
4	二氧化硫（sulfur dioxide）	漂白剂、防腐剂、抗氧化剂，用于未加糖果酒，最大使用量为 50mg/L；用于加糖果酒，最大使用量为 100mg/L；用于红葡萄酒，最大使用量为 100mg/L，用于白葡萄酒和桃红葡萄酒，最大使用量为 150mg/L。最大使用量以二氧化硫残留量计	220
5	甘油（glycerine）	水分保持剂、乳化剂，用于 GB 2760—2011 表 A.3 所列食品之外的各类食品，按生产需要适量使用	422

续表

序号	名称	使用条件	INS
6	瓜尔胶（guar gum）	增稠剂，用于 GB 2760—2011 表 A.3 所列食品之外的各类食品，按生产需要适量使用；用于稀奶油和较大婴儿和幼儿配方食品时按 GB 2760—2011 限量使用	412
7	果胶（pectins）	乳化剂、稳定剂、增稠剂，用于发酵乳、稀奶油、黄油和浓缩黄油、生湿面制品（如面条、饺子皮、馄饨皮、烧卖皮）、生干面制品、其他糖和糖浆（如红糖、赤砂糖、槭树糖浆）、香辛料类以及 GB 2760—2011 表 A.3 所列食品之外的各类食品，按生产需要适量使用；用于果蔬汁（浆）时按 GB 2760—2011 限量使用	440
8	海藻酸钾（potassium alginate）	增稠剂，用于 GB 2760—2011 表 A.3 所列食品之外的各类食品，按生产需要适量使用	402
9	海藻酸钠（sodium alginate）	增稠剂，用于发酵乳、稀奶油、黄油和浓缩黄油、生湿面制品（如面条、饺子皮、馄饨皮、烧卖皮）、生干面制品、果蔬汁（浆）、香辛料类以及 GB 2760—2011 表 A.3 所列食品之外的各类食品，按生产需要适量使用；用于其他糖和糖浆（如红糖、赤砂糖、槭树糖浆）时按 GB 2760—2011 限量使用	401
10	槐豆胶（carob bean gum）	增稠剂，用于 GB 2760—2011 表 A.3 所列食品之外的各类食品，按生产需要适量使用；用于婴幼儿配方食品时按 GB 2760—2011 限量使用	410
11	黄原胶（xanthan gum）	增稠剂，用于 GB 2760—2011 表 A.3 所列食品之外的各类食品，按生产需要适量使用；稳定剂、增稠剂，用于稀奶油、果蔬汁（浆）、香辛料类时按生产需要适量使用；用于黄油和浓缩黄油、生湿面制品（如面条、饺子皮、馄饨皮、烧卖皮）、生干面制品、其他糖和糖浆（如红糖、赤砂糖、槭树糖浆）时按 GB 2760—2011 限量使用	415
12	焦亚硫酸钾（potassium metabisulphite）	漂白剂、防腐剂、抗氧化剂，用于啤酒时，按 GB 2760—2011 限量使用；用于未加糖果酒，最大使用量为 50mg/L；用于加糖果酒，最大使用量为 100mg/L；用于红葡萄酒，最大使用量为 100mg/L，用于白葡萄酒和桃红葡萄酒，最大使用量为 150mg/L。最大使用量以二氧化硫残留量计	224
13	L（+）-酒石酸和酒石酸（L（+）-Tartaric acid，Tartaric acid）	酸度调节剂，用于 GB 2760—2011 表 A.3 所列食品之外的各类食品，按生产需要适量使用	334
14	酒石酸氢钾（potassium bitartarate）	膨松剂，用于小麦粉及其制品、焙烤食品。按生产需要适量使用	336
15	卡拉胶（carrageenan）	增稠剂，用于 GB 2760—2011 表 A.3 所列食品之外的各类食品，按生产需要适量使用。乳化剂、稳定剂、增稠剂，用于稀奶油、黄油和浓缩黄油、生湿面制品（如面条、饺子皮、馄饨皮、烧卖皮）、果蔬汁（浆）、香辛料类时按生产需要适量使用；用于生干面制品、其他糖和糖浆（如红糖、赤砂糖、槭树糖浆）以及婴幼儿配方食品时按 GB 2760—2011 限量使用	407

续表

序号	名称	使用条件	INS
16	抗坏血酸（维生素 C）ascorbic acid	抗氧化剂，用于浓缩果蔬汁（浆）及用于 GB 2760—2011 表 A. 3 所列食品之外的各类食品，按生产需要适量使用。面粉处理剂，用于小麦，按 GB 2760—2011 限量使用	300
17	磷酸氢钙（calcium hydrogen phosphate）	膨松剂，用于小麦粉及其制、生湿面制品（如面条、饺子皮、馄饨皮、烧卖皮）、烘烤食品和膨化食品。按 GB 2760—2011 中使用范围及限量使用	341ii
18	硫酸钙（天然）calcium sulfate	稳定剂和凝固剂、增稠剂、酸度调节剂，用于豆制品，按生产需要适量使用；用于面包、糕点、饼干、腌腊肉制品（如咸肉、腊肉、板鸭、中式火腿、腊肠等）（仅限腊肠）、肉灌肠类时按 GB 2760—2011 限量使用	516
19	氯化钙（calcium chloride）	凝固剂、稳定剂、增稠剂，用于稀奶油和豆制品，按生产需要适量使用；用于水果罐头、果酱、蔬菜罐头、装饰糖果、顶饰和甜汁、调味糖浆、其他饮用水时按 GB 2760—2011 限量使用	509
20	氯化钾（potassium chloride）	用于盐及代盐制品，按 GB 2760—2011 限量使用	508
21	氯化镁（天然）magnesium chloride	稳定剂和凝固剂，用于豆类制品，按生产需要适量使用	511
22	明胶（gelatin）	增稠剂，用于 GB 2760—2011 表 A. 3 所列食品之外的各类食品，按生产需要适量使用	
23	柠檬酸（citric acid）	酸度调节剂，应是碳水化合物经微生物发酵的产物。用于婴幼儿配方食品、婴幼儿辅助食品以及 GB 2760—2011 表 A. 3 所列食品之外的各类食品，按生产需要适量使用	330
24	柠檬酸钾（tripotassium citrate）	酸度调节剂，用于婴幼儿配方食品、婴幼儿辅助食品以及 GB 2760—2011 表 A. 3 所列食品之外的各类食品，按生产需要适量使用	332ii
25	柠檬酸钠（trisodium citrate）	酸度调节剂，用于婴幼儿配方食品、婴幼儿辅助食品以及 GB 2760—2011 表 A. 3 所列食品之外的各类食品，按生产需要适量使用	331iii
26	苹果酸（malic acid）	酸度调节剂，不能是转基因产品，用于 GB 2760—2011 表 A. 3 所列食品之外的各类食品，按生产需要适量使用	296
27	氢氧化钙（calcium hydroxide）	酸度调节剂，用于乳粉（包括加糖乳粉）和奶油粉及其调制产品、婴儿配方食品，按生产需要适量使用	526
28	琼脂（agar）	增稠剂，用于 GB 2760—2011 表 A. 3 所列食品之外的各类食品，按生产需要适量使用	406
29	乳酸（lactic acid）	酸度调节剂，不能是转基因产品，用于婴幼儿配方食品以及 GB 2760—2011 表 A. 3 所列食品之外的各类食品，按生产需要适量使用	270
30	乳酸钠（sodium lactate）	水分保持剂、酸度调节剂、抗氧化剂、膨松剂、增稠剂、稳定剂，用于 GB 2760—2011 表 A. 3 所列食品之外的各类食品，按生产需要适量使用；用于生湿面制品（如面条、饺子皮、馄饨皮、烧卖皮），按 GB 2760—2011 限量使用	325

续表

序号	名称	使用条件	INS
31	碳酸钙（calcium carbonate）	膨松剂、面粉处理剂，用于GB 2760—2011表A.3所列食品之外的各类食品，按生产需要适量使用	170i
32	碳酸钾（potassiumcarbonate）	酸度调节剂，用于婴幼儿配方食品以及GB 2760—2011表A.3所列食品之外的各类食品，按生产需要适量使用；用于面食制品（生湿面制品和生干面制品除外），按GB 2760—2011限量使用	501i
33	碳酸钠（sodium carbonate）	酸度调节剂，用于生湿面制品（如面条、饺子皮、馄饨皮、烧卖皮）、生干面制品以及GB 2760—2011表A.3所列食品之外的各类食品，按生产需要适量使用	500i
34	碳酸氢铵（ammonium hydrogen carbonate）	膨松剂，用于GB 2760—2011表A.3所列食品之外的各类食品，按生产需要适量使用	503ii
35	硝酸钾（potassium nitrate）	护色剂、防腐剂，用于肉制品，最大使用量80mg/kg，最大残留量30mg/kg（以亚硝酸钠计）	252
36	亚硝酸钠（sodium nitrite）	护色剂、防腐剂，用于肉制品，最大使用量80mg/kg，最大残留量30mg/kg（以亚硝酸钠计）	250
37	胭脂树橙（红木素、降红木素）annatto extract	着色剂，用于再制干酪、其他油脂或油脂制品，仅限植脂末、冷冻饮品（03.04食用冰除外）、果酱、巧克力和巧克力制品、除05.01.01以外的可可制品、代可可脂巧克力及使用可可脂代用品的巧克力类似产品、糖果、面糊（如用于鱼和禽肉的拖面糊）、裹粉、煎炸粉，按GB 2760—2011限量使用	160b

表9-2 有机食品加工中允许使用的加工助剂列表

序号	中文名称	英文名称	INS
1	氮气（nitrogen）	用于食品保存，仅允许使用非石油来源的不含石油级的	941
2	二氧化碳（非石油制品）（carbon dioxide）	防腐剂、加工助剂，应是非石油制品。用于碳酸饮料，其他发酵酒类（充气型）	290
3	高岭土（kaolin）	澄清或过滤助剂，用于葡萄酒、果酒、配制酒的加工工艺和发酵工艺	559
4	固化单宁（immobilized tannin）	澄清剂，用于配制酒的加工工艺和发酵工艺	
5	硅胶（silica gel）	澄清剂，用于啤酒、葡萄酒、果酒、配制酒和黄酒的加工工艺	
6	硅藻土（diatomaceous earth）	过滤助剂	
7	活性炭（activated carbon）	加工助剂	
8	硫酸（sulfuric acid）	絮凝剂，用于啤酒的加工工艺	
9	氯化钙（calcium chloride）	加工助剂，用于豆制品加工工艺	509
10	膨润土（皂土、斑脱土）(bentonite)	吸附剂、助滤剂、澄清剂，葡萄酒、果酒、黄酒和配制酒的加工工艺、发酵工艺	
11	氢氧化钙（calcium hydroxide）	用作玉米面的添加剂和食糖加工助剂	526

续表

序号	中文名称	英文名称	INS
12	氢氧化钠（sodium hydroxide）	酸度调节剂，加工助剂	524
13	食用单宁（edible tannin）	黄酒、啤酒、葡萄酒和配制酒的加工工艺、油脂脱色工艺	181
14	碳酸钙（calcium carbonate）	加工助剂	170i
15	碳酸钾（potassium carbonate）	用于葡萄干燥	501i
16	碳酸镁（magnesium carbonate）	加工助剂，用于面粉加工	504i
17	碳酸钠（sodium carbonate）	用于食糖的生产	500i
18	纤维素（cellulose）	用于白明胶的生产	
19	盐酸（hydrochloric acid）	用于白明胶的生产	507
20	乙醇（ethanol）	用作原料的乙醇必须是有机来源的	
21	珍珠岩（pearl rock）	助滤剂，用于啤酒、葡萄酒、果酒和配制酒的加工工艺、发酵工艺	
22	滑石粉（talc）	脱模剂，用于糖果的加工工艺	553iii

（2）调味品　包括：a. 香精油（以油、水、酒精、二氧化碳为溶剂通过机械和物理方法制成）；b. 天然烟熏味调味品；c. 天然调味品（需根据评估添加剂和加工助剂的准则来评估认可）。

（3）微生物制品　包括：a. 天然微生物及其制品（基因工程生物及其产品除外）；b. 发酵剂（生产过程无漂白剂和有机溶剂）。

（4）其他配料　包括：a. 饮用水；b. 食盐；c. 矿物质（包括微量元素）和维生素（法律规定必须使用，或有确凿证据证明食品中严重缺乏时才可以使用）。

二、有机食品加工预处理

食品加工原料的预处理，对制成品的影响很大，如处理不当，不但会影响产品的质量和产量，而且会对以后的加工工艺造成影响。为了保证加工品的风味和综合品质，必须认真对待加工前原料的预处理。

以果蔬加工为例，食品加工原料的预处理一般包括选别、分级、洗涤、修整（去皮）、切分、烫漂（预煮）、护色、半成品保存等工序。尽管果蔬种类和品种各异，组织特性相差很大，加工方法也有很大的差别，但加工前的预处理过程却基本相同。

1. 原料的选别与分级

进厂的原料绝大部分含有杂质，且大小、成熟度有一定的差异。果蔬原料选别与分级的主要目的首先是剔除不合乎加工的果蔬，包括未熟或过熟的、已腐烂或长霉的果蔬。还有混入果蔬原料内的砂石、虫卵和其他杂质，从而保证产品的质量。其次，将进厂的原料进行预先的选别分级，有利于以后各项工艺过程的顺利进行，如将柑橘进行分级，按不同的大小和成熟度分级后，就有利于指定出最适合于每一级的机械去皮、热烫、去囊衣的工艺条件，从而保证有良好的产品质量和数量，同时也降低能耗和辅助材料的用量。

选别时，将进厂的原料进行粗选，剔除虫蛀、霉变和伤口大的果实，对残、次果和损伤不严重的则先进行修整后再应用。

果蔬的分级包括按大小分级、按成熟度分级和按色泽分级几种，视不同的果蔬种类及这些分级内容对果蔬加工品的影响而分别采用一种或多种分级方法。

2. 原料的清洗

果蔬原料清洗的目的在于洗去果蔬表面附着的灰尘、泥沙和大量的微生物以及部分残留的化学农药，保证产品的清洁卫生，从而保证制品的质量。洗涤时常在水中加入盐酸、氢氧化钠等，既可除去表面污物，还可除去虫卵、降低耐热芽孢数量。果蔬的清洗方法可分为手工清洗和机械清洗两大类。

3. 果蔬的去皮

除叶菜类外，大部分果蔬外皮较粗糙、坚硬，虽有一定的营养成分，但口感不良，对加工制品有一定的不良影响。如柑橘外皮含有精油和苦味物质；桃、梅、李、杏、苹果等外皮含有纤维素、果胶及角质；荔枝、龙眼的外皮木质化；甘薯、马铃薯的外皮含有单宁物质及纤维素、半纤维素等；竹笋的外壳高度纤维化，不可食用。因而，一般要求去皮。只有在加工某些果脯、蜜饯、果汁和果酒时，因为要打浆、压榨或其他原因才不用去皮。加工腌渍蔬菜也常常无需去皮。

去皮时，只要求去掉不可食用或影响制品品质的部分，不可过度，否则会增加原料的消耗，且产品质量低下。果蔬去皮的方法主要有：手工去皮、机械去皮、碱液去皮、热力去皮、酶法去皮、冷冻去皮、真空去皮。

4. 原料的切分、破碎、去心（核）、修整

体积较大的果蔬原料在罐藏、干制、腌制及加工果脯、蜜饯时，为了保持适当的形状，需要适当地切分。切分的形状则根据产品的标准和性质而定。制果酒、果蔬汁等制品，加工前需破碎，使之便于压榨或打浆，提高取汁效率。核果类加工前需去核、仁果类则需去心。有核的柑橘类果实制罐时需去种子。枣、金柑、梅等加工蜜饯时需划缝、刺孔。

罐藏或果脯、蜜饯加工时为了保持良好的外观形状，需对果块在装罐前进行修整，以便除去果蔬碱液去皮未去净的皮，残留于芽眼或梗洼中的皮，部分黑色斑点和其他病变组织。全去囊衣橘瓣罐头则需除去未去净的囊衣。

上述工序在小量生产或设备较差时一般手工完成，常借助于专用的小型工具。如枇杷、山楂、枣的通核器；匙形的去核心器；金柑、梅的刺孔器等。

5. 烫漂

果蔬的烫漂，生产上常称预煮。即将已切分的或经其他预处理的新鲜果蔬原

料放入沸水或热蒸汽中进行短时间的热处理。其主要目的在于：钝化活性酶、防止酶褐变；软化或改进组织结构；稳定或改进色泽；除去部分辛辣味和其他不良风味；降低果蔬中的污染物和微生物数量。

但是，烫漂同时要损失一部分营养成分，热水烫漂时，果蔬视不同的状态要损失相当的可溶性固形物。据报道，切片的胡萝卜用热水烫漂1分钟即损失矿物质15%，整条的也要损失7%。另外，维生素C及其他维生素同样也受到一定损失。果蔬烫漂常用的方法有热水和蒸汽两种。

6. 工序间的护色

果蔬去皮和切分之后，与空气接触会迅速变成褐色，从而影响外观，也破坏了产品的风味和营养品质。这种褐变主要是酶褐变，由于果蔬中的多酚氧化酶氧化具有儿茶酚类结构的酚类化合物，最后聚合成黑色素所致。其关键的作用因子有酚类底物、酶和氧气。因为底物不可能除去，一般护色措施均从排除氧气和抑制酶活性两方面着手，在果蔬加工预处理中所用的方法主要有：烫漂护色、食盐溶液护色、有机酸溶液护色、抽空护色等。

7. 半成品保藏

果蔬加工大多以新鲜果蔬为原料，由于同类果蔬的成熟期短，产量集中，一时加工不完，为了延长加工期限，满足周年生产，生产上除采用果蔬储藏方法对原料进行短期储藏外，常需对原料进行一定程度的加工处理，以半成品的形式保藏起来，以待后续加工制成成品。目前常用的保藏方法有：盐腌保藏、浆状半成品的大罐无菌保藏等。

三、有机食品加工对工艺的要求

（一）有机食品加工工艺的基本要求

根据有机食品加工的原则，有机食品加工工艺应采用先进的工艺，最大程度地保持食品的营养成分，加工过程不能造成再次污染，并不能对环境造成污染。

（1）有机食品加工工艺和方法适当，以最大程度地保持食品原料的营养价值和色、香、味等品质。例如，牛奶的杀菌方法有巴氏杀菌（低温长时间）、高温瞬时杀菌，后者可较好地满足有机食品加工原则的要求，是适宜采用的加工方式。

（2）有机食品和有机食品的加工，都严禁使用辐射技术和石油馏出物。利用辐射的方法保藏食品原料和成品的杀菌，是目前食品生产中经常采用的方法。在传统食品加工中用到的离子辐射，是指放射性核素（如钴-60和铯-137）的高能辐射，用于改变食品的分子结构，以控制食品中的微生物、寄生虫和害虫，从而达到保存食品或抑制诸如发芽或成熟等生理学过程的目的。采用辐照处理块茎、鳞茎类蔬菜如马铃薯、洋葱、大蒜和生姜等对抑制储藏期发芽都有效；辐射处理调味品，可以杀菌并很好地保存其风味和品质。但是，有机食品和有机食品的加工和储藏处理中都不允许使用该技术，以消除人们对射线残留的担心。

有机物质如香精的萃取，不能使用石油溜出物作为溶剂，这就需要选择良好的工艺，如超临界萃取技术，可解决有机溶剂的残留问题。

（3）不允许使用人工合成的食品添加剂，但可以使用天然的香料、防腐剂、抗氧化剂、发色剂等。不允许使用化学方法杀菌。

（二）食品加工新技术和工艺

食品往往含有大量的水分，极容易被微生物侵染而引起腐烂变质，同时由于某些食品（如果蔬）本身的生理变化很容易衰老而失去食用价值，因此，食品加工的目的就是采取一系列措施抑制或破坏微生物的活动，抑制食品中酶的活性，减少制品中各种生物化学变化，以最大限度地保存食品的风味和营养价值，延长供应期。

1. 传统的食品加工方法和工艺

常用的食品加工方法有干制、糖制、腌制、罐藏、速冻、制汁、制酒等。

（1）干制、糖制、腌制　主要是利用蒸发水分或加糖或加盐等方法，增加制品细胞的渗透压，使微生物难以存活，同时由于热处理杀死了食品原料细胞，从而防止了食品的腐败变质。

最简单的干制方法是利用太阳的热量晒干或晾干果蔬，如干的红枣、葡萄干、柿饼、杏干、笋干、萝卜干等，但此法得到制品的质量难以保证。现代干燥方法如电热干燥、红外线加热干燥、鼓风干燥、冷冻升华干燥等方法，可进一步提高加工品的质量，保存新鲜原料的风味。

食品的糖制产品有果脯、蜜饯、果冻、果酱等。果脯是将原料经糖液熬制到一定浓度，使浓糖液充填到果蔬组织细胞中，烘干后即为成品。果酱是经过去皮、切块等整理的果蔬原料加糖熬制浓缩而成，使制品的可溶性固形物达65%～70%。有些果蔬含有丰富的果胶物质，在其浸出液中加入适量的糖，熬制、浓缩、冷却后可凝结成为光亮透明的冻状物，称为果冻。

（2）盐腌　食品腌制是利用食盐制成一个相对高的渗透溶液，抑制有害微生物的活动，利用有益微生物活动的生成物，以及各种配料来加强制品的保藏性。如酸菜、榨菜、咸菜、酱菜、盐腌果胚等，是果蔬加入一定的食盐后而制成的成品或半成品。

（3）罐藏　将食品封闭在一种容器中，通过加热杀菌后，维持密闭状态而得以长期保存的食品保藏方法。目前，许多水果、蔬菜、肉类、鱼类等都可以制成罐头的形式进行销售和保藏。

（4）速冻　采用各种办法加快热交换，使食品中的水分迅速结晶，食品在短时间内通过冰晶最高形成阶段而冻结。如速冻水饺、速冻蔬菜、速冻果品等，这是一种较先进的食品保藏和加工方式。

（5）制汁　果蔬原汁是指用未添加任何外来物质，直接从新鲜水果或蔬菜中用压榨或其他方法取得的汁液。以果汁或蔬菜汁为基料，加水、糖、酸或香料等调配而成的汁液称为果蔬汁饮料。

（6）制酒　酒是以谷物、果实等为原料酿制而成的色、香、味俱佳的含醇饮料。

2. 现代食品加工新方法和工艺

（1）膜分离技术　是利用高分子材料制成的半透性膜对溶剂和溶质进行分离的先进技术。目前主要应用的膜分离技术有超滤、反渗透和电渗析三种，前两种是靠压力差推动，第三种靠电位差推动。应用膜分离具有效率高、质量好、设备简单、操作容易等特点。

（2）超高压技术　是将食品原料填充到塑料等柔软的容器中密封放入到装有净水的高压容器中，给容器内部施加 100～1000MPa 的压力，高压作用可以杀死微生物，使蛋白质变性、酶失活等。高压作用可以避免因加热引起的食品变色变味和营养成分损失以及因冷冻而引起的组织破坏等缺陷，被誉为是“自切片面包以来最大的发明”以及“最能保存美味的食品保藏方法”。

（3）超临界萃取技术　是近些年来发展起来的一种全新的分离方法，已广泛用于化工、能源、食品、医药、生物工程等领域。该技术是利用流体（溶剂）在临界点附近某一区域（超临界区）内，与待分离混合物中的溶质具有异常相平衡行为和传递性能，且它对溶质溶解能力随压力和温度改变而在相当宽的范围内变动这一特性，而达到将溶质分离的一项技术。利用这种所谓超临界流体作为溶剂，可以从多种液态或固态混合物中萃取出待分离的组分。CO_2 由于其无毒，不易燃易爆，有较低的临界温度和临界压力，传递性质好，在临界压力附近溶解度大，对人体和原料完全惰性，无残留等优点，而成为目前超临界流体萃取最常用的溶剂，即超临界 CO_2 萃取。进行超临界 CO_2 萃取操作的关键在于压力、温度的最佳组合。采用超临界 CO_2 萃取方法在提取柠檬皮香精油、柑橘香精油、紫丁香、杜松子、黑胡椒、杏仁等有效成分上获得了较理想的效果。

（4）冷杀菌技术　用非热的方法杀死微生物并可保持食品的营养和原有风味的技术。目前应用的主要有电离场辐射杀菌、臭氧杀菌、超高压杀菌和酶制剂杀菌等方法。

（5）特殊冷冻技术　速冻、冷冻粉碎、冷冻升华干燥、冷冻浓缩等是近年来发展起来的新技术，它们为食品加工提供一个冷的条件，可最大限度地保持食品原料原有的营养和风味，获得高质量的加工品。

（6）挤压膨化技术　食品在挤压机内达到高温高压后，突然降压而使食品经受压、剪、磨、热等作用，食品的品质和结构发生改变，如多孔、蓬松等。目前的挤压食品除了意大利空心粉之外，已经扩大到肉类、水产、饲料、果蔬汁的加工中。

3. 酶技术在有机食品加工中的应用

(1) 肉类加工　酶在肉类食品加工中有多方面的作用，其主要作用如下。

① 改善组织结构，嫩化肉类。目前作为嫩化剂的蛋白酶有两类，其中一类是植物蛋白酶，如木瓜蛋白酶、菠萝蛋白酶、中华猕猴桃蛋白酶等；另一类是微生物蛋白酶，如米曲霉等。嫩化的肉类品种可以是牛羊肉、猪肉，也可以是禽肉等。

② 转化废弃蛋白。将废弃蛋白（为有机原料）如碎肉、动物血、杂鱼等用蛋白酶处理，溶解抽提其中的蛋白质，可以得到含蛋白质和维生素高的有机蛋白产品，可用作有机食品的添加剂，经济效益显著。

(2) 果蔬加工　纤维素酶、半纤维素酶、果胶酶的混合物处理柑橘瓣，可脱去囊衣，得到质量上乘的橘子罐头。用橙皮苷酶将橘肉中的不溶性橙皮苷水解为水溶性橙皮苷，可消除橘子罐头中的白色沉淀。花青素酶分解花青素可使桃酱、葡萄汁脱色。

柑橘的脱苦是柑橘制品加工中的重要问题，利用柠碱酶处理可消除柠檬苦素带来的苦味，用柚苷酶处理，可消除未成熟橘子中的柚皮苷，从而使柑橘制品脱苦。

果汁加工中压榨、澄清是影响产品质量和生产效率的重要环节，用果胶酶和纤维素酶处理，可加速果汁过滤，促进澄清。

啤酒酿造过程中采用淀粉酶、蛋白酶、葡聚糖酶等酶制剂处理，可补充麦芽酶活力不足的缺陷，改善发酵工艺。白酒生产中用糖化酶代替麸曲，可提高出酒率，节约粮食，简化设备，提高生产效率和经济效益。

焙烤食品在面团中添加淀粉酶、蛋白酶、转化酶、脂肪酶等，可使发酵的面团气孔细而均匀，体积大，弹性好，色泽佳。

酶技术可以应用到食品储藏加工的各个领域，合理地应用和开发酶技术，可以提高有机食品深加工的程度，提高生产的效率，提高产品质量，获得较好的经济效益。

思考题

1. 简述有机食品加工的基本原则与基本原理。
2. 举例说明有机果蔬的加工技术。
3. 有机食品加工的原则有哪些?
4. 酶技术在有机食品加工中有哪些应用?

参考文献

[1] 中华人民共和国有机产品标准. GB/T 19630.2—2011.

[2] 罗云波，生吉萍，陈昆松，浦彪. 园艺产品储藏加工学（第二版）. 北京：中国农业大学出版社，2010.

[3] 孟凡乔，乔玉辉，李花粉．绿色食品．北京：中国农业大学出版社，2003.

[4] 王晶，王林，黄晓蓉、生吉萍等．食品安全快速检测技术，北京：化学工业出版社，2002.

[5] 罗云波，生吉萍．食品生物技术导论．北京：化学工业出版社，2006.

[6] 申琳．农产品储藏加工．北京：中央广播电视大学出版社，2006.

[7] 生吉萍，申琳，吴文良，陈勇，武文津，罗新湖．伊犁地区绿色-有机葡萄保鲜储运关键技术问题与对策．新疆农业科学，2008，45（S3）：89-92.

第十章
有机农业的检查认证与质量控制

由于有机食品贸易的复杂性（多环节、跨地区、消费者与生产者不易直接接触）和有机农业生产方式的特殊性（强调生产过程的控制和有机系统的建立），需要确立一套完整的体系来保证有机食品的质量。有机农业检查和认证体系就是这样的一套机制，用来连接生产者和消费者，构建起彼此间的信任。

第一节 有机农业检查认证制度的框架

纵观国际有机农业发展的历史，可以看出，有机农业最初是由欧美国家的部分农民自发实践的。当时，人们从事有机生产主要是为了减少农场对外界的依赖性，追求人与自然的和谐，产品除一部分用于自食外，大多直接销售给附近的居民。就是到了现在，直销仍是欧美有机农场重要的销售方式。但是，随着人们环保和健康意识的提高以及有机农业概念的传播，消费者对有机食品的数量和种类需求越来越大，有些产品在当地不能生产或者需要在其他地区进行深加工。这时，仅靠直销已经不能满足消费者的需要，有机食品贸易已经变成跨地区和国际化的一项贸易活动。在这种条件下，大多数消费者不可能像当初那样，直接在田间地头与生产者面对面的接触，亲自了解生产过程。为了建立消费者与农民之间的信任，出现了有机食品认证及其相关机构。

一、有机农业检查和认证目的及特点

认证是指由认证机构对有机生产的农产品进行检查验证，确认申请者的生产和管理情况是否符合有机标准。检查认证的主要目的如下。

（1）明确有机生产的定义，保证有机农业生产持续进行。

因为认证要求生产者必须对生产做出计划并进行记录，这样可以提高生产效率、减少浪费，并对他们进行培训以保证有机生产符合标准规定并持续下去。

（2）区别假冒的和真正的有机农产品，改善有机农业在社会上的整体形象。

保证生产者确实按照有机方式生产以避免欺骗行为，向消费者保证有机产品的生产、加工和包装等过程与非有机食品是不同的；增加人们对有机农业的信心；保护市场价格，保护消费者利益；另外认证可以保证透明，认证的基本原则是透明性，向公众公开谁得到认证，哪些产品得到认证，这种透明可以促进消费者与生产者之间的直接联系，减少中间环节造成的麻烦。

（3）实现有机食品和有机农业的公平贸易。

通过检查和认证可以保护真正的有机农产品生产者，在有机贸易中避免欺诈行为；还可以促进对于有机农业的特殊支持，因为认证可以确定有哪些有机生产者需要得到支持。

（4）检查和认证是连接有机食品生产和贸易的桥梁。

促进产品贸易和推广，认证过程中收集的信息对市场规划、推广和研究都很有帮助。

由于有机食品贸易的复杂性（多环节、跨地区、消费者与生产者不易直接接触）和有机农业生产方式的特殊性（强调生产过程的控制和有机系统的建立），有机农业的检查与认证体系具有如下特点。

（1）有机检查和认证是一个连续的过程。有机检查与认证每年都要进行一次，监督有机生产，保证质量，帮助生产者改进和完善生产体系，促进生产者建立持续稳定的有机农业生产体系。

（2）实施全程质量控制。有机检查和认证涉及与有机农业生产相关的种植、加工、贸易过程，是控制产品从土地到餐桌的全程的质量，包括从原料、生产基地、生产过程到产品运输、销售全过程实行现场监督和认证。

（3）注重生产过程的检查，必要时对产品进行抽查检测。

（4）注重对跟踪系统的检查。可以随时查到认证产品在某一阶段的质量和数量。

（5）检查和认证人员不能参与任何有机生产和贸易活动。

（6）检查和认证活动及活动结果具有法律效力，受法律保护。

二、有机农业认证制度的构成

一个完整的有机产品认证控制体系，包括以下几个部分：有机立法、有机标准、检查与认证体系、监管体系、有机标签、农场内部控制体系。有机认证制度通过建立一整套标准、由认证机构的第三方检查与认证标准的遵守、主管部门对认证机构的再监管等，构成了人们在有机产品生产与贸易方面的控制体系。

1. 有机农业立法

越来越多的国家正在制定法律法规对有机产品认证进行规范。涉及有机产品认证的政府法规一般包括：指定或本身包含一个有机产品标准；对使用有机产品标志进行规定；对认证机构从事有机产品认证设定条件，要求符合 ISO 65 标准或需要进行批准；对有机产品进口进行规定、有机农业的监管部门的职责、国家有机农业政策等，是有机农业发展的基本规范。政府法规对有机认证体系具有重要影响，很多情况下，政府法规是能否实现互认的决定因素。目前全世界有 64 个国家制订了有机法规，如美国、欧盟、日本、中国、加拿大等。

2. 有机标准体系

即有机生产和认证依据的标准，它是有机产品认证控制体系中的一个基本内容。有机标准规定了有机产品的生产、加工、运输、储藏、销售等禁止或允许的各种要求。有机农业标准不仅涵盖了种植业方面的要求，还包括了畜牧和家禽饲养业、水产业、林业等方面的要求。不仅包括生产过程管理方面的要求，还延伸到收获、加工和包装、标签等方面的要求。所以，有机农业标准是控制从农业（包括粮食、饲料和纤维）、畜牧和家禽、水产、林业的田间生产到加工成最终消费产品的一个完整的、基础性的指导法规，也可以说是有机农业的根本法则。它是生产、运输、加工、包装和储存有机产品者必须自觉做到的要求。

3. 检查认证体系

有机产品的认证，主要是认证组织通过派遣检查员对有机产品的生产基地、加工场所和销售过程中的每一个环节进行全面检查和审核以及必要的样品分析完成的。检查和认证体系的机构主要构成为：检查、认证人员；检查、认证准则、条例；认证组织和申请者之间的合约。其中，检查员的素质是直接影响认证组织的信誉和产品质量的关键。认证本身就是一个质量控制过程，而且是其中关键的一环；认证机构则是有机食品质量控制体系的一个重要组成部分。

4. 监管体系

认证机构是掌握标准、控制生产过程和保证产品质量的关键因素。为了保证认证机构认证的公正性与真实性，认证机构从事认证业务需要政府主管机构的审核与认可。政府权威机构应加强对检查和认证的授权和管理。所有层次的控制和管理应该保证所有的检查者和认证者都受到评估和认可（认可即“对认证者的检查”）。认可可以简单理解为对认证机构的全面审核，正如认证机构根据一套标准对要获得认证的生产者进行评价一样，认可机构也要根据一套认可标准对认证机构进行评价。一个认证组织的信誉度、知名度和权威性直接影响产品的销售和市场的认可程度，因此，对于认证机构的认可不能仅凭其标准、工作程序等，应对其进行全面审核，并对其认证的有机经营企业进行抽查。

5. 有机标签

有机标签是一种质量证明商标，证明产品是按照有机标准的要求生产的。有机食品标签是指包装有机食品容器上的文字、图形、符号，以及一切说明物（包括吊牌、附签或商标）。其必须标注的内容包括：有机食品质量证明商标、食品名称、配料（或原料）、净含量、制造者的名称和地址、生产日期、保质期（或/和保存期）、质量等级和产品标准号等。在国外，每一个认证机构都有自己的有机标签。经认证机构检查与认证，确认其生产符合有机食品标准要求的，就可以在其产品上标注有机标签。未经过有机认证的产品，不能称为有机食品，也不得使用任何有机产品标志。只有获得认证的产品方可粘贴认证机构的有机产品标志，所以当消费者看到贴着有机标志的产品时，就知道确实是有机产品，而且从标志上可以看出是由哪家认证机构认证的。有机标签也是认证机构的认证信誉标志，认证严格而规范的认证机构的标签的信誉也就高。它同时也为监管机构和消费者提供了一种可追踪系统，按图索骥就能查找到提供虚假认证的认证机构，并给予相应的惩罚。

6. 农场内部质量控制系统

农场内部质量控制是有机产品整个质量控制系统的源头。它包括内部质量管理体系和农场的文档记录系统。农场的组织管理体系也是内部质量控制的一部分。有机农场要设立专门的质量管理部门或指定专人负责质量控制工作，并根据企业特点制定详细的质量管理规章制度及质量控制手册。由于时间和经费的限制，检查认证机构不可能一年四季住在农场观察生产的全过程，这就需要生产者将其生产活动以文字资料的形式记录下来，作为从事有机生产的证据，同时也使生产出来的产品具有可追溯性，一旦出现问题可以查到具体的责任人。文档记录是获得认证的必要条件。

三、有机农业的检查认证体系

有机农业检查和认证是由独立的认证机构来完成的，目前世界上有多种形式的认证机构，不管什么形式，作为一个完整的认证体系，必须包括：检查和认证人员；检查、认证准则和条例；认证组织和申请者之间的合约；认证机构与认可机构。有机农业的检查认证体系实际上就是被认可的认证机构根据所制定的检查和认证标准由检查和认证人员对申请者的操作做出是否符合相关标准的评判决定，可以由图 10-1 来表示。

1. 检查认证机构

认证机构是根据有机食品标准对有机农业的生产过程进行验证和审核，并证明有机农业生产的产品是否真实的一个中介组织。认证机构是掌握标准、控制生产过程和保证产品质量的关键因素。一个认证机构的信誉度、知名度和权威性直

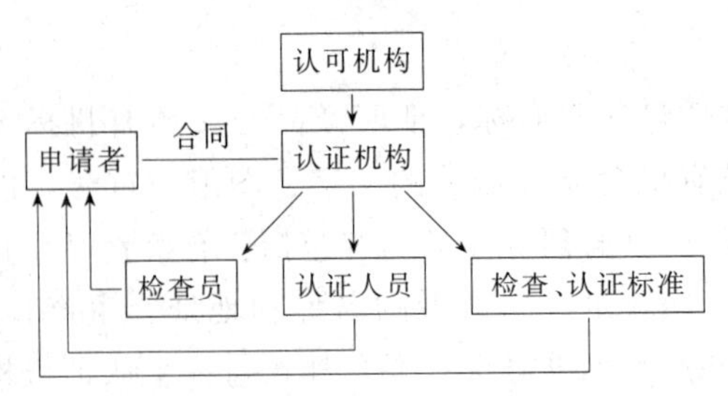

图 10-1 有机农业检查认证体系

接影响到产品的销售和产品在市场上的认可程度，因此需要根据认可标准对认证机构进行评价和管理。

2. 检查、认证标准和条例

认证机构必须按照一定的标准开展检查认证工作，此标准可以是国家或地区标准，也可以是认证机构自己制定的，但认证机构实施的标准是在国家或地区标准的基础上制定的，并且只能比国家或地区的标准更严格。

3. 检查和认证人员

检查和认证人员是有机农业检查和认证的具体实施者，检查员是有机食品认证组织和广大有机食品消费者的嘴巴、眼睛、耳朵和鼻子，是连接生产者和消费者的桥梁。检查员在有机食品的检查和认证过程中起着重要的作用，因此检查员应该具备一定的专业素质和技巧能力：系统教育包括农业、环境保护的知识以及质量管理、标准培训等；良好的观察和评估能力；良好的语言交流和编写报告能力；与认证组织签订保守检查秘密的协议，为生产者、加工者和贸易者保守商业和技术上的秘密；作为第三方进行实事求是、公正的检查，与申请有机食品认证的任何一方都没有利益冲突。保证在认证前和认证后一段时间内没有经济上的联系，不得接受申请者的礼品和产品。不得为申请者提供有机生产技术咨询，并收取费用；不得参与最后的认证决定。

认证过程是认证机构中的认证委员会根据检查员提交的检查报告和相关附件对检查项目所做出的最后的评判。检查过程和认证过程是严格分开的。

四、我国有机产品认证监管体系

中国有机产品认证监管职能主要由国家质检总局及其下属认证监管部门负责。国家认监委作为全国认证认可工作主管机构，负责认证机构的设立、审批及其从业活动的监督管理，以及对食品、农产品认证认可活动进行统一管理、监督和综合协调。为加强对认证行业的监管，国家认监委建立并逐步落实“法律规范、行政监管、认可约束、行业自律、社会监督”五位一体的监管体系，以国家认监委及其所属单位、国家认可委、中国认证认可协会（CCAA）、地方认证监管部门、认证机构以及社会媒体等为主要监管主体，初步建立快速、有效的联动监管机制。

认证机构的设立、检查员的注册、认证活动的进行、有机产品的生产和销售以及有机产品的宣传等都受到上述机制的监管。此外，农业部为保证农产品质量安全，拨出专项资金，每年组织农业部农产品质量安全中心及各地农业行政主管部门，实施对有机农产品的专项检查。

（一）有机认证机构的行政审批

有机产品认证机构的设立，应事先获得行政审批，该批准阶段由国家认监委负责，包括审查其是否遵守《中华人民共和国认证认可条例》。行政审批申请流程需要 90 天，根据该条例的第 10 条内容，在第一阶段，所有国内外认证机构必须具有固定的场所和必要的设施，有符合认证认可要求的管理制度，注册资本不得少于 300 万元人民币且有 10 名以上相应领域的专职认证人员。根据该法规，外国认证机构在申请中国的认可时，在第一阶段还必须满足以下额外要求：取得其所在国家或者地区认可机构的认可，同时，从事认证活动的业务经历不低于 3 年。截至 2013 年 12 月底，国家认监委批准的有机认证机构共 25 家。

（二）有机认证机构的认可

有机产品认证机构在获得国家认监委行政审批后，还应获得国家认可委的认可，方可从事有机产品认证活动。认证机构应在获得国家认监委行政审批后的 12 个月内，向国家认监委提交其认证活动符合《有机产品认证实施规则》和《产品认证机构通用要求》的证明文件。认证机构在未能提供相关证明文件前，每个批准认证范围颁发证书数量不得超过 5 张。中国认证认可体系如图 10-2 所示。

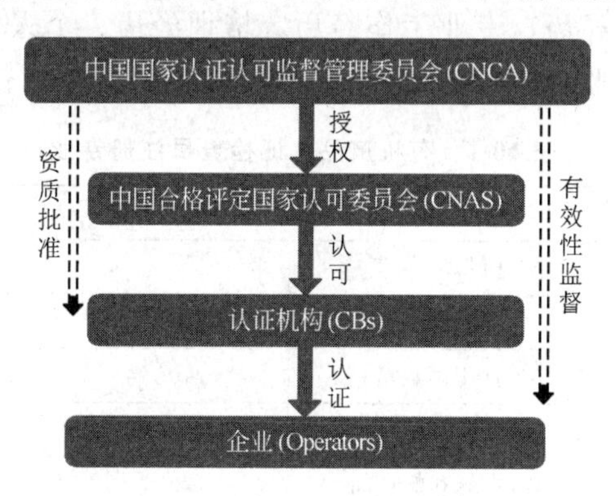

图 10-2　中国有机产品认证认可体系

国家认可委根据认可评审报告、评审记录、申请人提交的资料和所获得的相关信息做出认可决定。必要时，可能继续向申请人调阅必要的补充信息。对于评审符合要求的申请人，国家认可委向其颁发有国家认可委授权人签章的批准申请人认可资格的认可证书。获准认可的认证机构在其认可的认证业务范围内按照《认可标识和认可状态声明管理规则》（CNAS-R01）颁发带国家认可委认可标识的认证证书。在认可证书的有效期内，国家认可委对获准认可的认证机构实施监督评审，确定其是否符合国家认可委认可规范。

（三）有机认证行业自律

中国认证认可协会负责认证机构的行业自律管理工作。组织所有认证机构按照国家法律法规要求和认证行业和认证市场发展的一致意愿，通过制定相应的规章制度，自我约束、自我管理，促进行业的公平和有序发展；并对认证机构遵守法律法规、履行行业自律规范的情况进行评议，向国家认监委报告发现认证机构的违法违规行为；负责对涉及违反认证管理要求的认证人员注册资格的处置。

有机认证检查员注册制度是行业自律的一项重要手段。从事有机产品认证的检查员必须经过专门培训机构的培训并在获得中国认证认可协会的注册后，方可从事认证检查活动。中国认证认可协会依据《有机产品认证检查员注册准则》对检查员进行管理，该准则第一版于 2005 年 7 月 6 日实施，现行版本为 2012 年 3 月 21 日发布的第二版准则。《有机产品认证检查员注册准则》规定了中国认证认可协会有机产品认证检查员的注册要求，以及采用以知识和能力为基础的评价考核的过程和方法。依据该准则取得中国认证认可协会有机产品认证检查员注册资格后，方能表明检查员有能力依据《有机产品》和《有机产品认证实施规则》的要求，实施有机产品认证检查。

根据《有机产品认证检查员注册准则》的规定，有机产品认证检查员共分为两个级别，分别是“有机产品认证检查员”与“有机产品认证高级检查员”；注册专业细分为 4 个类别 7 个专业，见表 10-1。对于各级别、各专业检查员，注册准则在教育经历、工作经历、专业工作经历、培训经历、个人素质和检查原则、知识技能、行为规范、监督与年度确认、再注册等方面又分别有详细的规定。

表 10-1 有机产品认证检查员注册专业

类别	专业	类别	专业
A 植物类	A1 植物生产		
	A2 野生植物采集	C 水产类	C6 水产养殖
	A3 食用菌栽培		
B 畜禽类	B4 畜禽养殖	D 加工类	D7 加工
	B5 蜜蜂和蜂产品		

（四）有机产品认证的行政监管

行政监管是有机认证监管体系的重要组成部分，国家认监委作为中央部门和各省、自治区、直辖市质监局及各直属出入境检验检疫机构为主体的地方认证监管部门共同实施对有机产品认证活动的监督监管。

地方认证监管部门各司其职，对所辖区域的有机产品认证活动进行监督检查，查处获证有机产品生产、加工、销售活动中的违法行为。各地出入境检验检疫机构负责对外资认证机构、进口有机产品的认证和销售以及出口有机产品认证、生产、加工、销售活动进行监督检查。地方各级质量技术监督部门负责对中资认证机构、在境内生产加工且在境内销售的有机产品认证、生产、加工、销售活动进行监督检查。对于检查中发现的违法违规行为，可依据《有机产品认证管理办法》进行制裁和查处。

为保证认证信息的准确性，配合各职能部门的监管工作，国家认监委自2006启用了中国食品农产品认证信息系统，认证机构应当在对认证委托人实施现场检查5日前，将认证委托人、认证检查方案等基本信息报送至该信息系统，并在获证后及时将产品获证情况以及有机产品认证防伪标志的购买情况上传该系统，以方便监管。消费者如对购买的有机产品存在疑虑的，可登录该网站进行查询、核实。该信息系统维护了消费者和获证企业的合法权益，增强了有机产品信息的透明度。

（五）有机产品认证的社会监督

社会监督是一种最广泛的监督形式，也是最贴近群众的一种监督方式。社会监督的力量得到正确引导，既是对政府相关部门在食品、农产品认证监管中前四个环节所取得的工作的一种有效检验，同时也可成为政府相关部门实现监管的有力补充，实现“社会监督”与“五位一体”的前四个环节的有机联动，共同促进食品、农产品认证的良性发展，最终达到食品安全的目标。目前社会监督的参与者主要有消费者、职业打假人、媒体（微博、微信、门户网站等）、非政府组织、政协委员、义务监督员等。社会各界如发现有机产品认证活动中涉嫌违规行为，可拨打12365进行投诉、举报。

第二节
有机农业标准

一、有机农业标准发展概况

有机农业标准是应用生态学和可持续发展原理，结合世界各国有机农业的生产实践，在有机农业生产中必须遵守，有机农业质量认证时必须依据的技术性文件。有机农业标准一般包括有机认证的范围、转换期的规定、种植、养殖、加工及野生收获、菌类、蜂产品等内容，以及对转其因生物的规定和投入品的规定或列表。

有机农业标准是一种质量认证标准，它是对一种特定生产体系的共性要求，更强调生产、加工、贸易等环节不违背有机生产原则，保持有机的完整性，从而生产出合格的有机产品。有机生产方式是在动植物的生产过程中不使用化学合成的农药、化肥、生长调节剂、饲料添加剂等物质，以及基因工程生物及其产物，而是采用遵循自然规律和生态学原理，采取一系列可持续发展的农业技术，协调种植业及养殖业的平衡，维持农业生态系统持续稳定的一种农业生产方式。

目前，全球的有机农业标准主要有三个层次，私人标准、国家标准及国际标准。农户协会在 20 世纪中期就开始制定有机生产、检查和认证的私人标准，此外，一些认证机构都制定了认证机构的私有标准。直到 20 世纪 90 年代，政府机构才首次介入有机法规的制定。与此同时，世界上其他经济实体也加快了制定标准的步伐，2002 年，美国农业部完成了立法的工作，2005 年 4 月 1 日，我国《有机产品认证管理办法》和《有机产品国家标准》开始正式实施。截至 2014 年底，全球共有 82 个有机生产国颁布了自己的有机法规（见图 10-3），其中包括欧洲 39 个国家，亚太地区 20 个国家，美洲及加勒比海地区 21 个国家，非洲 2 个国家。在致力于建立清晰、一致的有机法规和标准的过程中，不仅有私人组织，政府机构的参与，IFOAM 及联合国粮农组织、世界卫生组织等国际机构也纷纷参与，目前有两个主要的国际标准即联合国食品法典委员会 CAC 标准和国际有机运动联盟 IFOAM 标准。IFOAM 是世界成立最早和目前影响最大的民间有机农业组织，其制定的有机农业基本标准（IBS）被各国和认证机构广泛借鉴，而 CAC 标准是在参考 IFOAM、欧盟等标准基础上制定的，目前 IFOAM 标准和 CAC 标准都已成为各国制定国家标准的重要参考。但是需要注意的是，尽管存在如此众多的不同的有机标准，但大多数专家认为，这些标准之间的相同点远远多于不同点，各个标准之间的差异非常小。

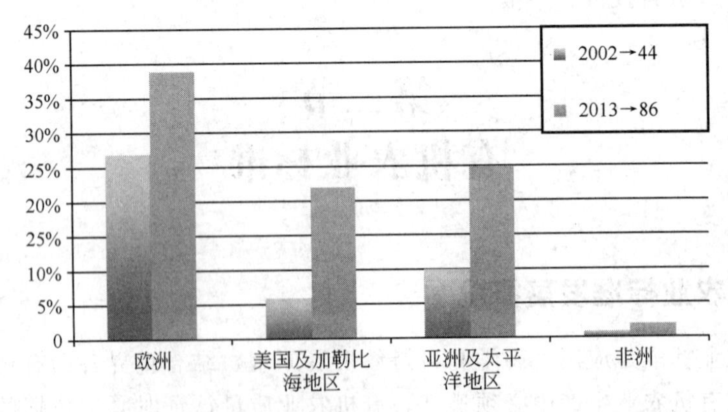

图 10-3 各大洲有机农业标准制定国家占各大洲国家总数的比例（Helga Willer，2014.）

二、有机农业标准的作用及制定原则

（1）有机农业标准是生产者从事有机食品生产、加工和贸易的技术和行为规范有机农业标准不仅对有机食品的生产技术、生产资料的投入提出了具体的要求，而且对有机生产者和管理者的行为进行了规范，不仅规定了哪些物质和技术不允许在有机生产中使用，而且指出了提倡和允许在有机生产中能够使用的技术和物质，为生产者如何达到有机标准，生产出合格的有机产品提出了明确的技术指导。例如，在作物生产方面，有机农业标准在作物品种选择、轮作要求、土壤培肥、作物病虫害防治方面都做了详细的规定。在动物养殖方面，有机农业标准在品种的选择与购买、养殖方式、养殖区环境条件、动物饲料与健康、运输、屠宰等方面都进行了严格的规定。有机标准还要求生产者实施严格的可追踪的质量控制措施，包括制定有关生产的操作规程、生产批号，实施各项生产管理记录，并遵守社会公正原则，公平对待员工，进行公平贸易。

（2）有机农业标准是认证机构从事有机食品质量认证的依据

质量认证又称为合格认证，国际标准化组织对其的定义是：“由可以充分信任的第三方证实某一经鉴定的产品和服务符合特定标准或者其他技术规范的活动。”有机农业认证是一种质量控制体系认证，有机农业标准则是有机农业认证机构检验有机产品生产者和加工者是否合格的依据。

（3）有机农业标准是维护生产者和消费者权益、保护产品质量和规范经营行为的法律依据

有机农业标准作为质量认证依据的标准，对接受认证的企业来说，属于强制性标准，企业生产的有机产品和采用的生产技术都必须符合有机认证的标准要求。消费者据此标准判定和购买有机食品，当消费者的权益受到伤害时，有机农业标准是裁决的法律依据。

制定有机农业标准的时候，需要遵循以下一些原则：a. 为消费者提供营养均衡、安全的食品；b. 加强整个生态系统的生物多样性；c. 增强土壤生物活性，维持土壤的长效肥力；d. 在农业生产系统中依靠可更新资源，通过循环利用植物性和动物性废料，向土壤中归还养分，并尽量减少不可更新资源的利用；e. 促进土壤、空气及水体的健康使用，并最大限度减少农业生产可能造成的各种污染；f. 采用谨慎的方法处理农产品，以便在各个环节保证产品的有机完整性和主要品质；g. 提高生产者和加工者的收入，满足他们的基本需求，努力使生产、加工及贸易链条向着公正、公平和生态合理的方向发展。

三、有机农业标准的简介

（一）国际有机农业标准

国际有机农业标准主要有食品法典 CAC 标准和 IFOAM 标准，食品法典委员会是 FAO 及 WHO 联合建立的食品标准机构，从 1991 年起，在 IFOAM 等观察员组织的参与下，食品法典委员会开始制定有机食品的生产，加工及销售指南，

制订了许多关于食品进出口检查及食品贸易的指导性文件。从内容来看，这些标准不仅明确地定义了有机食品生产的本质，还有助于消除消费者对产品质量和其他生产方式产生的误解。在他们看来，这些标准对于保护消费者及促进贸易都有积极的意义。食品法典委员会分别于1999年6月及2001年7月通过了有机植物和动物生产指南。这些指南的主要要求与IFOAM基本要求和欧盟第2092/91号法规是一致的，只是在细节问题和标准覆盖领域上有所差别。

1972年，全球性民间团体IFAOM（国际有机农业运动联盟）的成立，给有机农业和有机认证带来了新的契机。1980年，IFOAM制定并首次发布了关于有机生产和加工的基本标准，明确定义了如何种植、生产、加工和处理有机产品，它是世界范围内的认证机构和标准制定机构制定自有标准的基础，该标准具有广泛的民主性和代表性，因此这里以IFOAM基本标准为例介绍有机农业标准中所包含的主要内容。

IFOAM基本标准包括了植物生产、动物生产以及加工的各个环节。在附录中列举了在施肥和土壤改良过程中使用的产品、在植物病虫害防治过程中使用的非有机生产材料的清单和食品加工过程中使用的加工助剂。并对评价有机生产其他材料使用的程序、有机食品生产加工助剂和添加剂评价程序进行了描述。IFOAM的基本标准每三年召开一次会员大会进行修改。

1. 基因工程

在有机生产和加工中不能存在基因工程产品，必须采用有关文件和文字证明在有机生产和加工过程中没有转基因生物或材料。这个要求在IFOAM基本标准中单独列出，这表示对基因工程的重视。

2. 作物生产

（1）作物和品种的选择　所有种子和植物材料都应该是得到有机认证的。如果找不到得到认证的有机种子和种苗，那么也应该使用未经化学处理的常规材料。作物的类型和品种应该适应土壤和气候条件，对病虫害有抵抗力。在选择品种时要考虑生物多样性，不允许使用遗传工程生产的种子、花粉、转基因植物或植物材料。

（2）转换期长度　从开始进行有机农业生产到得到有机认证的时间这一阶段称为转换期。转换期的计算可以从向认证机构提出申请算起，或从最后一次使用不允许使用的材料算起。

对于一年生作物和牧场、草地及其产品其转换期至少为12个月，多年生作物（牧场和草地除外）为18个月。认证机构有权根据过去对土地的使用情况延长或缩短转换期，但需提供多种方式证明。

如果在农场内同时生产常规、转换期、有机农产品，并且不能明显分开这三类产品，这种情况在有机农业中是不允许的。为了保证严格分开，认证机构应该在条件允许的情况下对整个生产系统进行检查。

转换期产品应以"转换期有机农业产品"或与之相类似的描述在市场上销售。农场在第一年有机管理生产的饲料可以作为有机饲料。但只能作为自身农场的动物饲料，不能向外出售。

（3）作物生产中的多样性　在作物生产过程中，在尽量减少养分损失的情况下提高作物的多样性。采用包括豆科植物在内的多样种植；在一年内尽可能利用多种植物种类覆盖土壤。

（4）施肥　以可进行生物降解的材料为基础，对投入农场内的材料总量进行控制。限制动物肥料的过度使用。从农场外引入的材料（包括堆肥）应符合附件中的要求。人粪尿肥料在使用到人吃的蔬菜上时应符合卫生条件。矿物肥料只能在其他肥力管理措施最优化以后才允许使用，并且应该按照其本身的自然组成使用，不允许用化学的方法使其溶解。为防止重金属等物质的累积，需要对矿物质肥料做出规定。智利硝石以及所有的人工合成的氮素肥料包括尿素都不允许使用。

（5）病虫草管理（包括生长调节剂）　病虫草的控制应该通过合适的轮作、绿肥、平衡施肥、早播、覆盖等一系列栽培技术来限制其发展，病虫害的天敌应通过对合适的生存环境的管理来保护，如篱笆、寄居场所等。可使用生物制剂和用热、物理措施来控制病虫草害。常规耕作使用的器具应合理清洗以避免污染。不允许使用人工合成的除草剂、杀菌剂、杀虫剂、生长调节剂、染色剂、基因工程生物或产物和其他农药。病虫草害控制允许使用的材料另有附件列出。

（6）污染控制　应该采取各种相关措施来减少农场外来的和内部的污染。如果有理由怀疑存在污染，那么认证机构应该对相关产品和可能的污染源（土壤和水）进行检测。对于保护性结构设施、薄膜覆盖、剪毛、捕虫、饲料青储等，只允许使用聚乙烯、聚丙烯和其他多碳化合物。使用后应将这些物质从土壤中清除，并且不可以在农田中燃烧。不允许使用聚氯乙烯塑料产品。

（7）土壤和水保持　采取各种措施避免水土流失、土壤盐碱化、过度和不合理利用水资源以及对地下水和地表水的污染。

（8）非栽培植物和蜂蜜的采集　只有从稳定的、可持续的生长环境中采收的野生产品才能被认证为有机产品。采收行为不能超过维持生态系统可持续发展的产量，不能对动物、植物品种的生存造成危害。采收区域应该与常规农业、污染源保持一定的距离。

（9）林业　在IFOAM基本标准对有机林业制定条例以前，认证机构可以根据有机农业的原则性目标和有关社会公平的标准制定有关规定。

3. 畜牧养殖

（1）畜牧养殖管理　应该允许动物从事其本来的行为活动；提供开阔的空气和/或放牧空间。当利用人工方法延长自然日照时间时，认证机构会根据类型、地区条件和动物健康等因素限制最长照射时间。群养动物不允许单独放养。

（2）转换期长度　农场或农场的相关部分的转换期至少需要12个月。认证机构应该制订动物生产应该满足的时间长度。

(3) 引入的动物　所有有机动物应该在农场系统范围内生产和养殖。如果没有有机动物，认证机构可以按照以下年龄限制批准引入常规动物：2日龄的肉鸡、18周的蛋鸡、2周的其他鸡、断奶后的6周仔猪、经过初乳喂养且主要饲喂全奶的4周幼牛。从常规农场引入的育种动物的数量每年不能超过农场同类成年动物的10%。

(4) 品种和育种　应根据当地条件选择品种。育种目标不能对动物的自然行为有抵触，并且要对动物的健康有帮助。繁殖方法应是自然的。认证机构应该保证育种系统采用的品种水平可以自然受精和生产。允许人工授精，不允许胚胎移植。除非是基于医疗原因并且在兽医指导下，否则不允许进行激素发情处理以及引产。不允许使用基因工程品种或动物类型。

(5) 去势　应该选择不需要去势的动物品种。如果需要去势，那么应该保证对动物的损伤降到最低。需要时可采用麻醉剂。认证机构可以允许以下行为：阉割、羔羊断尾、去角、上鼻圈等。

(6) 动物营养　应用100%的优质有机饲料饲养动物。饲料的主要组成（至少75%）应该来自农场内部或从其他有机农场引入。如果有证明显示不能从有机农场获得某些饲料，认证机构可以允许有一部分饲料从常规农场获得。反刍动物（干物质吸收）15%；非反刍动物20%，2002年起分别降低5%。

不能使用饲料添加剂：人工合成生长调节剂或催生长剂，人工合成镇静剂、防腐剂（除非用于加工辅料），人工染色剂，尿素，对反刍动物饲喂农场动物废料（如屠宰场废物），即使经过技术加工的粪便及其他肥料（所有的排泄物），经过溶剂处理（如乙烷）、提取（豆粉或油菜籽）或添加其他化学物质的饲料，氨基酸，基因工程生物或产品本身。如果数量、质量允许，应使用天然的维生素、微量元素和添加物质。所有反刍动物每天都能吃粗饲料。可以使用的饲料防腐剂有：细菌、真菌和酶、食品工业的副产品（如糖蜜）、植物产品。认证机构应根据相应动物品种的自然行为，制订最低断奶期。哺乳动物的幼畜应该用有机奶品喂养，并且这些有机奶品最好来自所喂养的动物品种。在紧急情况下，认证机构可以允许使用来自非有机农场系统的乳品或乳品替代物，只要这些材料不含有抗生素或人工合成的添加剂。

(7) 兽医　患病或受伤的动物应该马上治疗。优先使用天然药品和方法，包括顺势疗法、针灸等。如果条件允许，认证机构应该根据农场的兽医记录做出规定来减少兽药的使用，并制订药品清单和停药期。人工合成促生长剂等物质不允许使用。不允许使用激素发情处理和同期发情（个体动物繁殖疾病除外）。法律规定许可的防疫是允许的；禁止使用基因工程防疫。

(8) 运输和屠宰　应该尽量减少运输距离和次数。对各种动物使用适合的运输方法。在运输和屠宰的不同阶段有专人负责动物的健康。在操作时应尽量安静、温柔，电棒等工具不允许使用。不允许使用化学合成的镇静剂或兴奋剂。如果需要车辆运输，那么将动物运到屠宰场的时间不能超过8h。

（9）养蜂　蜂箱应该位于有机管理或天然的地区，不能离使用过化学农药的农田很近。应该在最后一次收获蜂蜜后并且在下一次花粉饲料可以供应前喂养蜜蜂。到2001年全部饲料中应该有90%为野生饲料或有机认证的饲料；每个蜂巢都应该由天然材料制成。不允许使用有潜在毒性的建筑材料。不允许剪翅、人工授精，养蜂过程中不允许使用兽药。在蜂群中工作时（如采收），禁止使用不允许的驱避剂。为了疾病控制以及蜂巢消毒，可用以下物质：苛性苏打、乳酸、草酸、醋酸、蚁酸、硫黄、醚、BT。

4. 水产品养殖

（1）范围　水产品养殖范围有很多种，包括淡水、盐水和海水以及其他种类。在开阔水域自由活动的生物和根据基本程序不能够检查的生物不包含在这一养殖范围内。

（2）有机水产品转换　根据生命周期、种类、环境单元、生产地点、过去的废物、沉淀和水体质量等因素，认证机构制定转换期的长度。转换期的长度至少为需要转换的生物的一个生命周期。在水体自由流动而且在不受禁用物质影响的情况下，开阔水域的野生固定生物不需要转换期。

（3）管理技术　认证机构应该根据生物的行为需求制定标准。如果日照时间被人工延长，白天时间不能超过16h，应该有足够的措施避免养殖生物逃脱，防止寄主对水产生物的影响。认证机构应该制定标准防治水体的不合理利用或者过度利用。

（4）生产单元和采集区的位置　生产单元和采集区应该距离污染源和常规水产品生产一定的距离。采集区域应该明确边界，根据标准要求应该可以对水体质量、饲料、药物、投入因素等进行检查。

（5）健康和福利　与畜牧养殖健康规定相同。

认证机构应该保证疾病管理记录被保存。记录应该包括：生物的辨识、疾病防治的细节和时间、所用药物的商品名称。如果生物出现反常，应该根据动物的需求对水体质量进行检查，并且记录结果。不能对水产生物进行任何形式的去势。

（6）品种和育种　应该选择适合当地条件自然生产的品种，认证机构可以允许使用非自然生产的繁殖方法，如鱼卵的孵化。引入的生物应该来自有机系统，并且引入的常规水产生物至少有2/3生命周期的时间生活在有机系统内。不允许使用三倍体生物和转基因品种。

（7）营养　水生生物的饲料应该含有100%的有机认证的材料或者野生饲料，如果采用野生鱼类，应该遵守联合国粮农组织的“负责任的捕鱼行为方式”的要求。

如果没有以上所说的饲料，认证机构可以允许最多5%的饲料来自常规系统。

认证机构允许使用天然矿物质，限制使用人粪尿。添加剂及防腐剂规定与畜牧养殖规定相同。

(8) 收获　保证捕捞行为是按照最合适的方法进行的。对采集区域内水产品的生产数量应该保证不超过生态系统的可持续发展的产量。

(9) 活体海洋动物的运输　与畜牧养殖运输规定相同。

(10) 屠宰　同畜牧养殖屠宰规定

5. 食品加工和操作

(1) 总规定　应该防止有机食品和非有机食品的混合。除非需要进行标识或者物理意义上分开，否则有机产品和非有机产品不能在一起储藏和运输。除了储藏设施的环境温度，允许空气调节、冷却、干燥、适度调节之外，都使用乙烯气体催熟。

(2) 病虫害控制　防治措施如破坏、取消生境等，机械、物理和生物方法，使用有机农业标准附录2中的杀虫剂，禁止使用辐射。

(3) 配料、添加剂和加工助剂　100%的配料应该是有机产品。如果有机配料不能满足要求，认证机构可以允许使用非有机原料，而且定期接受检查和评估。原料不能够是基因工程产品。不允许使用矿物质（包括微量元素）、维生素或其他的成分。在食品加工过程中，微生物或常规酶可以使用，限制使用添加剂和加工助剂。

(4) 加工方法　加工方法应该主要是机械、物理和生物过程。加工的每个过程中都应该保持有机配料的质量。所选择的加工方法应该对添加剂和加工助剂的数量和种类进行限制。提取时只能够用水、乙醇、植物和动物油、醋、二氧化碳、氮和羧酸。这些材料的使用应该是食品质量级，不允许使用辐射。

(5) 包装　使用的包装材料不应该污染食品。包装的环境影响应该尽可能降低。应避免过度包装。在可能的情况下应该使用循环和再生性系统。应该使用可以生物降解的材料。

6. 标签

如果已经满足所有的标准，单一配料产品可以按“有机农产品”或类似描述标识。混合配料的产品如果产品至少95%的配料来自有机生产，产品可以标识为“有机认证”或其他类似描述，且产品应该带有认证机构的标志。如果产品大于70%，小于95%的配料来自有机生产，产品用“有机产品”来标识。“有机”字样可以按照“含有有机配料”方式明确说明有机配料的组成。可以使用说明由认证机构控制的信息，且文字应与配料比例靠近。如果产品小于70%来自有机生产，配料可以在产品配料表中说明。产品不能称为“有机”。

添加的水和盐不包括在有机配料中。转换期产品的标签应该和有机产品的标签有明显差异。多配料产品的所有原材料应该按照重量百分比的顺序予以列出。还应该明确说明哪些原材料是获得有机认证的，哪些不是。所有添加剂的名称都应该用它的全称。有机产品不能够标识为无基因工程或无基因改造，以免产生误解。对产品标识的基因工程的说明只局限于生产方法。

7. 社会公平

社会公平和社会权力是有机农业和加工的组成部分。认证机构应该保证操作者有社会公平的政策；认证机构对破坏人权的生产不能够进行认证。

（二）国家标准

从全球范围来看，欧洲、北美及日本是全球有机市场增长的重要因素，下面将以上述三个地区和国家为例，阐述有机主流国家及地区的有机标准。

1. 欧盟有机农业条例 EEC 2092/91

欧盟于 1991 年 7 月 22 日开始实施 No. 2092/91 有机农业条例，该条例是欧盟关于有机产品生产、加工、标识、标准和管理的基础性法规，共 16 章、6 个附录和 25 条修正条款。颁布标准的目的在于保护真正的有机食品生产商、加工商和交易商的利益，防止假冒产品，促进有机农业的健康发展；促进消费需求，保护消费者利益；建立严格有序的有机生产体系，制定所有介入者都必须遵循的有机食品加工标准；建立公平、独立的监控和认证体系，所有有机产品或相关产品必须获得认证；制定相应的标签规定，促进新市场的形成，以培养新型有机食品生产商。虽然这不是世界上第一个有机农业法规，但这是至今为止实施最成功的一个法规。该法规对有机食品有着明确的法律定义，对欧洲成为世界上最大的有机食品市场起到了积极的作用。

欧盟新有机农业法规从 2009 年 1 月 1 日起生效，以此取代自 1991 年生效并促进了有机农业蓬勃发展的旧的欧盟有机法规 EC Nr. 2092/91。新的有机法由多个法规文件构成。法规 EC Nr. 834/2007 是有机生产和有机产品标识的基本要求，法规 EC Nr. 899/2008 是有机生产、有机产品标识和有机认证检查的实施细则，法规 EG Nr. 1235/2008 规范了如何从第三国进口有机食品。

2. 美国有机农业法规

1980 年后，美国联邦农业政策开始支持有机农业，组织推广有机农业。美国在联邦法制定以前，全美已经有 28 个州实行“有机食品法”，其中以俄勒冈州最早制定，在 1974 年就开始实行。美国联邦于 1990 年制定国家“有机食品生产法”，而且根据该法要求于 1991 年设立了国家有机标准局，负责制定有机认证标准，但是公众经过漫长的等待，在 1997 年 12 月 16 日才见到该标准的草案，经过反复的讨论，终于在 2000 年 12 月 21 日在《联邦注册》上发布了最终标准，并将于 2002 年 10 月正式生效。

3. 日本有机农业法规

日本是世界上创办有机农业最早的国家之一。早在 1935 年就有冈田茂吉先生提倡自然农法，并于 1953 年成立自然农法普及会。日本政府很早开始关注农业可持续发展，1984年颁布的“地方促进法”，虽然是为了增加耕地生产力和稳定农业经营而建立的，但其中主张利用堆肥来改良土壤，也与有机农业有关。1987年日本政府公布了自然农业技术的推广纲要，逐渐将自然农业的开发、生产和推广纳入法规管理轨道，1992年日本农林水产省制定了《有机农产品蔬菜、水果特别表示准则》和《有机农产品生产管理要点》，并于1992年将有机农业生产方式纳入保护环境型农业政策，2001年，日本农林水产省基于修正的JAS法规，制定了有机农产品及有机加工品的JAS规格。此外，JAS法规特别规定了对有机食品小包装业者和进口有机农产品的认证标准。

4. 中国有机标准

2002年11月1日《中华人民共和国认证认可条例》的正式颁布实施，有机产品（食品）认证工作由国务院授权的国家认证认可监督管理委员会统一管理，进入规范化阶段。国家认监委于2003年组织有关部门进行“有机产品国家标准的制定”以及“有机产品认证管理办法”的起草工作，并于2005年4月1日实施。2012年3月1日，修订完成的新版标准开始实施，标准号为GB/T 19630—2011。新版有机标准与2005版有机标准相比，除在“引言”部分增加对有机农业四大基本原则，即“健康的原则、生态学的原则、公平的原则和关爱的原则”的论述外，其主体结构并未发生根本性的变化。新版标准在内容方面最大的变化是对有机生产中允许使用的投入物做出了更加明确的规定。

该国家标准的标准号为GB/T 19630，标准分为4个部分，即GB/T 19630.1《有机产品第1部分：生产》（包括作物种植、畜禽养殖、水产养殖、蜜蜂和蜂产品4个内容，作物种植中又附加了食用菌栽培和野生植物采集的内容）、GB/T 19630.2《有机产品第2部分：加工》、GB/T 19630.3《有机产品第3部分：标志与销售》以及GB/T 19630.4《有机产品第4部分：管理体系》，将管理体系单列为国家标准的一个部分，这在国际上还属于第1次，表明了有机产品认证中管理体系的重要性。国家标准的发布和实施是我国有机产品事业的一个里程碑，标志着我国有机产品事业又走上了一个规范化的新台阶。

第三节 有机农业检查与认证

有机农业认证就是由认证机构根据认证标准在对有机生产或加工企业进行实地检查之后，对符合认证标准的产品颁发证明的过程。未经过有机认证的产品，不能称为有机食品，也不得使用任何有机产品标志。只有获得认证的产品方可粘贴认证机构的有机产品标志，所以当消费者看到贴着有机标志的产品时就知道确实是有机产品，而且从标志上可以看出是由哪家认证机构认证的。因此认证本身就是一个质量控制过程，而且是其中关键的一环；认证机构则是有机食品质量控制体系的一个重要组成部分。

有机农业认证通常在有机食品生产和销售中起着非常重要的作用，它是保持有机市场健康的基础。这在我们现代工业化社会中更是如此，越来越长的、复杂的加工、分配和销售链条逐渐地使消费者与食物生产相分离。消费者选择从一个现代零售商店购买有机食品或饮料，必须是建立在销售的产品是真正有机的认识与信心的基础上。

有机农业的检查和认证是有机产品质量保证的重要环节，其基本程序如图 10-4 所示。

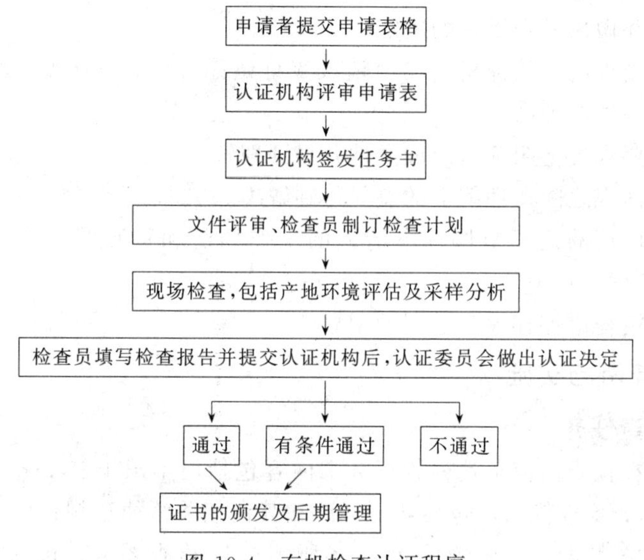

图 10-4　有机检查认证程序

（一）认证机构应要求申请人提交的文件资料

(1) 申请人的合法经营资质文件，如土地使用证、营业执照、租赁合同等；当申请人不是有机产品的直接生产或加工者时，申请人还需要提交与各方签订的书面合同。

(2) 申请人及有机生产、加工的基本情况，包括申请人/生产者名称、地址、联系方式、产地（基地）/加工场所的名称、产地（基地）/加工场所情况；过去三年间的生产历史，包括对农事、病虫草害防治、投入物使用及收获情况的描述；生产、加工规模，包括品种、面积、产量、加工量等描述；申请和获得其他有机产品认证情况。

(3) 产地（基地）区域范围描述，包括地理位置图、地块分布图、地块图、面积、缓冲带，周围临近地块的使用情况的说明等；加工场所周边环境描述、厂区平面图、工艺流程图等。

（4）申请认证的有机产品生产、加工、销售计划，包括品种、面积、预计产量、加工产品品种、预计加工量、销售产品品种和计划销售量、销售去向等。

（5）产地（基地）、加工场所有关环境质量的证明材料。

（6）有关专业技术和管理人员的资质证明材料。

（7）保证执行有机产品标准的声明。

（8）有机生产、加工的管理体系文件。

（9）其他相关材料。

（二）评审申请表

（1）认证机构应当自收到申请人书面申请之日起10个工作日内，完成对申请材料的评审，并做出是否受理的决定。

（2）同意受理的，认证机构与申请人签订认证合同；不予受理的，应当书面通知申请人，并说明理由。

（3）认证要求规定明确、形成文件并得到理解。

（4）和申请人之间在理解上的差异得到解决。

（5）对于申请的认证范围、申请人的工作场所和特殊要求有能力开展认证服务。

（6）认证机构应保存评审过程的记录。

（三）检查准备与实施

1. 下达检查任务

认证机构在检查前应下达检查任务书内容包括但不限于：a. 申请人的联系方式、地址等；b. 检查依据，包括认证标准和其他相关法律法规；c. 检查范围，包括检查产品种类和产地（基地）、加工场所等；d. 检查要点，包括管理体系、追踪体系和投入物的使用等；对于上一年度获得认证的单位或者个人，本次认证应侧重于检查认证机构提出的整改要求的执行情况等；e. 认证机构根据检查类别，委派具有相应资质和能力的检查员，并应征得申请人同意，但申请人不得指定检查员；对同一申请人或生产者/加工者不能连续3年或3年以上委派同一检查员实施检查。

2. 文件评审

认证机构在现场检查前，应对申请人/生产者的管理体系等文件进行评审，确定其适宜性和充分性及与标准的符合性，并保存评审记录。

3. 检查计划

（1）认证机构应制订检查计划并在现场检查前与申请人进行确认。检查计划应包括：检查依据、检查内容、访谈人员、检查场所及时间安排等。

（2）检查的时间应当安排在申请认证的产品生产过程的适当阶段，在生长期、产品加工期间至少需进行一次检查；对于产地（基地）的首次检查，检查范围应不少于2/3的生产活动范围。对于多农户参加的有机生产，访问的农户数不少于农户总数的平方根。

4. 检查实施

根据认证依据标准的要求对申请人的管理体系进行评估，核实生产、加工过程与申请人按照《有机产品 第4部分：管理体系》4.1.2条款所提交的文件的一致性，确认生产、加工过程与认证依据标准的符合性。检查过程至少应包括：a. 对生产地块、加工、储藏场所等的检查；b. 对生产管理人员、内部检查人员、生产者的访谈；c. 对GB/T 19630.4：《有机产品 第4部分：管理体系》4.2.6条款所规定的生产、加工记录的检查；d. 对追踪体系的评价；e. 对内部检查和持续改进的评估；f. 对产地环境质量状况及其对有机生产可能产生污染的风险的确认和评估；g. 必要时，对样品采集与分析；h. 适用时，对上一年度认证机构提出的整改要求执行情况进行的检查；i. 检查员在结束检查前，对检查情况的总结；明确存在的问题，并进行确认；允许被检查方对存在的问题进行说明。

5. 产地环境质量状况的评估和确认

（1）认证机构在实施检查时应确保产地（基地）的环境质量状况符合GB/T 19630《有机产品》规定的要求。

（2）当申请人不能提供对于产地环境质量状况有效的监测报告（证明），认证机构无法确定产地环境质量是否符合GB/T 19630《有机产品》规定的要求时，认证机构应要求申请人委托有资质的监测机构对产地环境质量进行监测并提供有效的监测报告（证明）。

6. 样品采集与分析

（1）认证机构应按照相应的国家标准，制定样品采集与分析程序（包括残留物和转基因分析等）。

（2）如果检查员怀疑申请人使用了认证标准中禁止使用的物质，或者产地环境、产品可能受到污染等情况，应在现场采集样品。

（3）采集的样品应交给具有相关资质的检测机构进行分析。

7. 检查报告

（1）检查报告应采用认证机构规定的格式。

（2）检查报告和检查记录等书面文件应提供充分的信息以使认证机构有能力做出客观的认证决定。

（3）检查报告应含有风险评估和检查员对生产者的生产、加工活动与认证标准的符合性判断，对检查过程中收集的信息和不符合项的说明等相关方面进行描述。

（4）检查员应对申请人/生产者执行标准的总体情况做出评价，但不应对申请认证的产地（基地）/加工者、产品是否通过认证做出书面结论。

（5）检查报告应得到申请人的书面确认。

8. 认证决定

（1）当生产过程检查完成后，认证机构根据认证过程中收集的所有信息进行评价，做出认证决定并及时通知申请人。

（2）申请人/生产者符合下列条件之一，予以批准认证。

生产活动及管理体系符合认证标准的要求。

生产活动、管理体系及其他相关信息不完全符合认证标准的要求，认证机构应提出整改要求，申请人已经在规定的期限内完成整改、或已经提交整改措施并有能力在规定的期限内完成整改以满足认证要求的，认证机构经过验证后可批准认证。

（3）申请人/生产者的生产活动存在以下情况之一，不予批准认证：a. 未建立管理体系，或建立的管理体系未有效实施；b. 使用禁用物质；c. 生产过程不具有可追溯性；d. 未按照认证机构规定的时间完成整改、或提交整改措施；所提交的整改措施未满足认证要求；e. 其他严重不符合有机标准要求的事项。

（4）认证机构应对批准认证的申请人及时颁发认证证书，准许其使用认证标志/标识。

（5）认证机构应当与获得认证的单位或者个人签订有机产品标志/标识使用合同，明确标志/标识使用的条件和要求。

9. 认证后管理

（1）认证机构应对获得认证的单位或个人、产品采取有效的管理措施，必要时实施未通知检查，以保证持续符合认证要求。

（2）认证机构应对获证产品的标志使用情况进行跟踪管理，确保使用有机标志/标识的产品与认证证书规定范围一致（包括标志的数量）。

（3）认证机构应及时获得有关变更的信息，并采取适当的措施进行管理，以确保获得认证的单位或个人符合认证的要求。

（4）违反《有机产品认证管理办法》第二十七条的规定，认证机构应及时撤销或暂停其认证证书，要求其停止使用认证标志/标识，并对外公布。

10. 认证证书、标志和标识

（1）认证机构应当采用国家认监委规定的有机产品认证证书和有机转换产品认证证书的基本格式。

（2）认证证书的内容应当根据认证和被认可的实际情况如实填写依据的标准、认证类别和使用认可标志。

（3）认证机构应当按照《认证证书和认证标志管理办法》和《有机产品认证管理办法》的规定使用国家有机产品标志、国家有机转换产品标志和认证机构的标识。

（4）认证机构自行制定的认证标志应当报国家认监委备案。

11. 认证收费

认证机构按照国家计委、国家质量技术监督局《关于印发产品质量认证收费管理办法和收费标准的通知》（计价格［1999］1610号）有关规定收取。

第四节 有机农业质量管理体系的建立与运行

中国有机农业经过了十多年的发展，生产规模和国际市场开拓取得了显著成绩。但是应该看到，目前大部分的有机生产企业和生产基地还处在比较“原始”的阶段，主要表现为把有机农业简单理解成“不使用化肥、农药”；先进实用的有机农业传统技术不能在有机生产中推广应用；不知道什么生产资料可以用，什么不可以用；对于质量管理体系还停留在概念认识阶段，根本不知道如何建立和实施完整有效的质量管理体系。目前，发达国家（包括欧盟、日本和美国）的有机农业管理和认证体系的发展趋势是朝质量标准化方向发展，中国在2005年发布实施的有机农业标准中就明确提出在有机农业中必须建立质量管理体系，全面理解有机生产质量管理体系的要求，对于帮助我国有机生产企业的质量管理提升以及检查认证具有极其重要的意义。

一、建立有机农业质量管理体系的意义

有机食品系指来自于有机农业生产体系，根据有机农业生产的规范生产加工，并经独立的认证机构认证的农产品及其加工产品。有机食品从表观上很难与常规产品相区分，因此如何来证明某种食品是真正的有机食品就要求生产企业建立起对有机生产全过程进行质量控制的有效体系。

在各国的有机农业标准中都对质量控制系统提出了明确的要求，在欧盟标准中的单元描述，美国有机农业条例中的205.201、205.400、205.401条款，日本JAS法（农林水产省令-技术标准，1830，1831，1832，1833）以及中国有机产品标准GB/T 19630.4中专门规定：有机产品生产、加工、经营过程中应建立和维护管理体系。根据有机操作正确建立和维护质量控制体系是有机认证的强制性的要求。只有建立专门的内部质量管理机构，才能充分保证基地的生产完全符合有机农业的标准，保证有机产品在收获、加工、储存、运输和销售各个环节不被混淆和污染。

有机食品贸易具有复杂性，它具有多环节、跨地区、消费者与生产者不直接贸易等特点，同时有机农业生产方式也有它的特殊性，主要表现在强调生产过程

的控制和有机系统的建立，因此需要有一套完整的体系来保证有机食品的质量。建立内部质量控制体系，可以规范生产过程，确保人员遵守产品生产的要求，从而保证整个生产过程符合有机生产过程；内部质量管理体系的建立还可以明确组织内部的各自分工，保障各方权宜，在出现纠纷时有效解决问题；内部质量管理体系的建立可以有效地组织企业内部资源，提高生产效率和经济效益，但在内部质量管理体系建立初期，由于要建立健全这样一套体系，需要投入一些人力与物力，这样会增加企业内部费用，但从企业的长远考虑，费用的增加是暂时的，有效地组织和高的生产效率会大大提高经济效益。

二、有机农业的外部质量控制

根据有机食品的定义，未经过有机认证的产品，不能称为有机食品，也不得使用任何有机产品标志。只有获得认证的产品方可粘贴有机产品标志，所以当消费者看到贴着有机标志的产品时，就知道确实是有机产品，并且从标志上可以看出是由哪家认证机构认证的。因此认证本身就是一个质量控制过程，而且是其中关键的一环。

外部质量控制就是通过独立的第三方即由相关有机食品认证机构，派遣检查员对有机生产、加工基地及操作过程进行（通知或未通知的）实地检查，审核企业的生产过程是否符合有机农业生产的标准。检查员主要通过两方面的情况作为判断的依据：一方面通过地头田间实地考察和同生产者直接交流，了解生产者是否了解有机农业生产、加工的基本知识，同时检查生产者是否使用有机农业的违禁物；另一方面，通过审阅操作者所建立的内部质量控制体系是否健全，并通过实地考察及与管理人员和生产者进行交谈了解其内部质量控制体系的运行情况，并评价其有效性。对符合标准和认证要求者，颁发有机生产、加工证书和发放标志允许使用证明，在销售过程中通过销售证的发放控制产品销售量，保证销售与生产的量相吻合。消费者购买的产品一旦出现质量问题，即可以从产品的有机认证标志追踪到认证机构，认证机构通过产品的批号和相应的文档记录一直追查到生产的地块与生产者。

三、有机农业内部质量控制体系的建立

有机农业内部质量控制体系就是对有机食品生产、加工、贸易、服务等各个环节进行规范约束的一整套的管理系统和文件，它为消费者提供从土地到餐桌的质量保证，维护消费者对有机食品的信任。有机生产、加工、经营管理体系应形成系列文件并加以实施与保持；这些文件主要包括：a. 生产基地或加工、经营场所的位置图（包括组织管理体系）；b. 有机生产、加工、经营的质量管理手册；c. 有机生产、加工经营的操作规程；d. 有机生产、加工、经营的系统记录。内部质量控制是为了达到有机标准和外部质量控制的要求。

1. 组织管理体系

组织管理体系是内部质量控制体系的一个必要组成部分。有机农业要设立专门的质量管理部门或指定专人负责质量控制工作，并根据自身特点制定详细的质量管理规章制度及质量控制手册。明确生产过程中管理者、内部检查员以及其他相关人员的责任和权限；构建组织图和规程等。在中国有机标准 GB/T 19630.4 中专门规定：有机产品生产、加工者不仅应具备与有机生产、加工规模技术相适应的资源，而且应具备符合运作要求的人力资源并进行培训和保持相关的记录。在组织管理体系中至少应明确有机生产、加工的管理者及内部检查员并具备表 10-2 中所列出的条件。

表 10-2　有机产品生产、加工的管理者与内部检查员应具备的条件

有机产品生产、加工的管理者	内部检查员
本单位的主要负责人之一	了解国家相关的法律、法规及相关要求
了解国家相关的法律、法规及相关要求	相对独立于被检查对象
了解 GB/T 19630.1～GB/T 19630.4 的要求	熟悉并掌握 GB/T 19630.1～GB/T 19630.4 的要求
具备农业生产和（或）加工的技术知识或经验	具备农业生产和（或）加工的技术知识或经验
熟悉本单位的有机生产、加工管理体系及生产和（或）加工过程	熟悉本单位的有机生产、加工管理体系及生产和（或）加工过程

种植过程中包括从事有机农产品生产的人员名单，生产管理及检查员的组织图，生产管理执行者的姓名及资格，内部检查员的姓名及资格，农场、田地、加工设施等地图，农场、田地、加工设施等的面积和配置地图，内部检查的组织图。加工过程包括品质管理责任者、分装责任者、接受保管责任者的责任和权限（管理体系的设计和推进、异常情况的对策）；达标执行者的责任和权限；组织图、规程等。

2. 质量管理手册

质量管理手册是阐述企业质量管理方针目标、质量体系和质量活动的纲领指导性文件，对质量管理体系做出了恰当的描述，是质量体系建立和实施中所应用的主要文件，即是质量管理体系运行中长期遵循的文件。除了中国有机标准有明确规定外，欧盟、美国和日本有机标准虽然对质量管理手册没有明确规定，但标准中所规定的文件类型和内容都相当于质量管理手册和规程/作业指导书。比如美国 NOP 标准的 205.201 规定的“有机生产和经营体系计划”，欧盟 2092/91 的单元描述等。质量保证手册的主要内容包括：a. 企业概况；b. 开始有机食品生产的原因、生产管理措施；c. 企业的质量方针；d. 企业的目标质量计划；e. 为了有机农业的可持续发展，促进土地管理的措施；f. 生产过程管理人员、内部检查员以及其他相关人员的责任和权限；g. 组织机构图、企业章程等。

3. 内部规程

建立内部规程，是为了将《质量管理手册》中管理方针的程序和方法的文件具体化。内部规程必须经过组织内部的共同讨论通过并切实地实行。另外，为了确保农产品能够符合有机标准，在规程中要注明禁用物质和避免混淆的特别注意事项。

种植/养殖业和加工的内部规程都应含有：不满意见处理规程和与认证机构沟通与接受检查的规程；文件和记录的制定与管理规程；内部检查的规程；合约/合同的制订与实施规程；培训与教育的规程。另外，种植/养殖业的内部规程还包括：年度栽培/养殖计划；各种作物的栽培/养殖规程；机械及器具类的修整、清扫规程；产品批号的制订和使用规程；收获后的各道工序的规程；出货规程等。加工内部规程还包括：年生产加工计划的制订规程；原材料的接受、保管规程；加工或分装、保管规程（含原料使用比例）；机械及设备的使用、修整、清扫规程；产品批号制订与使用规程；出货方式及规程；卫生与清洁规程；不同意见处理规程；向认证机构报告及接受监察的规程等。

4. 文档记录体系

由于时间和经费的限制，检查认证机构不可能一年四季住在农场观察生产的全过程，这就需要生产者将其生产活动以文字资料的形式根据相关认证机构标准记录下来，作为从事有机生产的证据，同时也使生产出来的产品有可追溯性。文档记录是获得认证的必要条件，有机农业生产基地必须建立文档记录体系。生产管理记录、出货记录、生产加工记录、原料到货记录、仓库保管记录等各种记录和票据必须是可以追踪调查的。一旦出现问题可以追查到具体的责任人，这是强化管理和提高产品品质的有效手段。

文档记录的格式因具体情况不同而有很大差别，没有适合所有农场条件的统一格式，农场必须根据自身特点设计。设计中要把握的原则，就是可追溯性和便于检查员的核查，能够再现整个生产过程。文档记录要保存时间 3 年或 5 年以上（根据不同标准的要求）。质量追踪系统是文档资料的综合体系，可以证明有机产品从生产到储藏、运输、加工、分装、货运和销售的整个有机操作的完整性和可追踪性。

四、有机农业内部质量控制——内部检查

在小农户的有机生产方式中，内部检查是进行质量控制的非常重要手段。根据 GB/T 19630.4 的规定有机生产企业应建立内部检查制度，以保证有机生产、加工管理体系及生产过程符合 GB/T 19630.1～GB/T 19630.3 的要求。内部检查应由内部检查员来承担，不参与生产、销售，负责质量管理人员，不得对自己进行内部检查（自己可以是农户或者从事技术指导），内部检查员应具有一定的教育水平和农业实践经验，并参加了有机农业的相关培训，熟悉有机农

业标准。内部检查员的职责包括：a. 配合认证机构的检查和认证；b. 对照本部分，对本企业的质量管理体系进行检查，并对违反本部分的内容提出修改意见；c. 对本企业追踪体系的全过程确认和签字；d. 向认证机构提供内部检查报告。

根据受教育水平、农业实践经验经培训后确定合适的内部检查员，在整个有机操作过程中完成对实地/实物的检查。要在一个生产周期内对100%的地块、农户和其他生产、加工场所进行全部检查，包括常规生产地块、生产加工使用的所有材料。每年对所有地块和农户的检查次数至少一次。内部检查的内容包括：田块的历史，使用的生产资料，使用品种和种子，灌溉，工具，在所有生产、加工和运输环节常规产品与有机产品的隔离情况。

对每次检查要编写内部检查报告，内容应包括基本信息（农户、田块、作物、品种、种子、机械、肥料、农药等）、检查发现的不符合项、针对不符合项提出的改进意见和期限、改进措施的落实情况等。

所有有机操作都有相应的规程作为依据，并有专门的执行人和监督人，并将所有有机活动都进行详细的记录，以文件的形式体现出来，这样就可以有效地保证有机农业的顺利进行。生产者每年都应根据销售情况、客户要求等不断改进种植、养殖、加工目标和计划，并以书面的形式通知农户，将变化内容和理由填写提交给农场或加工厂的有机管理办公室。

五、有机农业内部质量控制体系的保持与改进

在有机质量管理体系运行过程中，应利用纠正和预防措施，持续改进其有机生产和加工管理体系的有效性，促进有机生产和加工的健康发展，以消除不符合或潜在不符合有机生产、加工的因素。有机生产和加工者应：a. 确定不符合的原因；b. 评价确保不符合不再发生的措施的需求；c. 确定和实施所需的措施；d. 记录所采取措施的结果；e. 评审所采取的纠正或预防措施。

同时还应对本企业参与有机生产经营活动的所有成员进行的必要的教育和培训规程。邀请有机农业专家或专门从事有机农业研究的人员首先对基地的管理干部进行有机农业原理、标准、市场和发展概况的培训，使之从宏观上了解和认识有机农业。另外还要对内部检查员进行有机生产标准、有机生产技术、内部检查方法和技术、内部检查文件记录方法、内部质量改进措施等方面培训，使之掌握有机农业生产技术的基本原理和方法，培训工作可根据种植作物的种类和地域分不同的专业进行。对直接从事有机农业生产者进行实际操作技能的培训也是必要的。培训以实用技术和解决问题为主，如有机生产标准（品种、肥料、农药）、有机生产/加工方法和程序、生产记录的方法、质量管理的规定等，关键在于提高实际操作能力。

思 考 题

1. 有机农业检查和认证目的及特点是什么？
2. 有机农业的认证程序是什么？
3. 为什么生产企业要建立有机管理体系？
4. 有机农业内部质量控制体系包括哪些内容？

参 考 文 献

[1] 董杰等．我国有机农业发展趋势探讨．中国生态农业学报，2005，13（3）：32-34.
[2] 国家质量监督检验检疫总局，国家标准化管理委员会．有机产品国家标准 GB/T 19630.1～GB/T 19630.4—2011. 北京：中国标准出版社，2011.
[3] 马世铭等．世界有机农业发展的历史回顾与发展动态．中国农业科学，2004，37（10）：1510-1516.
[4] 孟凡乔等．有机农业概论．北京：中国农业出版社，2005.
[5] 席运官，钦佩．有机农业生产基地建设的理论与方法探析．中国生态农业学报，2005，13（1）：19-22.

第十一章 有机食品的销售与贸易

有机食品的销售与贸易，是有机产品到达消费者手中之前的最后一个环节。这个环节将众多的利益相关者联系在一起，其关系错综复杂。特别是在全球化的今天，其贸易过程加进了很多国家利益的考虑，使其环节变得更多烦琐。对于从事有机农业的相关人员来说，这是一个难度最大的环节。对于一个企业管理者来说，这是一个必须掌握的有关政策与法律的环节，是企业生存的基础。

国内的有机产品市场走上真正规范化和健康持续发展道路需要认证监管、质检和厂商管理、卫生、环保、农业等部门的共同合作，各机构在规范有机产品市场和保障有机产品质量等方面发挥各自的职能。此外，还应经常跟踪国际动态，学习先进国家在有机产品市场管理方面的经验。通过不断摸索、不断实践、不断改进，把中国的有机产品市场建设好。

第一节 有机食品消费及其销售途径

一、有机食品消费

随着社会的发展，人们生活水平与生活质量逐步地提高以及环境保护意识的增强，人们的消费方式、价值观念、消费心理和消费行为都发生了变化，在基本解决温饱问题的基础上对日常生活中的食品也就提出了新的要求。食品安全问题，已经成为社会广泛关注的话题，这对有机食品产业强劲发展提供了一个外部较好的条件，人们对无污染、安全、高品质农产品的需求日益增长，甚至有些团体提出了“有机消费主义”，为国际市场带来了有机消费热。有机食品在未来将越来越多地成为人们的食品消费目标。

1. 消费者对有机食品的消费趋向

有机农业的产生和发展为有机消费提供了广阔的市场，有机食品的品质、卫生条件及对环境的影响恰好符合有机消费者的消费心理。在国际市场上，有机产品标志是取得消费者信任和竞争优势的主要条件。为了满足消费者的有机消费需求，各生产企业必须进行有机产品设计与开发，创造一流产品，只有这样才能占领市场，赢得消费者。

各个国家对消费者做了各种相关调查，消费者都表现出对有机和有机产品有极大的热情和兴趣。已有的调查表明，67%的荷兰人和82%的德国人在购物时会考虑环境污染的因素；英国的购物者大约有半数会根据对环境和健康是否有利来选择商品；对瑞典的消费者调查发现，他们都非常乐意购买有机食品。一小部分（>5%）消费者表示在有机食品价格偏高及来货渠道不多的情况下也愿意购买有机食品，大部分消费者（>50%）认为如果有机食品质量好、容易买到并且价格合理（>5%～10%），他们会购买有机食品，25%的人经常购买有机食品，66%的人有时候购买。

由罗代尔有机出版社进行的调查表明，如果和常规食品加工相同，美国有87%的购物者愿意购买有机食品。研究还发现，每3个美国人中，有1个在过去1年间曾经消费过有机食品，41%的还愿意继续消费。美国民意调查表明：全国31%的调查者表示他们在一个月中至少一次或两次去购买有机食品，23%的消费者每周两次或更经常消费有机食品（1990年只有18%），85%的人强烈支持国家对有机食品使用统一的标准和标志，43%的调查者在第一次购买有机食品时要花费一些时间来查看有机食品标志，46%的美国消费者对购买有机食品非常感兴趣。在日本对家庭主妇的调查中，91.6%的消费者对有机农产品感兴趣。由此可见国际的有机农产品的消费观念已经形成了。

有机农产品的无污染、安全特性迎合了保护环境和合理利用资源的绿色浪潮，国内消费者对有机农产品也表现出了很大的热情。有人统计，在北京和上海等地，有近79%～84%的消费者有购买有机食品的意向。另有调查表明，目前已有82.3%的消费者希望或很希望能够消费到有机食品，其中有65%的消费者表示曾经购买过有机食品。近几年来在北京、上海、广州等地举行的有机食品展览会所受到的空前欢迎有力地说明了有机农产品在我国的市场潜力。

2. 有机食品消费的主要群体

随着经济的迅速发展和人们对食品污染问题的普遍关心，消费有机食品的人群越来越多，目前，主要集中在以下消费群体中。

① 收入较高、经济条件比较富裕阶层：此类消费者由于有较好的经济基础，他们愿为得到纯天然、无污染的优质食品而付出较高的价格。

② 受教育程度较高的知识阶层，这部分人群已认识到现代常规农业对环境和食品带来的问题，特别需要安全、健康的食品，因此成为有机农产品的较为稳定的消费群体。

③ 受过良好教育的女性是购买有机食品的最热心人群，她们为了家庭和孩子

的健康而宁愿购买无污染的健康食品，因此目前婴幼儿是消费有机食品的主要对象。

④ 年轻人越来越成为消费有机和有机食品的主体。据调查，购买有机食品的人群中年龄在18～29岁之间的人占31%；他们受回归自然的思想的影响，他们在消费方面较少考虑价格而更关注食品本身。他们更加倾向于关心自己的健康、舒适。

3. 消费者消费有机食品的原因

当前，消费市场对有机食品的需求增加成为有机食品发展的主要动力。消费者在购买有机食品有各种各样的原因，总结起来有以下几点（表11-1）。

表11-1 消费者购买有机食品的主要原因

健康原因	对自己和家庭更健康更安全	环境原因	保护野生动物
	品质好、新鲜、口味好		可持续的生产方法
	对常规产品的不信任	伦理原因	动物福利
			支持当地小农户生产者

（1）健康原因 80%的美国人把对人体健康有益作为购买有机食品的首要标准。他们认为，此类食品对自身和家人更健康和安全，并且有机食品一般品质好、口味更好、更新鲜，而常规食品由于在生产和加工过程中使用了农药、食品添加剂等而使消费者对此已失去信任，并认为其产品会危害到人体健康。对身体状况的关心和对目前食品污染比较严重的担忧增加了对有机食品的消费需求。

（2）环境原因 对于这一点，67%的美国人认为购买有机食品的主要原因会对环境有益。他们相信使用有机方法进行生产可以保护野生动物，整个生产过程对环境友好，有利于环境保护。最近，由国际著名调查机构盖洛普Gallup公司进行的调查表明，87%的被调查者认为常规农业方式由于使用过多的化学品正毒害土地，75%的人认为政府应采取措施减少化学肥料和农药的使用，66%的人愿意为对环境有益的产品花更多的钱。

（3）伦理原因 欧盟一些国家的部分消费者在购买有机食品时还考虑到伦理道德，他们特别注意到动物的福利问题，通常情况下更愿意购买在放养状态下生产出的动物产品，如蛋、奶制品等；同时这些消费者为了保护一些小农户的利益而积极地购买他们的产品，从而可以使这些农户的有机生产能够持续下去。

二、有机食品的销售途径

有机食品在市场上的流通，需各种渠道，多种多样的贸易形式会促进有机食品的消费。

1. 直销形式

消费者也可直接从农场或有机产品集市购买有机食品或通过分送组织送货上门获得有机食品，但不通过市场环节。当地生产商可通过在农场设的“农产品商店”直接销售其产品，也可在每周一次的农产品集市出售，直销方式的代表形式有：德国的“星期集市（每周一次）”；日本的Teikei形式；美国的“社区支持型农业”（community support agriculture）。在德国，农户直销形式占有机食品市场份额的20%。1/3的有机水果、蔬菜和家禽通过农户市场直接销售。粮食、牛奶和牛肉，直销较少见。直销市场已经饱和，要想扩展这一营销途径，几乎不可能。

采取这种形式的原因主要是考虑：a. 保证有机食品的可信度，防止假冒产品；b. 减少中间环节，降低食品污染的可能性；c. 降低食品的运输、储藏费用，价格也比专卖店的低很多；d. 建立生产者、消费者对生态环境真正的保护意识；e. 建立生产者与消费者之间的合作伙伴关系，体现有机农业改善人类生活各方面的作用。

这种直销形式也有一定的局限性，表现为：a. 只能限于生产地区的附近居民消费，销售面小；b. 较适用于新鲜蔬菜、水果等产品的销售；c. 受气候、交通等诸多因素干扰。

2. 天然食品商店

天然食品店目前仍是有机食品的主要销售渠道，这类销售方式有以下几个主要特点。

（1）起步较早，发展比较迅速，在有机食品的零售业中仍占主导地位

欧洲第一批天然食品店于20世纪70年代初出现，最初是为消费者提供个性化产品选择，而并非像今天这样更强调产品是否有机方式生产。在美国，早期的有机食品如许多新鲜的食品和全营养食品的销售，都是通过食品合作社这种形式进行零售。

天然食品商店的数目在20世纪80年代发展迅速，据1991年统计，德国有2000家，英国1600家，荷兰400家，丹麦100家（丹麦有机食品销售以超市为主）。荷兰和德国以天然食品店占据主导地位。而在美国大多数地区多年来是有机食品零售的唯一渠道。许多小型的合作社至今仍像20世纪70～80年代那样操作，通过小型商店，批量销售各种有机食品。目前做得比较好的有机商店有Natural House（30家）、Anew Store Chains（50家）、Mother's Store（8家）、Kinokunya（8家）、Natural Lawson（7Eleven）、Natural Mart。德国超市和天然食品商店的有机食品见图11-1。

（2）有一定的组织性，制定相应的标准以控制有机食品的质量

不管在欧洲还是美国这些天然食品商店通过成立协会等形式有组织地进行培训和推销有机食品，并在有机标准的建立、社会公正和食品安全诸方面都做出了贡献。如德国的Bundesverband Naturkost Naturnaren e. v.（BNN）是生产商、批发商和零售商联合会，有550家会员。该联合会的天然食品零售商努力根据BNN制定的质量标准采购货物，要求按有机食品的标准加工食品，包装必须对环保有利，倾向于可回收利用的包装物等。经常检查其会员所售产品质量；1993年

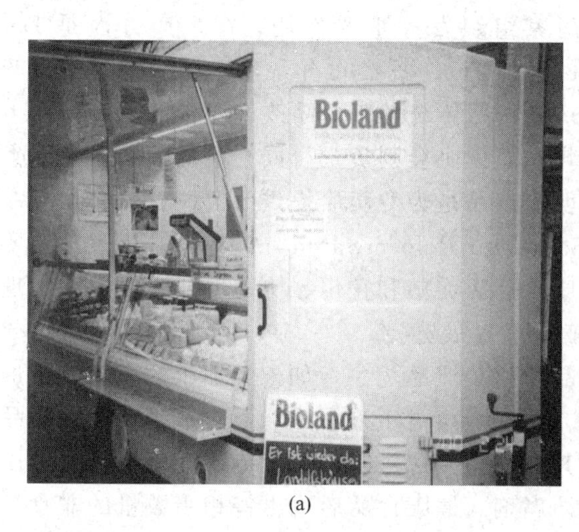

(a)

(b)

图 11-1　德国超市和天然食品商店的有机食品

10 月还将其天然食品和天然产品商标注册，只允许其会员店使用其标志以确保产品高质量的声誉。BNN 还协助其会员开展促销活动。

欧洲天然食品店主要出售下列产品：新鲜食品，包括面包、糕点、水果、蔬菜、奶制品、肉类、香肠等；加工食品，包括坚果、籽类、干果、食用油、糖果、香料、饮料、茶叶、咖啡、可可等；非食品类产品，包括化妆品、医药品、家用清洁品、书籍、服装、鞋类、木制品、涂料等。

在中国，从 2000 年以后陆续出现了一些有机食品专卖商店，他们多有自己的基地，也购买一些自己不能生产的有机产品进行销售。上海欧食多、南京普朗克、上海禾心、北京乐活城、北京蟹岛、点点绿（北京，深圳）、杭州新生态、北京德润屋、北京望康港等。上海欧食多超市以进口有机食品为主，主要面向在沪外国人，已在 2006 年 12 月暂停营业。北京第一家有机食品超市乐活城计划在上海和北京开 10 家。这些有机专卖店除了在店里销售外，还可以通过网络进行订购。

3. 传统健康食品店

有机食品另外一种十分重要的零售渠道是成百上千的传统的健康食品商店，以销售大多数的维生素和健康食品起家。德国最早的一家健康食品店建于 1887 年，此类食品店随着人们的生活改进和对健康的日益关注而不断发展。

据 1996 年 12 月的统计，德国有 1258 家传统健康食品店和 714 家设有有机食品货架的商店，东部德国各州也建立了 128 家许可销售点，在欧洲其他国家也设有传统健康食品店，英国有 1600 家、丹麦 50 家、荷兰 700 家、奥地利 85 家。在美国最大的天然食品连锁店是“全营养食品店”（WF），起始于得克萨斯奥斯汀的一家小型健康食品店。现在 WF 拥有 100 个以上大型商店，分别坐落于美国许多大城市，通过吞并部分小型的天然食品超市，其原有规模进一步增长。

在德国，健康食品贸易中有两家组织发挥重要作用，在生产方面是 Der Verbard der Reformwaren-Hersteller（VRH），据 1996 年统计，共有 87 家健康产品生产商与该组织签有合同，即生产商按照传统健康食品改进协会的质量标准生产，并将产品交传统健康食品店出售，而该协会则负责合同产品的促销，允许生产商使用该协会的注册商标，以表明该产品是为专卖店提供的健康营养食品。在零售方面 Absatzfirderung Sgesell Schaff fur Reformwaren（ASR）mbH 发挥主要作用，该组织负责为新建的传统健康食品店促销和宣传、协助现存店改进和实现现代化、培训店员。组织会员参加健康食品展览会。

传统健康食品店以销售健康食品及相关产品为主，如未经加工的麦粒、粗加工面包、辅助食品（维生素等）、减肥食品、草本化妆品和植物制成的药品和补品等。健康食品尽量减少加工处理，其有害物质含量必须符合传统健康食品改进协会的标准，不得使用人造添加剂和防腐剂。健康食品店也出售相当数量的非食品类产品。

4. 普通杂货店和超市零售渠道

20 世纪 90 年代早期，相当数量的大型常规超市开始销售一些有机农产品，但刚开始时并未成为农产品部门销售的重点。主要是因为有机食品数量有限，消费者对此不十分了解有关。大约有半数的常规超市出售部分有机食品，而且多是婴幼儿食品等。随着消费者对有机健康食品日益关注，为适应消费者的需求，常规超市经营有机食品的数量还会继续上升。目前有机食品的零售规模扩展很快，现代的天然食品超市对有机食品的销售做出了很大的贡献：他们的零售商能确保食品的好品质和优良的顾客服务，严格保证有机食品的标准及其产品按照有机耕作的方式进行生产；为顾客提供利于健康的产品及其他各种有机食品，同时也获得了丰厚的利润。

在超市这一零售渠道中，批发商起着非常重要的作用，他们按照超市标准负责保证产品质量可靠、提供预包装，并确保供货充足、交货及时。欧洲最重要的超市批发商是法国和比利时的 Cereal（Wander-Sandoz）公司，法国、意大利和比利时的 Bjorg（Distriborg）公司，荷兰、比利时和德国的 Zonnatura（Smits Reform）公司。德国经销有机食品的公司是 Tengelmann 和 Rewe。Rewe 公司不仅在出售脱水有机食品方面更加成功，还出售新鲜有机水果和蔬菜，其注册商标为“Fillhorn”和“gut&gerne”。

目前在我国大中城市也出现了销售有机产品的和一些有有机产品专柜的超市，如北京的沃尔玛、麦德龙、家乐福、华普、华润、物美等超市都出售一些新鲜水果、蔬菜和杂粮等有机食品。

5. 以互联网、电话等方式作为有机产品销售渠道

互联网时代对有机产品销售市场也带来了很大的影响，由于网上和电话销售，运营成本低，进入门槛比较低，大量的淘宝有机食品店、有机产品网站不断涌现，很多有机产品供应商建立了自己的网上销售体系。

网站在销售有机产品的同时，也在不断传播有机产品的消费理念，培育有机消费市场，更有一些厂家把网上销售和门店销售结合起来，实现线上线下的联动。纯粹的网上有机农产品营销，如果没有其他辅助手段，其发展缓慢。在目前有机农产品市场混乱、充满不信任的状况下，网上销售业务规模扩展几乎难以实现。

网上销售渠道的优势是节省门店运营成本和减少库存压力，很多网络销售者，往往只备有少量库存，需要临时采购。但其缺点是有机农产品是信任品，人们对网上和电话销售的信任度较差，在目前假有机产品泛滥的情况下，一个真正诚实的有机农产品网上销售商，在短时间内也难以得到广大消费者的认可。

6. 以团购、酒店等进行有机农产品直销渠道

由于我国存在团购消费市场，给有机农产品直销提供了巨大发展空间，团购等直销渠道成为目前中国有机农产品市场的销售渠道之一。有些有机食品生产企业的产品不需进入流通领域销售，而是依靠其所在地的团购市场。团购市场有着较高的利润和相对较少的流通和销售成本，在团购中规模较大的企业通过定制卡的形式来满足客户的需求。团购的优势在于中间环节少，批量较大，业务开展时间相对集中，运营成本低。缺点是要求供货过于集中，有机农产品多是鲜活产品，不宜长时间保存，生产难以有效安排。

中国有机餐饮行业还没有真正的开始，由于有机农产品品质和风味普遍好于常规农产品，一些高档酒店在原料上开始选择有机农产品，主要包括有机鸡蛋，有机食用油，有机牛奶、酸奶等。酒店渠道一般比较稳定，供货价格也较高，供应商利润较高，同时对产品质量要求较高，目前来说销量有限。

7. 展销会和食品博览会

除了上述提到的各种销售方式外，许多国家经常采用展销会、展览会、旅游农业等各种方式宣传有机农业和销售有机食品，提高消费者对有机食品和有机农业的认识和接受程度。由 IFOAM 支持的在德国纽伦堡举办的有机农业展览 BioFach 从 1990 年的 197 个展商增加到 2008 年的近 3000 个。自 1995 年起，在哥斯达黎加 San Jose 举办的世界有机产品展览会 BioFach 第一届就吸引了 25 个国家数百个展商。从此以后在美国、日本、中国等各个国家和地区承办的有机农产品展销会就更多了。我国也从 2000 年以后每年有 3～4 次由不同部门和展览公司举办的有机食品展览会。2007 年开始由 BioFach 与农业部合作每年 5～6 月在上海举办中国国际有机食品博览会（见图 11-2）。

图 11-2 世界上最大的有机食品展览会 BioFach 上的中国企业

三、限制有机消费的因素及促进途径

1. 限制消费者购买有机食品的因素

尽管目前有机食品的市场在不断扩大，有机食品的消费人群越来越多，但还有许多因素限制着消费者去购买有机食品。主要原因有以下几方面。

（1）价格因素　有人认为有机食品的价格太高。据调查，大多数消费者愿意购买有机农产品的价差不超过125%，其所占比例在调查总人数中占60%～70%，若价格超过同类产品的150%以上，则愿意购买者不及调查人数的20%。目前西方发达国家居民恩格尔系数（食物消费占总消费支出的比例）在20%～30%之间，消费有机食品的消费者相对较多，而我国一般家庭的恩格尔系数为60%，国内大多数消费者对有机农产品仍不具备足够的需求能力。

（2）大众认可程度不够　有的消费者认为因为没有权威机关的有力证明，对有机食品不信任，他们并不相信有机食品就意味着高质量，其中部分人认为有机食品和常规产品口味并没有什么不同。另外目前市场上的假冒伪劣商品太多，使消费者对有机农产品质量半信半疑。

（3）机食品的流通渠道不畅　有机食品专卖店和传统食品店的有机食品柜台，还不能提供全系列的产品以满足消费者的需求。在消费者常去的超级市场没有有机食品，有但货源不足或购买不到他们想要的食物品种。批发商或生产商持续、高质量供货能力有限；有机食品批发商还不具备为超市供货的技术条件。

（4）由于知名度不高，缺乏足够的信息和强有力的促销和宣传活动　人们甚至缺乏对有机和有机农产品知识的基本了解。如目前通常提到的有有机食品、绿色食品、天然食品、无污染食品、无公害食品等，此类信息在消费者中间的宣传和普及还非常有限。虽然有机农产品正在走进人们的生活，但许多人的认识仅停留在广告上。例如有人认为有机食品就是绿颜色的食品，有机食品就是有机化合物制造的食品等。另外认证机构在其中起的作用对国内消费者来说还不清楚，并且现在有众多认证机构，到底信任哪一个消费者也很迷惑。

2. 促进有机食品消费的措施

首先，通过宣传，培养面向公众的有机农产品发展观念，提高消费者的环境意识，通过生活方式的改变使消费更加环保，提高绿色消费兴趣。通过广播、电视、报纸等新闻媒介多方位、大力度进行对有机绿色食品的品牌宣传。以发展中国家印度为例，其国民对有机农产品的认知程度非常高。在印度德里的国际机场，就有消费有机农产品的宣传标语。

其次，为扩大销售量，生产应力图降低生产成本。目前，有机和绿色食品的价格偏高，如果价格降低，消费者会购买更多的绿色有机食品，在价格定位上要转向广大中、低收入的消费阶层。实际上，国内外有机农产品的发展经验表明，通过现代高新技术和传统农业技术的有机结合，绿色农产品的生产成本不一定要比常规方式种植的高。只要技术和方法得当，配套措施完备，有机农产品的产量一般不会降低，其质量还能得到提高。

再次，流通渠道需要加强。希望开拓更多的流通市场，并且在超级市场开辟专售区或专门的有机食品超市。也可在农贸市场中买到。还有包装问题，消费者希望有机食品采用大包装或不包装，这样消费者可以根据需要随意购买，如要包装，希望采用环保材质，以利于保护环境，如废除玻璃纸或难降解塑料等材料。

最后，需加强有机食品的质量管理和体制保障。在消费者保护意识日益提高的今天，有机农产品的生产者和管理者更应该珍惜现在的良好形象，采取各种措施维护和提高产品质量。表现在生产者在原料、生产、加工、运输、销售全过程中的质量保证，管理者从颁证、监督两方面进行控制。对于不符合条件的生产企业应限期改进甚至取消标志的使用权。

第二节 有机食品的国内销售和贸易

一、我国有机食品消费和市场现状

我国有机产品自 1999 年以来，一直以出口为主，国内市场正在启动，在北京、上海、南京等大中城市有有机蜂蜜、茶叶、大米、蔬菜等产品销售。根据国家认监委统计数据，2004 年中国有机产业的生产总值为 22.15 亿元，出口有机产品总值 12.39 亿元（系按国内价格计算，实际出口收入超过 2 亿美元），国内销售总额为 2.80 亿元，表明尚有超过 30％的认证有机产品未能按照有机产品价格出售。2011年我国出口创汇虽达到4亿～5亿多美元，但在国际市场的占有份额尚未达到1%，发展潜力很大。我国出口的有机产品主要包括大豆、茶叶、蔬菜、杂粮等，出口对象主要为美国、欧盟、日本、韩国和东南亚国家等。截至2013年底，有机产品产值816.8亿元人民币，经初步估算，经认证的有机产品的销售额约为200亿～300亿元人民币，占我国食品消费市场的0.29%～0.44%。

在国内经济发达地区是有机市场相对集中的区域，如北京、上海、大连、广州、深圳等，初步形成了一定规模的有机产品需求市场。但各个区域的有机产业发展各具特色。

北京和上海地区的有机发展主要以蔬菜类农产品种植为主，有机企业通过自身的独特定位，获得了市场的发展空间，实现农场内部生产的内循环，使用有机肥种植作物会得到相应的政府补贴，将旅游业和传统农业结合，创造了都市农业的新模式。

大连作为我国有机产业发展最早和比较集中区域，从有机产品生产和加工业整体看，大多数企业经营的是杂粮、豆油等农产品，附加值低，以外贸出口为主。

广州深圳已经初步形成将有机食品作为礼品和团体采购进行销售的情况，效果较好，但仅仅还是就有机做有机，缺少引导，未形成稳定的市场规模。

总体来说，有机产品的品种、数量相对较少，主要集中于大米、杂粮、蔬菜、食用油、肉制品、鸡蛋、牛奶和茶叶等产品。有机蔬菜主要来自城郊基地，以配送和超市销售为主，谷物杂粮和粮油多来自东北和西北地区，肉蛋多来自本地生产，有机茶叶、茶籽油来自华东和华南，奶主要来自新疆和内蒙古地区；国内缺乏规模优势企业或强势品牌，因此，存在较大的行业整合机会。

通过对北京市海淀区的五家大型超市有机农产品价格进行调查发现，五大超市销售的有机食品主要有七大类：大米、杂粮、肉制品、鸡蛋、牛奶、蔬菜和粮油。大多数有机食品的价格是普通食品的2～5倍，也有个别有机产品价格达到普通产品的8～10倍，如有机蔬菜，这可能是因为消费者对蔬菜的新鲜度要求较高，且蔬菜保鲜也比较困难。按照市场发展规律，有机产品的价格将随产品供应量的增加而逐渐下降到一个比较合理的水平，消费群体也将会逐渐扩大。

分析有机产品价格高的原因，主要有两个方面：一方面，是因为有机产品与常规产品相比，在生产、劳动力投入、认证管理等过程中的成本较高；有机农业是劳动密集型产业，在其产前、产中、产后等环节上均需要大量的劳动力的投入，有机生产的劳力投入通常要高于常规生产的30%～50%，甚至高出6倍左右，这无疑会增加生产劳动力的投入成本。与常规产品相比，有机产品还增加了有机认证这一项的投入，认证费每年约为2万元。另外，有机农业生产强调生产过程的控制和有机系统的建立，需要有一套完整的体系来保证有机食品的质量，在内部质量管理体系建立初期，需要投入一些人力与物力，这样会增加企业内部管理费用。有机农业的开展离不开对农民进行培训和教育。亚行研究所2006年在江西万载和婺源所做的有机调查发现，培训占到外部总投入成本（包括认证、补贴、培训、产量降低）的20%左右。

另一方面，是由于在有机生产过程中要求以生态学理论为指导，遵循自然规律进行生产，尽可能地将各种环境和食品污染风险降到最低，其产生的社会、经济特别是生态环境效益是多数人所不了解的。普通食品的价格相对较低是因为没有计算环境成本，主要是常规农业生产过程中使用化肥与农药对人类健康造成的伤害以及对环境的污染的成本。如果将这些成本计算进去，普通食品的价格会比现在高很多。

随着有机产品生产和销售规模的扩大，必将带动规模经济效益、产量和供货量的增加，众多企业的参与会引发有机产品价格的下调；同时，技术创新及种植规模的加大将降低有机食品的成本，有可能推进有机产品的普及化。

此外，有机农业的发展和有机食品的开发还不仅仅是一种生产和经济行为，它还涉及食品安全、环境保护、可持续发展、生态道德、社会公正等诸多方面，消费者购买有机食品不仅仅是为了个人和家庭的健康，同样还需要认同有机农业所包含的环境理念、社会发展理念。

二、国内消费市场存在的问题

国内有机食品的市场目前尚处于起步阶段，需要加大管理力度。例如，几乎所有购买在中国境内认证的有机食品的外商都会根据国际惯例要求出售方提供由有机认证机构出具的销售证（TC-Transaction Certificate），证明其出售的产品是经过该认证机构认证的，并且在认证的数量范围之内，因此在中国有机认证产品的出口方面，不容易出现假冒和超额销售的问题。而许多销售有机产品的国内超市或商家却还不知道需要由供应方提供销售证的做法；国内消费者也很少有人知道国际有机产品市场上销售有机产品除了提供有机认证证书外，还应具备相应的销售证。相当一部分有机产品贸易商虽然清楚地知道申请销售证的要求，但由于种种原因，他们会尽量采取各种办法来避免申办销售证。事实上，有机认证机构一般都会向获证者一再强调申请有机产品销售证和规范使用有机标志的重要性，但由于对有机认证产品的有效监管体系尚在建设中，国内某些地方的有机产品市场仍存在着程度不同的混乱情况。国家质检总局发布的有机产品认证管理办法对我国有机产品认证标志的使用做出了具体而详细的规定，要求凡是在中国市场上销售的有机产品必须粘贴国家有机产品标志，粘贴的标志必须由认证机构根据认证产品的数量和包装规格，定量核发，这在相当程度上起到了控制市场上有机产品的质量和数量的作用，也是对进口有机产品的一种有效监管。

三、有机食品国内市场的培育

我国目前有13亿多人口，经济增长率每年超过10%，中产阶级家庭数量急速扩张，上海、北京等大城市有相当强的购买力。人们不再满足于吃饱，而且还要求吃好。也就是说，社会和经济的发展为有机农产品创造了巨大的国内市场，国内有机市场规模预计在20亿人民币左右。同时中国有机农产品的生产和发展具有得天独厚的优势条件，包括生物资源多样性、劳动力成本低等，这些自然和社会条件为有机农产品发展提供了机遇。因此，培育和发展我国绿色食品市场，重点面向国内中高档消费者开发有机食品是决定我国有机产业发展前景的关键所在。目前，国内有机市场的开发动力主要表现在不断增长的需求、国人购买力不断增高、食品安全问题日渐暴露、国家鼓励加强农产品产业链建设，对于出口型企业来说还可以分担部分出口风险。同时在国内市场开发方面还存在一些困难和问题，比如消费者认知度缺乏、高过普通产品数倍的价格、缺少分销渠道、缺少深加工产品等。

有机食品的发展，广泛传播了可持续发展的思想和理念，为保护和改善农业生态环境、提高企业经济效益、改善农民收入做出了很大贡献。不论是市场潜力、资源条件还是技术支持，我国有机产业的发展都具有巨大的发展潜力。为了推动我国有机无污染农产品的发展，增加有机消费目标，特别是开拓有机农产品的国内市场，应注意从以下方面进行市场的培育。

一是开拓国际市场，拉动国内有机消费市场。

目前，由于有机食品的国际需求量大，有着很好的市场前景，并且经济效益较高，因此，可首先根据国际市场需求和生产管理标准，在生态环境和生产过程控制良好的地区，有选择地组织生产和加工有机食品，主要目标是为了外贸出口，并同时积极培育和建立国内市场。两者可以相互带动、相互支持，在一定条件下可以相互转化。目前，国内市场由于国际市场的拉动已经呈现良好的发展势头。

二是以各地名优特产为引导，增强在国内外市场的竞争力。

我国相当一部分地区的农产品在国内外有较高的知名度（如中药材、山林产品），以这些农产品为起点开发有机食品的生产相对比较容易为国内外客户所接受。同时还应结合人们的饮食习惯，重点在蔬菜、蛋、肉和茶叶产品等方面进行有机生产和消费。

三是建设消费者参与式的市场体系。

这种消费者积极参与的市场体系在国际上称为 Community Support Agricuture System（CSAs）。最大的优点是在生产者与消费者之间建立相互信任的关系，避免中间环节过多引起的假冒、能源浪费、食品污染等问题。有机食品的生产者和管理者采取各种措施维护和提高产品质量。表现在生产者在原料、生产、加工、运输、销售全过程中的质量保证，管理者从颁证、监督两方面进行控制。对于不符合条件的生产企业应限期改进甚至取消标志的使用权。在有条件的地区可以建立这种市场体系，通过消费者参与来推动地区有机食品的生产和消费。

四是改善有机食品的销售渠道。

我国目前的有机食品销售和一般食品差别不大，大多在商场、超市，只是在个别地区有有机食品专卖店，使得消费者很难辨识购买有机食品。建议在有条件的地方增加专卖店的数量和规模，方便消费者。另外，为扩大销售量，生产应力图降低生产成本。在价格定位上要转向广大中、低收入的消费者阶层，以争夺市场。市场开拓上也应从沿海发达地区转向内地的巨大市场，让有机农产品走入平常百姓家。

五是增强舆论宣传，提高大众的有机食品消费意识。

通过广播、电视、报纸网络等新闻媒介多方位、大力度进行对有机农产品的品牌宣传。告诉人们有机食品对人类健康的好处，鼓励人们去购买有机食品。这样就会大大推动有机食品市场的发展。

第三节 有机食品的国际贸易

一、国际有机农产品消费与贸易现状

1. 欧洲市场及进口状况

欧洲有机食品的生产处于世界领先地位，同时也是世界上最大的有机食品消费市场之一。欧盟总市场额在200亿美元，2012～2013年销售额增长了大约6%。最大的市场在德国，占欧洲市场的1/4。除德国外，欧洲有机食品消费较多的国家还包括法国、英国、荷兰、瑞士、丹麦和意大利。瑞士的人均消费额和市场份额都是最高的。欧洲各国对有机食品的需求存在很大差异，总的来说，南部需求少一些，其生产的有机食品主要供出口。在大部分市场，有机食品销售值在食品销售总值中所占比重为1%左右，预计今后几年各主要市场有机食品在食品销售总值中所占比重将从1%增至5%～10%，如奥地利、丹麦和瑞典等一些发展较快的国家，其比重将高达10%。

从产品类别来看，有机农产品占欧洲有机市场值的37%、奶制品占11%、肉类占11%、其他产品占34%。上述数字在各个欧洲国家间各不相同。如法国有机食品市场谷物占42%、水果/蔬菜占25%、酒占2%、肉禽类占3%；而英国水果/蔬菜占54%、谷物占14%、奶制品占7%；丹麦奶制品占45%、水果/蔬菜占17%。

欧洲国家大面积进行有机农业种植为有机贸易的开展奠定了基础。国内市场的主要供货者为国内生产商，特别是奶制品、蔬菜、水果和肉类。由于气候差异，北部欧洲国家需从南部欧洲国家进口橙子、谷物、橄榄、黄豆、大米、蔬菜、橄榄油、葵花籽油、干果和坚果。法国、西班牙、意大利、葡萄牙和荷兰有机食品的出口大于进口，而德国、英国和丹麦都有较大的贸易逆差，进口需求很大。以英国为例，其有机食品销售值中60%～70%依赖进口，德国约为50%。有很多种食品，特别是干燥食品往往是欧洲国家不生产或不加工的，所以只能从世界各地进口，包括从发展中国家进口。非欧洲供货国主要包括北美、东欧、以色列、埃及、土耳其、摩洛哥、西印度群岛、巴西和阿根廷。阿根廷是欧洲有机食品的主要进口国，其进口量占欧洲进口总量的70%以上。欧洲有机贸易商正与若干北美和非洲国家的公司密切合作，帮助其转化为有机农业种植方式。有机产品的需求如此之大，欧洲贸易商在不断寻求潜在的有机产品货源，主要包括咖啡、茶叶、谷物、坚果、干果、油籽、香料和食糖。对中国需求较多的产品主要包括豆类产品、籽类产品、谷物产品、茶叶、速冻水果、蔬菜、蜂蜜、茶叶、香料、核桃、姜、芝麻、南瓜籽、调味料。

2. 美国有机食品市场

在美国，因为购买有机食品的消费者数量持续增长，有机食品市场的规模也逐渐扩大。有机食品的种类增加，零售出路的增多，市场销售有机食品的途径变得多种多样。现在，从非有机食品销售渠道也能买到几乎所有种类的有机生产或加工食品。几乎已经包括了所有传统食品种类。有机谷物、水果、蔬菜、坚果和香料市场已经具有一定规模。其他还有有机葡萄酒、糖浆等。有机番茄酱、油、麦片、冷冻蔬菜和速冻食品等附加值产品也是相对较新的产品种类。在有机领域，发展速度最快的产品可能是有机蛋和有机奶、酸奶、奶酪及其他系列奶制品。有机草药方面，无论是野生的还是人工种植的，因为维生素生产和食品配料对有机草药的需求日益增长，其市场扩大速度也很快。同时，因为公众对有机棉加工的衣服、被褥和其他制品需求看涨，有机棉花的市场也在扩大。与此类似的，用有机方法生产的花卉及其他非食品类产品的市场也有潜力可挖。2013 年的销售额的粗略统计为 243.47 亿美元。

3. 日本有机农产品市场

在日本，有机农业的发展十分迅速。日本在 1993 年就推出了有关有机农业生产的标准，并在地方自治体和农业协会等团体兴起有机农业生产和消费活动，促进了有机农业的发展。目前，日本从事有机农业生产的农户占全国农户总数的 30%以上，提供的有机农产品增加到 130 多种，其中有 40 多种出口到欧美国家。

从日本市场规模上来看，有机食品的销售增长很快，年增长率达 10%以上。在所消费的有机食品中蔬菜和水果有 2/3 是国内生产，其他是从国外进口，并且进口的量越来越多。专家预测，在不久的将来，日本将成为世界上最大的有机食品销售市场。主要销售的有机农产品有加工品、大豆加工品（酱、酱油、纳豆）、冷冻蔬菜、果汁制品、植物油（食用）、茶、咖啡类、调料、大米等。

4. 大洋洲有机食品市场

受欧洲、亚洲和北美洲对有机食品和纤维制品需求不断增长的驱动，大洋洲的有机产品生产和贸易迅速发展，并且政府给予大力支持。该地区已有两家认证机构获得 IFOAM 的授权，澳大利亚和新西兰都以出口包括速冻蔬菜在内的园艺产品为主。从 1992 年起，澳大利亚开始执行国家标准，而且该国已被列入欧盟第三国进口名单。

5. 发展中国家的有机食品出口贸易

目前，西方发达国家有机产品消费量大大超过其国内的生产量，因此将寻求有机农产品的进口，以填补这个市场缺口。由于有机食品一般较常规食品价格高 20%～30%，有的高出 50%，甚至更高，有机食品的国际贸易也日趋活跃，向这些国家出口有机食品已成为具有较高效益的新领域。特别是发展中国家是有机食品的主要出口国。以色列有机食品的出口量已占农产品出口总量的 2%～3%。主要出口新鲜水果如柑橘、瓜类和早季蔬菜。其他如土耳其的无花果、坚果和干果，摩洛哥的橘子，西印度和加勒比群岛的香蕉和印度的茶叶。在发展中国家阿根廷则大力发展以出口为目标的有机食品生产，印度、斯里兰卡、捷克、墨西哥等国有机食品的出口额也逐年递增。

尽管发展中国家的有机农产品生产和开发都处于起步阶段，但其发展势头很猛。比如南美洲的巴西、智利、秘鲁，南亚的印度、印度尼西亚、尼泊尔，非洲的肯尼亚、毛里求斯等国家，凭借其丰富的自然资源、人力资源的优势，独特的地理气候条件以及传统农业技术，生产了大量有机农产品，为其创造了许多外汇，成为消除贫困的一项很有效的措施。一些发展中国家也开始发展有机农业。巴西计划在该国东北部地区发展咖啡、腰果和热带水果等有机农产品的种植，对从事有机农业生产的农民提供农业优惠政策，并在农产品检疫和出口信贷等方面提供便利。菲律宾、泰国、印度尼西亚、韩国、印度等国家已经开始从事有机农产品和有机肥料的生产和出口。斯里兰卡从 1995 年起出口有机栽培的茶叶，其创汇占本国农产品出口的 55%。中国的“有机食品”生产已初步形成规模，其中部分有机食品已成功地打进日本、欧美、中东等国家和地区的市场。

在拉美气候的多样性使其能够出口很多种类的有机产品。中美洲国家是有机咖啡、芝麻、香蕉、黑莓、可可、蔬菜、芒果、蜂蜜、菠萝、药用植物和香料的主产地。南美最重要的有机产品是咖啡、可可、水果、土豆、蔬菜、安第斯谷物、豆类、甘蔗、棉花、油籽、葡萄、香草及畜产品。多数拉美国家的有机产品主要为出口生产。

值得注意的是，在发展中国家大量出口有机食品到发达国家，增加了发展中国家就业机会和收入的同时，IFOAM 和 WSAA（世界可持续农业协会）等非政府组织（NGOs）特别鼓励和支持发展中国家的“当地有机食品市场”的发展。其理由：a. 发展中国家还有很多人口粮食不足；b. 发展中国家出口食品会出现资源，特别是不可再生资源的转移，增加贫困的机会和国家间资源不公平分配的机会。为此，IFOAM和WSAA等坚决反对发达国家所提出的粮食市场贸易自由化，防止由于自由化引起的发达国家跨国公司对发展中国家经济的冲击和资源的掠夺，这一点对发展中国家是有利的影响。但同时也对出口依赖型的发展中国家经济产生了负面的影响。

二、有机农产品贸易发展趋势和前景

世界贸易组织最近发布的调研结果表明：由于消费者对食品安全、转基因、饮食结构和健康问题日益关注、政府加大对有机农业的支持力度、有机标识日趋统一并易于识别、有机生产的法律法规的进一步完善、大型超市和大公司介入有机食品的营销等原因，有机食品市场的预测比较乐观，具有极佳的发展前景。全球有机食品市场需求发展趋势有如下特点。

① 对高质量的有机食品的需求将稳步增长。特别是市场份额较高的有机食品如水果和蔬菜、婴幼儿食品、加工产品的原料（粮食类）、奶制品等，这种增长是由追求高质量和健康食品的中产阶级和中上层人士带动的。

② 具有较高发展潜力的有机食品如方便食品、冷冻食品、糖果类、饮食服务需求等需求将增长。目前处于二三十岁年龄段的下一代消费者，将是购买有机冷冻食品的主力军。单身人群是这个市场的主要组成部分，这些人大都受过高等教育、收入不菲，喜欢口味好的健康食品。

③ 大型折扣店也将成为新的市场。一些连锁折扣店现已开始销售部分有机食品。

④ 对经过权威认证机构认证的有机食品的需求将增长。消费者希望他们所购买的有机食品是真正的有机食品，他们不愿意购买未经权威机构认证的有机食品。

一项跨国民意测验表明，85%的工业化国家公民在选择食品时首选有机食品。因此有机食品将成为世界食品市场的宠儿。尽管有机食品在国家市场上的价格比传统的食品高出20%以上，但市场销售额将会不断上升。仅在21世纪初，有机食品的销售量将占全球食品销售总量的10%。目前全球每年消费有机食品的总额约720亿美元。美国农业部官员预测，今后10年内，美国有机食品的销售额将增加3倍。预计欧洲有机食品销售值的年增长率将为20%，在有些国家的主要市场，增长率会更高些，而某些类别的产品，如肉类和加工产品增长幅度会更大些。

三、制约我国有机食品出口贸易的因素

自20世纪90年代以来，绿色食品和有机农业在我国得到了很好的发展，在农产品出口贸易中，相当一部分有机食品已成功地进入了日本、美国、欧洲、中东等国家和地区的市场。2004年，我国有机食品的出口是3亿美元，比1995年的30万美元增加了100倍，显然已经有了极大的增长。但从所占农产品贸易的份额

看还很小，这与有机食品的自身发展有很大关系。制约绿色食品和有机农业发展的因素主要包括政策、法规、科技和观念等多个方面。

首先是缺少政策支持。相比较其他农产品的生产，有机食品的生产需要更多的人力、物力和技术的投入，有机食品生产者也需要承担更多的自然条件、技术和经济风险。特别是在初期的转换阶段有机食品的经济效益低于非有机食品。而当前我国有机食品的发展并没有在贷款、物资等方面得到优惠，更谈不上有机食品的价格优势。这些因素一定程度上限制了有机食品的发展。

其次是有机食品生产的关键技术尚未得到有效解决。比如生物治虫、土壤改良等。有机食品的生产需要多学科的理论知识与技术，具有综合性强和实践性强的特点。除了总结和掌握我国几千年来传统农业的经验，吸收国际的先进经验，还需要长期深入的理论研究和技术探索，以解决有机食品生产中遇到的问题，推动有机食品的发展。

再次是法规和标准的完善。目前我国已建立了一套有机食品生产标准，但还需要进一步完善，而有机食品的管理法规还不健全，这些都是制约有机产业的发展，从而限制了我国农产品的出口贸易潜力。

最后是“绿色通行证”的有效性。有机食品的认证、管理是有机食品生产体系中非常重要的内容，有人将有机食品的证书称为通向农产品国际贸易市场的“绿色通行证”，因此有机食品认证、管理工作的优劣影响甚至决定了有机食品发展的质量和方向，并且也会阻碍我国的有机食品进入国际市场。

有机农产品的检查和认证于 1994 年开始，由南京环境科学研究所组织颁证，但由于自身组织管理体系和标准体系的不健全，所认证的产品仍然不能够被国外市场所接受。近几年来，相当一部分绿色食品和有机产品出口到国外，但绝大部分是由国外的有机农业认证组织完成的。包括法国的 ECOCERT、德国的 BCS 和 CERES、日本的 JONA 等。

第四节　有机农产品国际贸易要求

一、国际有机标准的互认

截至 2013 年底，全球共有 88 个国家建立了自己的有机标准或法规体系，12 个国家正在进行有机法规的拟定，大部分国家都积极寻求标准与法规体系之间的互认，包括美国、日本、欧盟、加拿大等主要有机产品进口国，有机标准的互认将促进有机农产品国际贸易。

（一）标准的双边互认

标准之间的双边互认很大程度建立在政治的基础上，但是也必须有技术评估作为支撑。2009 年，美国有机标准（NOP）与加拿大食品检验局（CFIA）制定的《加拿大有机产品条例》（COPR）和《加拿大国家有机标准》（NOS）达成互认协议。根据该协议，生产加工企业获得 NOP 认证，且认证机构已经获得美国农业部（USDA）认可，则产品可以标为有机产品在加拿大销售，而无需经过加拿大有机标准认证。同样的，获得加拿大标准认证的产品，且认证机构已经获得加拿大认可，产品可以在美国作为有机产品销售。在美国和加拿大外生产的产品，也包括在该协议内。

2012 年 7 月 1 日，欧盟与美国有机标准达成互认，不过仅限欧盟和与美国内生产的产品，且不包含水产品与葡萄酒。另外，欧盟境内生产的动物产品，以及美国国内生产的苹果和梨，也需进行额外评审。2014 年 1 月 1 日，美国有机标准与日本有机标准（JAS）达成互认。

欧盟现承认 11 个国家的有机标准体系与欧盟等效，并采用名单的方式进行管理，即欧盟有机进口第三国名单。列入欧盟有机进口第三国名单的国家，其产品经本国标准认证后，可出口欧盟国家或地区。不过，第三国名单对产品类型和认证机构都有限制。

（二）对认可程序的承认

美国对一些国家的认可程序进行了承认，包括印度、以色列和新西兰。认证机构经上述国家认可后，无需再经过美国农业部（USDA）认可，即可开展 NOP 有机标准的认证业务。不过此类承认仅限认可程序，获证企业还必须依据 NOP 标准获得认证。

（三）对认证机构的认可

美国、日本和欧盟均可对国外认证机构进行认可，但是这种认可的技术难度非常大，费用也较高，而且维持认可资质追加后续投入，目前开展较少。我国南京国环有机产品认证中心已经获得美国农业部的认可，成为中国大陆第一家获得此项认可的认证机构，该机构同时也通过了加拿大官方认可与欧盟等效认可。

二、我国国际合作与互认的开展

从 2004 年开始，国家认监委就积极参加国际相关项目，与国际有机运动联盟（IFOAM）、联合国粮农组织（FAO）、联合国贸易促进发展组织（UNCTAD）联合发起的有机认证互认与协调国际工作组的研讨和会议，还连续派团参加了在纽伦堡举办的世界有机博览会，与各国有机产品认证管理部门展开交流。同时，积极寻求与欧盟、美国等主要有机产品消费国的标准互认。

（一）与欧盟有机标准互认的开展

由于中国未被列入欧盟有机产品进口第三国名单，中国向欧盟出口有机产品，主要是通过国外认证机构进行认证，由欧盟成员国进口商申报，欧盟成员国同意后方能进口。随着对欧盟有机产品出口量不断增加，仅依靠少数几家认证机构已经不能满足出口的需要，影响了中国和欧盟有机产品的国际贸易，同时增加了有机认证的成本和时间。为促进中国和欧盟的有机产品国际贸易，国家认监委已经正式向欧盟提出申请将中国列入欧盟有机进口第三国名单，并向欧盟提交了中国和欧盟的有机法规标准体系的比较报告。

随着国内有机产品市场需求的不断增加，从欧盟等地进口的有机产品日益增多，据悉，2011 年，欧盟向中国出口的有机产品增长了 25%，这预示着在未来几年里，中欧有机产品贸易蕴含着巨大前景。在此背景下，2012 年 6 月，欧盟委员会与中国国家质检总局签订了《中欧有机产品认证互认合作备忘录》。基于此协议，中国与欧盟将评估各自的相关立法，就有机产品的标准与控制手段进行评估，并推动在有机产品贸易方面建立互认与合作的协议。中欧双方已针对技术层面的对话与交流各自成立了工作组，中方工作组成员由国家认监委、国家认监委技术研究所、国家认可委及相关研究机构构成。

2013 年 4 月，国家认监委与欧盟农业总司进行了第一轮中欧有机产品认证互认会谈，双方确定了技术对话的工作机制及初步达成信息交换工作框架。7 月，双方就如何推进互认的具体步骤进行了深入讨论。2013 年 11 月 12 日，国家质检总局与丹麦食品农业渔业部签署了《中华人民共和国国家认证认可监督管理委员会与丹麦王国食品农业渔业部关于有机产品认证合作谅解备忘录》。

（二）与其他国家和地区有机互认的开展

1. 与韩国的互认

2011 年，在韩国召开的 IFOAM 大会期间，国家认监委代表团与韩国主管有机农业的政府官员进行了会面，表达了合作意向。当时韩国的法规正在更新中，向韩国出口有机产品由韩国食品安全局（SFDA）负责，国际有机认可中心（IOAS）认可的有机产品认证机构认证的产品可以向韩国出口。2013 年开始，韩国出台了新的有机法规，除与美国签订互认协议外，其他所有国家出口到韩国的有机产品都必须获得韩国标准的认证，大大增加了各国，包括中国有机产品出口到韩国的难度。

2. 与泰国的互认

泰国对有机产品的国际互认非常积极，泰国食品农产品标准局（ACFS）多次向中方提出互认问题，并且在泰国农业部访华和中国政府官员访泰期间多次就此问题进行了会谈。

3. 其他国际互认工作的开展

国家认监委鼓励和支持中国的研究机构、认证机构加强对外交流与合作。一些研究机构、认证机构专家在国际有机农业运动联盟（IFOAM）、国际有机认可中心（IOAS）等任职。2006～2007 年期间，亚太经合组织（APEC）资助项目“APEC 地区有机认证合作与理解”，项目对在 APEC 地区推进有机产品认证互认与合作可行性进行了分析，并提出了在 APEC 内各成员促进有机产品认证互认合作，实现有机产品国际贸易便利化的相关设想和建议，得到了澳大利亚、韩国、越南、新加坡等 APEC 成员的支持。

三、促进有机食品国际贸易的措施

在农产品贸易发生重大变化的今天，有机食品以其绿色的消费观念吸引着广大消费者，国外市场具有很大的开发潜力，且出口价格通常要高于传统产品价格和国内市场销售价格，因此国内众多企业也开始考虑生产和出口此类产品。目前，有机产品市场主要分布在工业高度发达的国家，如北欧、美国、加拿大、日本等。要做好有机食品的国际贸易，要确保满足几个条件。

第一，要考虑利用企业资源转向生产有机产品的可能性和可行性。由于有机产品需要一个向有机农业、生产和加工转换的时期，因而通常不会带来即期的高产出和高利润。另外企业本身是否具有发展和出口有机食品的潜力，如企业的组织和管理情况，是否有足够的市场技术与营销经验？在基地的建设以及加工用的厂房和生产设备是否能满足外国顾客对质量和产品纯度的要求？还有公司的财政状况等都要充分考虑。

第二，要保证有机食品的质量符合欧盟或美国、日本等发达国家的有机生产的相应法规标准。在有机生产标准中，对转换期、种子来源、平行生产以及加工等要求都做了详细的要求，如果有机产品被运输到其他操作单元，运输应原封不动地进行，以防止与其他产品的替换。标签上要有足够的信息以便明确地辨别加工商和出口商的信息；货物批号必须是标签的一部分以确定产品的来源。出口商应在包裹上说明检查机构。

第三，要对每种有机农产品的海外市场进行详细的调查，从而确立占领国外有机食品市场份额。如在欧洲，有机产品在德国、荷兰、英国、丹麦、瑞典和比利时的销售份额较大，西班牙、法国、意大利等国的有机产品贸易相对要少一些，但也在不断增长。在对某国进行市场分析时，可运用如下统计指标：如一般经济数据如国民生产总值、失业率、通货膨胀等；人口统计数据、城市化程度、受高等教育的人口比率，像一般农村人口对购买有机产品（水果、蔬菜等）不太感兴趣；总体健康状况、有健康意识的市场比例；人均收入及收入分配；适当年龄段比例的人数；消费者喜好、动机等。

对主要进口的有机农产品也应进行调查和分析。一般国外市场主要进口原始商品，进口后再进行加工与包装。如进口到美国的原始有机食品通常属于以下5个范围：a. 美国不能出产的农产品，比如茶叶、咖啡、可可、香料、香精、热带水果和蔬菜；b. 反季节的水果和蔬菜；c. 在美国不能大批量生产，不能满足消费需求的产品；d. 该产品的出口国已建立很好的信誉，比如法国的奶酪；e. 特殊的产品，例如调味品和草药，是美国公司加工有机食品时所需的辅料。在欧洲所需要的主要产品包括本地不能培植和生产的以及季节性短缺的蔬菜等，另外用于香味疗法、家用香灯、房屋香剂的"香油"、"柑橘油"、"有机罗勒"、"柠檬草"等产品亦越来越受到欢迎。

第四，要保证有机农产品的质量和建立企业信誉，从而赢得和保持长期客户。出口商应致力于生产和交付进口商同意的产品质量，这是确保长期向日益激烈的市场进行成功出口的唯一出路。只有质量最好的产品才应该被选作出口。有机产品出口到国外市场，无论在运输和销售过程中都应符合有机食品标准。供应商通常应采取一定措施以防有机食品和与传统产品混淆。贸易商通常支持知名品牌，他们确信知名品牌会给他们带来市场的领先地位。品牌可包括有机协会的标志，以及市场声誉良好的知名独立验证机构的标志。

为赢得消费者，国内企业在进行有机农产品出口时应根据不同国家和地区的口位偏好和饮食习惯，来选择出口农产品的种类，从而更好的赢得市场份额。另外还要考虑企业有机农产品的可供应性，送货能力和依赖性是保持顾客的根本准则。出口商必须明确在各个时期他所能运送的产品数量，这对于传统食品贸易来说显得尤为重要。在包装上，有机行业需要更加专业的包装设计。必须有利于环保，并注重信息性与视觉上的吸引力以满足消费者的需求。

第五，要考虑价格、销售渠道和营销策略。一般情况下，新兴市场国家面临接受既定价格的现实。在这种情况下，出口商必须在这个市场价格上做工作，以获取利润。市场上的新产品只有在他们的价格水平不超过可比产品时才会有好的机会。如果市场价格与生产者的成本不符，则需分析如何缩减开支或使之更加合理化。

生产商通常将产品直接销售给进口商，进口商也时常扮演生产商/批发商的角色，将产品转售给加工商。如果进口商不具备批发商条件的话，接下来就由批发商转给零售商。若想出口有机食品到美国市场，需要和加工机构进行联系。他们购买各种有机原材料，包括甜味剂、草药、香精、香料、矿物油、核桃以及新鲜或干燥处理后的蔬菜或水果，这将为许多有机原材料提供可迅速拓展的市场领域。生产和配送机构可以通过进口直接获得所需产品，也可进口该产品的有机原材料。在世界各地，至少有70家原材料供应商销售原材料给美国的有机加工机构。

在出口过程中还要考虑一些营销策略以促进产品的销售。一般情况下，出口商必须将其报价给进口商和最终用户。营销措施必须满足他们的希望与需求。许多生产商向零售商提供展示品、广告画等。在报纸、电台上做广告，注重包装设计变得日趋流行。营销的侧重范围很广，包括注重产品质量、设计、定价、后勤、储存管理等。

第六，建立良好的商业形象，需要做如下工作。

(1) 有说服力、富含信息和设计良好的文件最有可能就产品质量问题说明商业伙伴。有关生产的数据、可供应量、运货时间、既定价格、产品规格均应包括在内。

(2) 所有目标和宣传册应清楚地标时产品是按 EU 有关法规生产的，并指出验证机构。

(3) 交易会是生产商向顾客展示产品的好机会。许多组织给新兴国家的公司参加欧洲交易会提供优惠条件。

(4) 在与潜在的伙伴打交道时，公司应该表现出专业化并留下良好的商业组织印象。此种形象可通过统一的公司形象，使用完备一致的公司标志来达到。

如果有客户对公司产品感兴趣，应提供如下信息：产品名称和详细描述；交货数量和可能的交货期；价格；付款和交货条件（国际贸易术语）；样品等。有机产品由于不用化学和合成的过季保质处理，不如传统产品的保质期长，因而必须选择合适而可靠的运输伙伴，并且事先计划必须确保装运期和其他最后期限得到执行。充足的储存；包装应质量良好；充足运输等。

四、发展我国有机农业，开拓国际市场

由于国际市场绿色环境的形成和完善，使我国现行相关产品的对外贸易受到重大影响。中国作为发展中国家，正处在经济发展时期。一方面粮食还不能完全满足国内的消费需求，但还不能完全将市场拱手让给外国；另一方面，我们的很多名优特农产品具有质量和价格优势，可以占领一部分国际市场，特别是西欧、美国、日本等发达国家。因此，对于农产品的生产者，应在充分考虑其环境影响的基础上，尽可能吸收现代科学技术，发挥科技在农业生产中的作用，提高我国粮食和其他农产品的数量和质量，增强在国际市场上的竞争力。

目前，在农产品国际贸易领域，高附加值、高科技含量的农产品及其加工产品出口比重日益增长。有机农产品的价格比普通农产品要高 30%，有的甚至高出 60%，农民可以从较高的农产品价格和较低的现金投入两方面获得收益。具有地区特色的产品，如果没有质量优势，就没有竞争力，如果附加值低，就难以获得丰厚的利润。以茶叶为例，据 FAO 统计，20 世纪 90 年代初，在国际市场上，英国的茶叶能卖到 7577 美元/吨，德国是 6056 美元/吨，美国 4429 美元/吨，世界平均价格为 2104 美元/吨，而我国只有 2043 美元/吨。因此要在新的国际形势下进一步加快有机食品的发展步伐，紧跟时代发展的潮流。全球有机产品市场正在以 20%～30%的速度增长。几年内将达到 1000 亿美元。如果我们能在其中占到 1%～2%的话，就可以每年增加 10 亿美元的外汇收入，相当于 2000 年上半年我

国的农产品出口的13%。

有机食品的发展具有广阔的前景。这首先在于，世界的有机化潮流为中国提供了市场机遇。从国际需求市场看，有机食品目前已成为发达国家的消费主流，他们的有机食品基本上靠进口，德国、荷兰、英国、美国每年进口的有机食品分别占有机食品消费总量的60%、60%、70%、80%。有机食品正成为发展中国家向发达国家出口的主要产品之一。目前，国际上对我国有机产品的需求越来越大，我国有机食品的发展在国际市场有十分巨大的潜力，大豆、稻米、花生、蔬菜、茶叶、干果类、蜂蜜，以及有机药品如中草药、生物药品，有机纺织品如丝绸、棉花等颇受外商欢迎。现阶段我国有机产品的生产还远远不能满足国外市场的需求。

其次是我们自身也有条件。一是我国有着历史悠久的传统农业，在精耕细作、用养结合、地力常新、农牧结合等方面都积累了丰富的经验，这也是有机农业的精髓。有机农业是在传统农业的基础上依靠现代的科学知识，在生物学、生态学、土壤学科学原理指导下对传统农业反思后的新的运用。二是中国有其地域优势，农业生态景观多样，生产条件各不相同，尽管中国农业主体仍是常规农业依赖于大量化学品，但仍有许多地方，多集中在偏远山区，或贫困地区，农民很少或完全不用化肥农药，这也为有机农业的发展提供了有利的发展基础。三是有机农业的生产是劳动力集约型的一种产业，我国农村劳动力众多，这有利于有机食品发展，同时也可以解决大批农村劳动力的。四是十多年来的生态农业、绿色食品和有机食品发展，提供了技术积累，并作了广泛的宣传，使绿色食品的概念深入人心。再加上常规农产品生产方式已引起人们广泛的思考和深思，只关注农产品的生产效率和效益已远远不够，而必须考虑食物的生产方式对资源、环境和消费者的影响。

专家建议，目前要从以下几方面着手将有机食品产业做大。一是成立国家级的有机食品产业管理机构。有机食品产业涉及环保、科研、农业食品加工、商品检查、消费者利益、外贸等领域与部门，所以应组成一个有机食品发展协调委员会。该机构将负责有机食品的监督管理、法规标准、认证组织管理和贸易规范等活动。二是健全有机食品管理的法律和法规体系。尽快按照国际标准修订我国的有机食品管理法规和技术标准，并上升为国务院条例和国家标准，与世界相关标准接轨。三是加强有机食品的宣传工作，正确引导有机食品的生产和消费。四是研究有机食品生产推广技术。五是要制定优惠政策。从税收、信贷方面，支持企业建立有机农业基地，开发有机食品，为从事有机农业生产的企业提供技术支持和咨询服务等。

通过上述分析可以看出，适应国际贸易环境需求，开发绿色食品，发展有机农业势在必行。以生产经营者为主体的有机农产品的推出不仅可以解决环境和食品污染问题，更重要的是提高中国农业产品在国际市场的竞争力，并且也将是我国摆脱农产品出口困境的有效途径和方法，而农产品绿色营销将为农产品出口在国际市场上重新占有重要的地位提供机遇。

思考题

1. 谁在卖有机食品？
2. 国际有机食品市场的发展趋势？
3. 限制我国农产品出口的因素有哪些？
4. 请为一个在北京郊区从事有机蔬菜生产的企业设计营销方案。

参考文献

[1] FiBL & IFOAM. The World of Organic Agriculture statistics & emerging trends. Frick，Bonn，2014.
[2] Willer Helga，Minou Yussefi，IFOAM. The world of organic agriculture statistics and emerging trends，2007.
[3] 国家质量监督检验检疫总局，国家标准化管理委员会．有机产品国家标准 GB/T 19630.1～GB/T 19630.3—2005. 北京：中国标准出版社，2005.
[4] 马世铭等．世界有机农业发展的历史回顾与发展动态．中国农业科学，2004，37（10）：1510-1516.
[5] 孟凡乔等．有机农业概论．北京：中国农业出版社，2005.
[6] 尹世久．基于消费者行为视角的中国有机食品市场实证研究．江南大学博士论文，2010.
[7] 张弛，席运官，肖兴基．我国大型活动中有机食品供给现状及前景分析．安徽农业科学，2011（25）：15791-15792.

第十二章 参观与实习

第一节 有机农场体验式参观和学习

进入有机农场，参观有机农场的各个方面，并对有机农场的各个部门和人员进行走访，能够深化从业人员、研究者和学生对有机农业生产的实际认识，进入有机农场进行体验、参观和实习主要有以下几个方面。

1. 采访有机农场生产人员

对有机农场的生产人员进行采访，向他们了解农场的历史、作物布局以及各种作物的种植面积，以及他们使用的生产设施、对于作物的管理（比如施肥、灌溉、除草等)，做一个初步的调查表。

2. 实地参观

（1）作物和地块调查　参观各个地块的大小与分布，种植的作物类型，观察土壤的现实条件如土壤生物活性、有机质情况、是否有病虫害的发生、杂草情况如何，观察生态环境的保护措施如水土流失、等高种植、作物多样性、野生生物面积等。

（2）土壤培肥和管理　观察土壤及类型、疏松程度、有机物残留、土壤生物活性；肥料的来源、种类及数量，施肥时间和方法；土壤肥力是否能满足作物生长的需要；作物轮作措施。

（3）种子和幼苗　种子或幼苗的来源，是否经过化学处理，是否涉及任何基因工程技术。

（4）杂草的防治　观察杂草管理效果，杂草管理措施，控制杂草的工具，防治效果，每年作物除草次数。

（5）病虫害及其防治　主要病虫害发生的时间、种类、危害程度；采用的防治措施、使用药物的品名、用量、用药时间等农事记录；检查喷施农药的设备（专用/混用、清洗情况、气味等）；询问是否采取土壤消毒措施。

（6）灌溉条件　灌溉用水来源、灌溉方式；灌溉水是否符合我国《农田灌溉水质标准》；灌溉水中是否使用消毒物质。

（7）边界与缓冲区　申请认证的有机地块与常规地块是否有隔离带或缓冲区，距离多少，是否会受到影响。如何控制可能发生的污染，如是否分别收获缓冲带、杂草带，与邻居协商不喷施农药等。

（8）限制/控制/禁止使用物质　生产者是如何限制/控制/禁止使用物质的。

（9）收获及收获后的处理和储存　采用的收获方式与收获工具；收获后是否处理，处理方法是什么；加工厂距原料生产基地有多远，是否需要用特殊的运输工具；作物收获后，是否当天加工，如果不是当天加工，用何种方法储存；作物收获和储存过程中，是否用化学物质防治害虫。

（10）种植、储存、销售和运输的档案记录和跟踪审查　建立原料生产基地农事档案（播种、移栽、施肥、锄草、病虫害防治、收获、储存、运输等）。

（11）质量保证体系　如何制订有机生产计划，以及如何与种植户签订质量保证书和供销合同。

第二节 不同地区实例研究

一、英国的有机农场（查尔斯王子的梦想——英国海格洛夫有机农庄）

海格洛夫（highgrove）庄园位于伦敦以西100英里的格洛斯特郡，始建于1796年至1798年，一直是王室贵族的领地，占地约350英亩。1980年，查尔斯从英国前首相哈罗德·麦克米伦的儿子莫里斯手中买下庄园，1984年英国查尔斯王子在这个地方开始有机农业的实验。在很长一段时间内，很多英国人是不以为然的，觉得这等于否定了高效高产的“现代”农业。有人说若采用他的思路，世界上60多亿人口中将有20多亿人没饭吃。但22年过去了，英国有机耕作面积增加了100多倍，海格洛夫也几乎成为有机农业的圣地。

当你走入英格兰格洛斯特郡的乡间，也许你会看到两头漂亮的塔姆沃思母猪正在猪圈外舒服地晒着太阳，不远处的草地上，一头毛色光亮的威尔士纯种黑牛也在悠闲地吃着草。顺着这个方向往远处看，在一片橡树林后，一幢二层的古建筑映入眼帘。这里是英国最负盛名的私人住宅之一——英国王储查尔斯的私人别墅海格洛夫庄园。在这个庄园里，除了别墅，还有一个15英亩的花园和一片1100英亩的农场——“公爵家庭农场”，后者才是查尔斯的最爱，也是他的骄傲。正是在这个幽静的农场，纯天然的有机农业产品正源源不断地产出。公爵农场称得上是个“模范农场”，这里的一切只有在小说中和迪斯尼的动画片中才能见到：齐整的篱笆、漆成鲜艳色彩的农舍以及毛色光亮的动物，农场里见不到随便乱扔的垃圾。农场大门有保安把守，当你驱车进入农场后，首先映入眼帘的是一个醒目的标识：“注意，您即将进入非基因改造区!”目前，公爵农场系列产品种类非常广，像面包、熏肉、香肠、果酱、奶酪以及新鲜牛奶都有供应。公爵农场最新推出的产品是由有机蔬菜制成的蔬菜脆片，每袋售价 1.59 英镑。在全球化的影响力下，商业化运作进入了有机运动。以海格罗夫庄园为例，查尔斯王子一边实践土地的有机化改造，一边建立自己的有机品牌“Duchy Originals”（公爵原味），大大推动了有机农业的产业化前进趋势。

公爵原味早在 1992 便推出了旗下首个产品“Duchy Original Oaten Biscuit”（公爵原味燕麦饼干），饼干由产自海格洛夫庄园的上等有机原料烘焙而成。十几年来公爵原味品牌不断开发新产品，从最初的燕麦饼，发展到后来有多达 15 个系列的食品，再到园艺用具和个人护理用品，当然，品牌下的产品从吃的到用的，贯穿到底的是“有机”理念。到了 2006 年，公爵原味品牌连续 4 年利润超过 100 万英镑。

二、德国的有机农场

1. Maxdorf 有机农场

Maxdorf 有机农场是以生产蔬菜为主综合经营的农场。农场面积为 $8hm^2$，拥有一个 $2000m^2$ 大棚。农场种植的蔬菜品种非常丰富，有 30 多种蔬菜，而同样规模的农场进行常规种植，则通常只有 2～3 个品种。蔬菜栽培的培肥措施以种植绿肥为主，在作物茬间种一季绿肥（2 个月，占全年种植时间的 1/4），或先种植多年生绿肥 1～2 年，再种蔬菜 3～5 年，然后又种 1～2 年绿肥。因种绿肥多，有机肥用量很少，只要购买少量牛角粉（4000～5000kg 牛角粉/a）与堆肥（5t/a），总施肥量控制在 70kg 氮/($a \cdot hm^2$)，蔬菜的产量是常规的 70%，种植密度相对较低。露地种植的蔬菜病虫害发生很少，马铃薯象甲发生较严重，可用 Bt（*Bacillus thuringiensis*，苏云金芽孢杆菌）进行防治，效果很好。在大棚中，通过释放捕食螨等天敌控制害虫大量发生。

在生产的同时，开设了农场有机产品直销店，并有 2 个农贸市场销售摊点。农场生产的产品有 25%通过直销，50%给批发商，25%给其他农场的直销店。直销店销售的有机产品有来自本农场，也有由有机农业之间相互调剂的资源，及向批发商批发来的有机产品，尽量保证专卖店中具有丰富的产品种类，满足消费者的需要。该农场有机蔬菜的价格是常规的 2 倍，在土壤培肥和病虫防治方面的成本很低，但用劳力特别多，因除草、管理、植保等都要比常规投入的劳力多得多，复杂得多。同样规模的常规农场使用工人只要 3～4 人，而本农场却要用 7～8 人。有机农业生产对劳力的高需求是解决西方社会农村剩余劳力就业问题的良好方式。

2. Dotten felderhof 有机农场

Dotten felderhof 有机农场面积为 150hm^2，隶属于 Demeter 协会。德国农业在 20 世纪 60 年代业发生了很大变化，出现工业化农业，但是 Dotten felderhof 农场的农民选择走多样化发展农业的道路，而不愿走工业化道路，把农场作为一个有机的整体来进行管理。农场以联合体的形式经营，按照生物动力农业的原理进行耕作，这个农场经营的主要特点如下。

（1）不是以产品为导向，而是如何更好地经营好土地，如何保持与提高土壤肥力。因此，轮作周期长，品种多。养牛是农场很重要的一个组成部分，同时还养殖其他动物，作为有机肥料的来源。

（2）使用一些生物动力制剂，喷到有机肥堆中（由草药组成）或直接喷洒在地里（硅酸盐制剂），冬天埋在地下，第二年挖出，搅拌，再喷洒使用，提高土壤肥力，促进作物健康；另外对气象非常重视，根据气象条件决定耕作时间（生物动力农业认为播种时间对作物未来生长的影响最大，在播种与种植日历中，并将每天分作叶日、根日、花日和果日，如果要收获的产品是作物的叶子，则应该选择叶日播种）。

（3）重视对社会关系、社会形态的探讨。员工的工作与收入不挂钩，因此每人都是为做好工作而干活，不只是为钱而工作。每个家庭按照生活需要到农场会计处领取开支。

（4）从一开始就建立农技学校，培养生物动力农业工作人员，使农场变为典型的 Demeter 农场，并集教学、生产、示范于一体；还设立了一个研究所，研究生产、育种的技术。学校长期招生，学制 1 年，冬天举行短期培育。

农场由当地 7 个农民家庭和附近城市里的 200 个投资者共同形成股份制的一种所有制形式，7 个农民家庭是农场的主要生产与管理人员，他们都是知识分子出身，以前是社会工作者，对社会问题很感兴趣，因此走到一起从事生物动力农业，并探讨如何建立新形势的社会形态。城里人是抱着支持农业持续发展的目的，在经费、主意、劳动等方面对农场给予支持，并不希望得到经济上的回报。这 7 个家庭尽管都是采取按需所取的形式分配农场的收入，但 33 年来从来没有出现过问题。

农场的 150hm^2 土地中，有 20hm^2 为草地。耕地采用 12 个作物品种进行轮作：1/3 土地种植大麦、小麦、黑麦、燕麦，1/3 土地种植块根作物（土豆、饲料萝卜）和蔬菜，1/3 土地种植豆科作物，如苜蓿草与三叶草。农场实行种养加结合，农工贸一体化的形式进行经营。养殖有 80 头牛，500 只蛋鸡，还有少量的鸭、鹅、兔；进行牛奶、面包的加工；开有有机食品专卖店，并向其他 8 个有机食品专卖店供应有机产品。由于本农场的特色性强，知名度高，农场的产品很好销售，经济效益良好。值得注意的是，尽管农场采用按需分配的形式，但并不意味着他们不关注经济状况，相反他们一直在探索着最好的经营方式。

3. 第二王宫农场（Iandfut Schiopo hemhofen）

第二王宫农场建立于1727年，面积为150hm^{2}土地，加入Demeter协会进行生物动力农业已有16年，种植与养殖相结合，生产的有机产品自己销售，通过家庭配送或网上销售的直销方式为2000个家庭供应有机食品，但并非所有配送的产品全由本农场生产，可从其他农场调剂货源，使配送的有机产品尽量多样化，一周送货一次，送货车辆只用植物油，而不燃烧汽油或柴油，体现出保护不可再生资源的环保意识。农场有70hm^{2}有机管理的森林，18hm^{2}水面进行有机鱼养殖，养有机猪是主要收入来源，年出栏量为300头（9个月出栏），另外还种植有9hm^{2}蔬菜，36hm^{2}大麦、燕麦等粮食作物，它们多与豌豆混播。采用黑膜覆盖防草，无纺布保温防虫。

养有机鱼（喂有机小麦、大麦），鱼密度比常规少30%，捕获时间延长半年，产量与常规养殖相似，但价格翻1倍多，4德国马克/kg，加工之后可达13德国马克/kg。鱼病防治只使用生石灰消毒（$\leqslant$100kg/hm^2），而有机猪养殖除提供宽松的养殖环境和运动场所，按照猪的自然习性进行饲养外，顺势疗法是主要的治病方法。

三、美国UCSC有机农业试验农场介绍

美国加州大学圣克鲁斯分校（UCSC）农业生态与持续食品研究中心是美国的一个从事农业生态与有机农业研究的知名机构。其拥有一个有机农业试验农场，有机农业所遵循的原理和方法及有机农业在农田水平上的应用都在该农场得到充分体现，在此做一简要介绍。

农场与1972年由查德韦克（A. Chadwick）建立，Alan先生在美国发展和推广了法国精细耕作的有机园艺技术即密植作物以求在小面积土地上获得最大收获。农场现占地约10hm^2，是农业生态与持续食品研究中心的教学与科研基地。农场工作人员主要由每年招收的来自国内外的30名受培训者担任，他们从4～9月进行为期半年的有机耕作的理论与实践学习，以经营自己的有机农场或传授自己的有机耕作技术。农场包括温室、园艺场、试验地、果园四大部分，每一部分都设有一橱窗以使参观者对该部分有一具体了解。

1. 温室

农场所需秧苗大多在温室培养而成。这是个太阳能温室，特殊设计了双层玻璃天窗，形成空气隔离层，以减少热能损失。温室分为三层，可满足不同生长阶段幼苗的温度与光线要求。幼苗在小花盆，浅盘或格子浅盘中培养，培养基由堆肥、土壤、砂子、泥炭、碎树叶组成。不同容器中各种成分的比例因目的的不同而有所不同。在幼苗生长阶段喷施粪液，即由家禽粪便浸水2～3周制成，可为幼

苗提供可溶性速效营养源。

2. 园艺场

园艺场长107m，宽61m，手工种植蔬菜、鲜花、草本植物，是家庭小园艺场的模型，此成功经验可用于家庭园艺的有机耕作。垄行南北走向，以接受最大的阳光照射。在这较小的面积上种植有多种多样的植物。所采用的主要园艺技术有以下几种。

(1) 高垄种植　用双挖法做种植床，即用铁锹翻起一块表土后，再用铁叉搔松下层土，然后用铁锹将表土翻转覆上，并将有机肥如堆肥、绿肥、饼肥等混入土中，以使土壤疏松，通透性好，有机肥在整个生长季节慢慢释放养分。作物在这种高垄行上生长，根系发达，能吸收充分的水分和养分。

(2) 高密度种植　由于垄行制作精细，故能进行高密度种植，幼苗株行距的制订以成熟时邻近植株叶子相互交叠为准，这样可以减少土壤水分蒸发，并抑制杂草生长。

(3) 多样性种植　在自然生态系统中，许多不同的动植物栖息在一起，各自都有自己的生态位，这种多样性创造了捕食者与被捕食者之间的平衡，从而抑制了病虫害的爆发。菜园模拟自然系统的多样性，种植了多种蔬菜、水果、鲜花，另外在菜园四周及作物垄行边角上种植有很多一年生和多年生的草本类植物，如地榆、酢浆草、香柠檬、艾菊、当归、洋艾等。它们为益虫提供了食源和隐蔽处所，同时收获后又可加工成调味品、饮料和药物制剂。

(4) 用滴灌和喷灌进行灌溉　大多数作物采用橡皮管进行滴灌，以节约水源，抑制杂草生长，降低湿度，防止真菌病的发生。对于浅根且生长季节短的作物，如花椰菜与大白菜，则进行喷灌。

在园艺场后面，有一堆长方体形的堆肥。堆肥是有机耕作的主要肥源，这里利用厨房垃圾、农场产出的枯枝落叶、秸秆、粪肥进行堆制，使肥料尽量来自本农场，以便养分的循环利用。堆肥制作过程如下：以干燥、粗糙的树枝、玉米秸秆作为底层，再铺以厨房垃圾和新鲜的杂草、叶片等，覆上一层土与粪肥（提供微生物与氮源），上面又盖上草叶、碎屑类，这样重复至堆肥达到1.2～1.5m为止。为了加速物质降解，一段时间后需要进行翻堆与浇水，以利通气和保持一定温度。约3个月后，营养丰富、疏松易碎的腐殖质样堆肥即可形成。

3. 试验地

在园艺场后面是一片试验地，进行各种有关生态学与有机耕作方面的研究。研究课题主要有以下几方面内容。

(1) 植物毒素抑制　农业生态研究者们正在寻找方法将植物毒素应用于农业生产中，替代除草剂和杀虫剂。

(2) 覆盖作物　农业生产中有两个主要问题：一是土壤侵蚀；二是对石油能

源合成的氮肥的依赖，而覆盖作物却能部分地解决这个问题。研究者们正在研究几种豆科覆盖作物，以及黑麦草与豆科作物的混合种植，以找出哪种作物及哪种配合最能有效地抑制杂草生长与最有利于下季作物生长。

(3) 间作　在同一垄行上种植几种作物可创造益虫栖息地，减少由于虫害而引起的损失。这里正在进行多种间作试验，以找出农民愿意接受的间作类型。

(4) 旱作　即在作物生长过程中不进行任何灌溉的种植方式。这种种植要求土壤有机质含量高，持水能力强。植株株行距大，减少对土中水分的竞争。旱作产量虽较低，但果实味道却属上乘，品尝这里的旱作西红柿熟果，味道确实很好。

(5) 轮作试验　轮作能控制病虫害，使之不在同一块地里连续生存。这块试验地较园艺场大得多，面积约 $1hm^2$，是用以探索在较大面积上实行有机耕作的方法。工作人员在这里用拖拉机进行翻耕和除草，他们根据不同作物的不同营养需要和不同的生长形式而制订了 10 年轮作计划（见表 12-1）。

表 12-1　UCSC 试验农场的 10 年轮作计划

年数	食用作物	覆盖作物
1		二年生黑麦草与三叶草混播
2		同第 1 年
3	十字花科如花椰菜，大白菜	荞麦（夏天）
4	茄科如土豆，西红柿，辣椒	豆科（冬天）
5	甜玉米，矮菜豆等	豆科（冬天）
6	葫芦科如南瓜，黄瓜	豆科（冬天）
7～10	重复 3～6 年的种植安排，以后再进行新一轮循环	

从以上轮作计划可知，食用作物的种植顺序是从浅根需肥量大的作物至深根作物，这样可以充分利用不同土层的养分和水分，并以豆科作为覆盖作物，提供氮源，抑制杂草，减少侵蚀。

4. 果园

果园以苹果为主，另外还有梨、葡萄、猕猴桃等。果园同时又是室外生物防治实验室，正在进行苹果蛾防治实验。这种蛾的幼虫会钻入苹果内，严重时能造成 80%的苹果损害。防治实验采用如下方法：秋季在树上绑一圈纸，形成黑暗保护性的环境条件，诱引幼蛾爬入化蛹，早冬将商业化生产的线虫和水喷入纸板圈内，杀死越冬幼虫；在小纸袋中装上性外激素，挂于果树枝头，以混淆和骚扰雄蛾，使之找不到雌蛾交配，从而减少产卵数。另外研究者们正在研究果园里发现的一种寄生蜂，它能产卵于蛾卵内。他们收集这种蜂卵，试验人工培养，以发展为一种商业化的天敌益虫。通过这些防治措施，果园里苹果蛾得到有效控制，呈现出一派丰收景象。

农场从建立至今已有 30 年历史，农业生态与持续食品中心的科学家们在这块土地上取得了许多农业生态和有机耕作方面的成果，并已被广泛用于家庭园艺和大规模的农业生产中。

四、黑龙江省双城市顺利村有机农庄及有机食品基地的建设

黑龙江省双城市顺利村的有机农庄已初具规模，基本形成了一条有机种植—有机养殖—有机加工—有机饲料和肥料的产业链，具体建设情况及规划如下。

（一）有机种植

杏山镇顺利村种植业调整作物结构，减粒用玉米、增青储玉米、增豆科牧草和大豆、增谷子、增其他饲料作物、增瓜菜的种植业体系。通过发展有机大豆、有机粒用玉米、有机青储玉米、有机饲料带动有机养殖业的发展，种植有机小米、有机水稻和有机瓜果带动生态旅游业的发展，最终调整种植业结构。根据畜牧业的发展规划，发展青储玉米，每头肉牛至少需要 1 亩青储玉米面积。增加豆科作物的比例，即实现均衡地力，减少病虫害，又可为畜牧业发展提供优质大豆饲料副产品。

经过 5 年的建设，根据畜牧业的发展和其他产业的发展，到 2010 年有机粒用玉米面积达到 5000 亩，有机大豆面积达到 4000 亩，有机青储玉米达到 1000 亩，有机水稻面积 1000 亩，其他有机面积 1800 亩，有机种植面积达到 12800 亩。

在具体实施的过程中主要分为 8 个方面进行。

(1) 推广优良、抗性品种，选用和推广高产、优良、抗性青储玉米、粒用玉米、高蛋白大豆品种和豆科牧草，特别是紫花苜蓿和青饲料等优良品种。

(2) 以配方施肥、轮作、施用有机肥等土壤肥力综合管理措施，通过综合措施提高和保持土壤肥力。处理畜禽、秸秆、人粪尿等农村废弃有机物，通过堆肥发酵处理或蚯蚓处理生产有机肥；直接秸秆还田；增加豆科作物的比例，采用轮作方式。

(3) 病虫草害防治，采用预防为主的方针，清洁生产，保持物种多样性，结合传统方法和现代方法（如生物防治）、配合农艺措施（特别是轮作），机械措施和物理措施等。

(4) 加强农田基本建设，打灌溉机井 4～5 眼，保证青储玉米和豆科牧草用水需求。加强农田基本建设，尤其是排灌系统、农田防护林、耕地质量等方面的维护和建设，为土地的可持续利用提供保证。

(5) 建造青储窖，购买青储机械，根据奶牛和肉牛养殖户的规模，按青储玉米的种植面积和需要量建造青储窖。2006 年建造 5t 规模的青储窖 10 个，2007 年青储窖 50 个，2008 年 100 个或者建造中型青储窖。购买播种、收获青储机械一台。

（6）大田耕作机械设备配套，配套农机具包括：饲料收获机械有青储收割机、玉米收割机、青储粉碎机、牧草打捆机；大型作业机器有2台大型拖拉机及配套机械、深松机、播种机；喷灌机械有喷灌设备5套。

（7）有机认证，聘请有机认证专家对顺利村有机食品生产基地进行实地考察和论证。

（8）加强民间协会等作用，培养农村经纪人队伍，组建顺利村农机合作社和绿色食品协会，完善农业社会服务体系。大力扶持有机农业农民协会和培养农村经纪人队伍，以农村民间组织形式指导农民。由各乡镇、村屯协调组织农民成立各种民办专业协会、技术服务组织。积极引导和发展各种形式的农民专业技术协会，比如青储玉米协会等，使之成为基层农业科技推广体系的重要组成部分。逐步形成由国家、集体、企业、个人广泛参与的新型农业科技推广网络体系。吸引大专院校的离退休科技人员领办专业协会，定期召开生产经验交流会和科技研讨会，组织专项技术培训班、科技咨询等活动。

（二）有机养殖

双城镇顺利村发展有机养殖业，采取先试点、后铺开的发展步骤，通过对顺利村的三个自然屯的自然、地理、社会经济和人文状况的分析，先选腰屯为有机农庄试点屯。以保持和优化生态环境为基础，以可持续利用资源为前提，以有机农庄为经营主体，以有机养殖为指针，以肉牛、生猪和肉羊为核心，以土笨鸡和鸭鹅为重点，稳定发展蛋鸡，全面开展有机养殖基地的建设。

其具体建设目标的实现分为以下几个阶段：2006年开始，在腰屯建设有机农庄，到2007年完成腰屯有机农庄的建设；2008年开始，在池家屯建设有机农庄，到2009年完成池家屯有机农庄的建设；2009年开始，在都家屯建设有机农庄，到2010年完成都家屯有机农庄的建设。已经建成有机饲料加工厂。

（三）有机加工

双城市顺利村的有机食品加工业的建设主要分为两个，即有机米业加工厂和有机豆油加工厂，具体建设内容如下。

1. 有机米业加工厂

配套建设精包装车间一座，建筑面积500m^2；

购置加工设备（色选机、抛光机、筛选机）一套；

购置精包装设备（一套普通自动带包装机，一套真空包装机）；

配套原料库和成品库；

优质稻米质量安全监测体系建设及购置相关设备。

2. 有机豆油加工厂

在都家屯建一座有机豆油加工厂，年设计加工有机豆油100t，副产品可生产有机配合饲料3000t。占地面积为2000m^2，由榨油机、粉碎机和混合机组成。建原料仓库和成品仓库。品质检验室、晒场。

（四）有机饲料和肥料生产

1. 有机饲料的生产

有机饲料的生产应该符合以下要求。饲料中至少应有50%来自本地养殖基地饲料种植基地或本地区有合作关系的有机农场。当有机饲料供应短缺时，允许购买常规饲料，但每种动物的常规饲料消费量在全年消费量中所占比例不得超过以下百分比：a. 草食动物（以干物质计）10%；b. 非草食动物（以干物质计）15%。畜禽日粮中常规饲料的比例不得超过总量的25%（以干物质计）。饲喂常规饲料必须事先获得认证机关的许可，并详细记录饲喂情况。

有机饲料加工厂　在池家屯建一座有机饲料加工厂，年设计加工配合饲料3000t。占地面积为4200m^2。购买机械：由榨油机、粉碎机、混合机和秸秆压块机（生产能力1t/h）机械组成。建原料仓库和成品仓库。品质检验室、晒场。

2. 有机肥料生产

根据顺利村的实际情况和未来发展的要求，建立蚯蚓生物反应器无害化处理设施。通过整合蚯蚓的生物学功能、微生物的作用和机械高效能力而生产的蚯蚓生物反应器，为蚯蚓处理有机废弃物提供更加良好的条件，每天可处理5～6t废弃物，日生产3～4t优质多功能有机肥。具体建设内容如下。

（1）建立种蚓场，规模化养殖蚯蚓　建设面积5亩，引种、繁种基地，满足反应器处理生活垃圾的需求。其中建设两个塑料大棚养殖车间，适应冬季的低温气候，营造适宜蚯蚓发育繁殖的良好生长环境，保证种蚓的数量供应和质量提高。

（2）深槽快速腐熟堆肥预处理场　预处理加工过程需要在1亩面积的塑料大棚车间内进行。主要采用深槽快速腐熟处理方式，主要技术设备发酵槽及翻堆机是参考国际上最新同类工艺设备，充分考虑我国国情而设计研制的。技术系统由原料配比技术、发酵槽及自动翻堆机等构成。将各种原料按照微生物发酵的条件搭配养分和水分，接种有机物快速腐熟菌剂堆置于特定的发酵槽内，在发酵槽内通过特制翻堆机翻堆，调节发酵过程所需要的空气、水分及温度至最佳状态，促进肥料化进程。

（3）利用蚯蚓生物反应器处理　生物反应器车间面积3～4亩，主要加工设备为蚯蚓生物反应器，设备放置在1亩地面积的车间内（暖棚）。蚯蚓生物反应器主要原理是利用蚯蚓和微生物之间的互作，生产出小而均匀的颗粒状，含有丰富的有益微生物和酶类的蚯蚓粪。

（4）肥料加工车间　肥料加工车间生产精制蚯蚓有机肥。

思 考 题

1. 有机农场参观实习报告。
2. 结合自己家乡特色分析当地有机农业的优势与前景。
3. 根据你对有机农业的理解，设计一家有机农场。

参 考 文 献

[1] 席运官，钦佩．有机农业生态工程．北京：化学工业出版社，2002.
[2] 郝建强．中国有机食品发展现状、问题及对策分析．世界农业，2006（7）：1-4.
[3] 提携体系：生产者-消费者合作伙伴与日本有机农业协会．农业环境与发展，2005（5）：43-44.
[4] 提携体系：生产者-消费者合作伙伴与日本有机农业协会（续）．农业环境与发展，2005（6）：45-50.

附录

有机作物种植允许使用的土壤培肥和改良物质

物质类别		物质名称、组分和要求	使用条件
Ⅰ.植物和动物来源	有机农业体系内	作物秸秆和绿肥	
		畜禽粪便及其堆肥(包括圈肥)	
	有机农业体系以外	秸秆	与动物粪便堆制并充分腐熟后
		畜禽粪便及其堆肥	满足堆肥的要求
		干的农家肥和脱水的家畜粪便	满足堆肥的要求
		海草或物理方法生产的海草产品	未经过化学加工处理
		来自未经化学处理木材的木料、树皮、锯屑、刨花、木灰、木炭及腐殖酸物质	地面覆盖或堆制后作为有机肥源
		未掺杂防腐剂的肉、骨头和皮毛制品	经过堆制或发酵处理后
		蘑菇培养废料和蚯蚓培养基质的堆肥	满足堆肥的要求
		不含合成添加剂的食品工业副产品	应经过堆制或发酵处理后
		草木灰	
		不含合成添加剂的泥炭	禁止用于土壤改良;只允许作为盆栽基质使用
		饼粕	不能使用经化学方法加工的
		鱼粉	未添加化学合成的物质
Ⅱ.矿物来源	磷矿石		应当是天然的,应当是物理方法获得的,五氧化二磷中镉含量小于等于90mg/kg
	钾矿粉		应当是物理方法获得的,不能通过化学方法浓缩。氯的含量少于60%
	硼酸岩		
	微量元素		天然物质或来自未经化学处理、未添加化学合成物质
	镁矿粉		天然物质或来自未经化学处理、未添加化学合成物质
	天然硫黄		
	石灰石、石膏和白垩		天然物质或来自未经化学处理、未添加化学合成物质
	黏土(如珍珠岩、蛭石等)		天然物质或来自未经化学处理、未添加化学合成物质
	氯化钙、氯化钠		
	窑灰		未经化学处理、未添加化学合成物质
	钙镁改良剂		
	泻盐类(含水硫酸岩)		
Ⅲ.微生物来源	可生物降解的微生物加工副产品,如酿酒和蒸馏酒行业的加工副产品		
	天然存在的微生物配制的制剂		

注:引自GB/T 19630.1—2005